中国地质大学(武汉)“211工程”学术著作出版基金资助

三峡库区万州区近水平地层滑坡成因机制与防治工程研究

殷坤龙　简文星　汪　洋　周春梅
马昌前　刘礼领　姚林林　吴益平　著

中国地质大学出版社

图书在版编目(CIP)数据

三峡库区万州区近水平地层滑坡成因机制与防治工程研究/殷坤龙，简文星，汪洋，周春梅，马昌前，刘礼领，姚林林，吴益平著. —武汉：中国地质大学出版社，2007.3

ISBN 978－7－5625－2164－8

Ⅰ.三…
Ⅱ.①殷…②简…③汪…④周…⑤马…⑥刘…⑦姚…⑧吴…
Ⅲ.三峡工程－地层－滑坡－成因－研究；三峡工程－地层－滑坡－防治－研究
Ⅳ.P642.22；TV632.71

中国版本图书馆 CIP 数据核字(2007)第 030541 号

三峡库区万州区近水平地层滑坡成因机制与防治工程研究

殷坤龙　简文星　汪　洋　周春梅　马昌前　刘礼领　姚林林　吴益平　著

责任编辑：徐润英　　责任校对：张咏梅

出版发行：中国地质大学出版社(武汉市洪山区鲁磨路 388 号)　　邮政编码：430074
电话：(027)67883580　　传真：67883457　　E－mail：cbb @ cug.edu.cn
经　销：全国新华书店　　http://www.cugp.cn

开本：787 毫米×1092 毫米 1/16　　字数：340 千字　印张：13.25　插页 3　彩版 28
版次：2007 年 3 月第 1 版　　印次：2007 年 3 月第 1 次印刷
印刷：武汉中远印务有限公司　　印数：1—1 000 册

ISBN 978－7－5625－2164－8　　定价：48.00 元

如有印装质量问题请与印刷厂联系调换

第一章　自然地理与区域地质背景

第一节　自然地理

一、地理位置与交通

万州地处长江三峡水库中段，行政隶属于重庆市万州区，下设龙宝、天城、五桥、江南四个辖区，地理坐标为东经 107°52′22″～108°53′25″、北纬 30°24′25″～31°14′58″。万州是一座具有 1800 年历史的古城，其自然地理依山傍水，风景秀丽。长江以南西走向流经城区，水运占有黄金水道之便利，历来素有长江水运"川东门户"的美誉，是长江三峡库区中部商贸辐射中心。万州是长江三峡工程移民迁建规模最大的城市，规划的城区面积 72km²，适宜常驻人口 40 万，为重庆市东部最大的工商集散地和水运交通港口，经济地理位置仅次于重庆城区。

万州的水路交通上可达重庆、宜宾，下可通宜昌、武汉、上海，常年有申渝、汉渝、万渝及万宜线等客货轮在此停泊和往返。万州地区公路运输也四通八达：东至云阳，北至开县，南至利川，西至忠县和达县五条公路干线，沟通了渝东三峡库区及其与鄂西的主要陆路联系，由上海至西藏的 318 国道横穿本区境内，成为横跨华东、华中与西南的交通枢纽。自 20 世纪 90 年代中期以来，万州的水陆货运量达 200 余万吨，客运量超过 500 万人次。随着宜万和万达铁路的全线铺通，沪蓉高速公路的建成，万州未来将成为长江三峡库区最重要水陆联运港口的中心(图 1－1)。

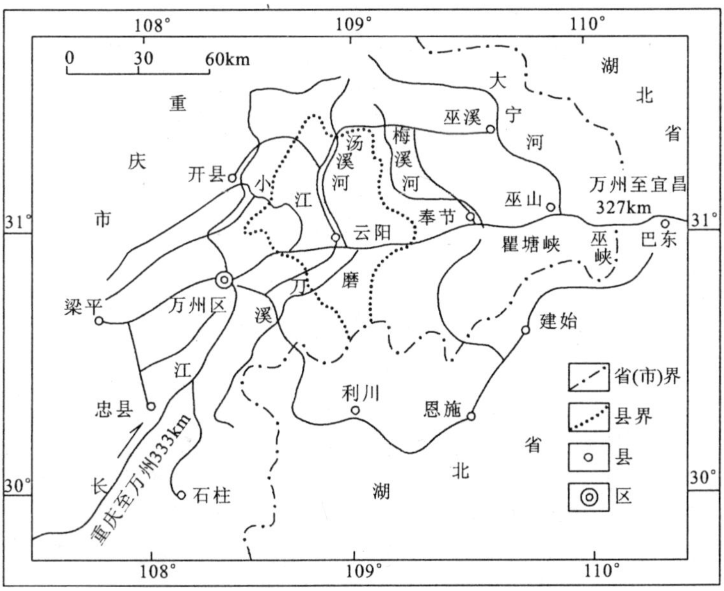

图 1－1　重庆市万州区对外交通位置图

二、水文气象

万州属亚热带暖湿气候区，气候温和，雨量充沛，雨热同步，多年平均气温 18.1℃，最低气温－3.7℃，最高气温 41.1℃，具四季分明、垂直分带显著的特征。区内常年雨日 140 天左右，年均降雨量 1 191.3mm，多年最大降雨量 1 635.7mm，雨量主要集中在 5～9 月份(表 1－1)，并以暴雨居多，日降雨量可达 100mm 以上。据 37 年的降雨资料，城区最大降雨日为 1982 年 7 月 16 日，达 243.3mm，雨后街面径流遍布，斜坡人行踏步梯飞瀑迭起，周边溪流山洪险象环生。

表 1－1　万州区常年各月降雨量及雨日表

月份	1	2	3	4	5	6	7	8	9	10	11	12
降雨量(mm)	11.1	18.9	58.6	112.5	173.0	178.0	164.7	145.7	162.5	89.7	49.1	21.2
雨日(天)	7.5	7.7	11.4	14.1	15.2	15.2	12.0	11.4	12.8	14.7	11.9	8.5

长江以北东向流经城区，长达 15km，年均江水位 107m，最高水位 156.04m(1870 年 7 月 12 日)，最低水位 99.13m(1979 年 3 月 7 日)；平均流量 10 800～15 900m^3/s，最大 76 400m^3/s(1981 年 7 月 7 日)，最小 2 690m^3/s(1979 年 3 月 7 日)，长江水位在该段的极限水位变幅达 50m 以上，极端流量变化达 28 倍；该段长江全年以低水位为主，夏季以瘦峰型高水位为特征。经城区汇入长江的主要支流有苎溪河、龙宝河、五桥河，以及较小型的李家沟、大河沟和驷马桥沟等，其中苎溪河汇水面积最大。万州的水域面积较大，仅以长江 15km 长段的平均 0.6km 江面宽度推算，江水面积为 9km^2，占规划城区用地面积的 12.5%，随着三峡水库的蓄水运行，水域面积将增大三分之一。

三峡水库运行调度方式是，每年 11 月至次年 4 月处于 175m 的高水位运行，6～9 月份则为防洪限制水位 145m 运行，水位变幅呈秋冬季节高，春夏季节低，且每年经受一次从 175～145m 的降水位和从 145～175m 抬升水位的变幅特征，这对城区库岸斜坡地段的水文环境带来更为复杂的变化。三峡水库防洪调蓄的坝前水位特征如表 1－2 所示；水库回水至万州的水位特征如表 1－3 所示。

表 1－2　水库蓄水方案及防洪调度坝前水位特征值(吴淞高程：m)

项　　目	初期调度方式	后　期	
		调度方式Ⅰ	调度方式Ⅱ
正常蓄水位	156.0	175.0	175.0
防洪限制水位	135.0	145.0	145.0
枯水期消落最低水位	140.0	155.0	155.0
20 年一遇洪水水库最高水位	150.1	157.5	162.0
百年一遇洪水水库最高水位	160.7	166.7	169.9
千年一遇洪水水库最高水位	170.0	175.0	175.0

表 1－3　三峡水库万州区断面回水特征值

天然回水位			初期(156－135－140m)回水水位			后期(175－145－155m)回水水位		
1%	5%	20%	1%	5%	20%	1%	5%	20%
144.7m	139.8m	134.6m	162.4m	156.6m	156.3m	175.4m	175.2m	175.1m

第二节 区域地质背景

一、地层岩性

万州区出露的地层有侏罗系中统上沙溪庙组第二段、第三段(J_2s^2、J_2s^3)和上统遂宁组(J_3s)部分层位，以及不同成因类型的第四系松散堆积层(表1-4)。

表1-4 万州区地层岩性简表

系	统	组	地层代号		厚度(m)	岩性简述	备注
第四系			Q		0.5～90	人工堆积、冲洪积、坡积、崩积、残坡积及滑坡堆积等松散土石林	
侏罗系	上统	遂宁组	J_3s		>10.0	紫红色泥岩、褐红色粉砂岩及长石细砂岩	
	中统	上沙溪庙组第三段	J_2s^{3-9}	3	24.9	灰白、紫灰色巨厚层中细粒长石石英砂岩	
				2	35.5	紫红色粉砂岩、泥岩	
				1	12.5	紫灰色、灰白色中—巨厚层细粒长石砂岩	
			J_2s^{3-8}	4	9.65	紫红色泥岩及粉砂岩	
				3	9	紫红色中厚—巨厚层细粒长石砂岩	
				2	17.3	紫红色泥岩及粉砂岩	
				1	7	浅灰、紫灰色中厚—厚层细粒长石石英砂岩	
			J_2s^{3-7}	2	29.55	紫红色泥岩、褐红色粉砂岩	
				1	10.9	紫灰、褐黄色细粒长石砂岩	
			J_2s^{3-6}	2	24	褐灰色粉砂岩夹紫红色泥岩	
				1	20.5	紫灰色厚层细粒长石砂岩夹粉砂岩	
			J_2s^{3-5}	3	20.05	紫红色泥岩及少量粉砂岩	
				2	10	紫灰、灰白色厚—巨厚层长石砂岩	
				1	16.4	紫红色泥岩与粉砂岩不等厚互层	
			J_2s^{3-4}	5	<20.0	紫灰色、灰绿色巨厚层长石石英砂岩	
				4	30	紫红色泥岩与粉砂岩不等厚互层	
				3	<30.0	紫灰、灰绿色厚层长石石英砂岩	
				2	35	紫红色泥岩、粉砂岩及长石砂岩互层	
				1	<50.0	紫红色巨厚层长石石英砂岩，底部砂砾岩	
			J_2s^{3-3}	2	52.57	紫红色泥岩、粉砂岩及长石砂岩互层	
				1	35	紫灰色巨厚层长石石英砂岩	
			J_2s^{3-2}	5	22.7	紫红色泥岩、粉砂岩不等厚互层	
				4	10.05	紫灰色厚层细粒长石石英砂岩夹粘土岩	
				3	6.4	上部紫红色泥岩，下部紫灰色粉砂岩	
				2	19.3	紫灰色厚—巨厚层细粒长石石英砂岩	
				1	32.4	紫红色泥岩、粉砂岩夹长石石英砂岩	
			J_2s^{3-1}	5	20	紫灰色巨厚层细粒长石石英砂岩	
				4	15	上部薄层泥质粉砂岩，中部巨厚层状长石石英砂岩，下部粉砂岩	
				3	12.7	紫灰色、灰色巨厚层状细粒长石石英砂岩	
				2	40.45	紫红色泥岩与砂岩互层，夹长石石英砂岩	
				1	20	紫灰色巨厚层细粒长石石英砂岩	
		上沙溪庙组第二段	J_2s^2		>25.0	褐红色中厚层状粉砂岩、紫红色泥岩，中厚层细粒长石石英砂岩	

(一)侏罗系(J)

上沙溪庙组第二段(J_2s^2):顶部为褐红色粉细砂岩夹紫红色泥岩、泥质粉砂岩以及紫灰色长石石英砂岩,可见厚度数十米,顶部为一层约 20m 厚的褐红色粉细砂岩与第三段(J_2s^3)底部紫灰色巨厚层长石石英砂岩分界。

上沙溪庙组第三段(J_2s^3):为城区出露的主要地层,岩性为褐红、紫红杂灰黄、灰绿色细砂岩、粉砂岩、粉砂质粘土岩及泥岩等,分 9 个层位共 31 个小层,各小层岩性的相变较大。

侏罗系上统遂宁组(J_3s):紫红色泥岩、泥质粉砂岩、褐红色粉砂岩不等厚互层,夹紫灰色细粒长石砂岩,部分出露于天子城、太白岩等山顶地段。

(二)第四系(Q)

包括人工堆积、河流冲积、残坡积、崩坡积和滑坡堆积等。

人工堆积杂填土(Q_4^{ml}):由粘土、粉质粘土、块石、碎石、建筑弃渣(条石、砖块、瓦片、灰砾、煤渣)及生活垃圾等组成,分布在旧城居民区、厂区以及沟谷、江边码头和堡坎内侧等地段,一般厚度 1～6m,最厚达 10m 以上。

河流冲积(Q^{al}):区内见 Q_4^{al} 和 Q_3^{al} 两大类。Q_4^{al} 河漫滩由砂、砂卵石组成,分布于江边河滩地;Q_4^{al} 的Ⅰ级阶地具二元结构,上部为粘土、粉质粘土、砂质粉土和粉土,局部夹淤泥透镜体,下部为砂卵石层。Q_3^{al} 形成区内的Ⅱ、Ⅲ级阶地,主要为含碎石的粘土和粉质粘土。

残坡积(Q_4^{el+dl}):红褐色粘土夹泥岩或砂岩碎石及角砾,呈薄层状零星分布于斜坡和平台上。

崩坡积(Q_4^{col+dl}):以砂岩块石为主,间夹粘土及泥岩碎块石等,分布于陡崖崖脚斜坡体上。

滑坡及变形体堆积(Q_4^{del}):主要由褐红色粘土、粉质粘土以及砂岩、泥岩成分的块石、碎石及角砾等组成。块径 10～50cm 不等,最大在 1m 以上;滑坡堆积体底部分布有灰白色、灰绿色粘土,含高岭石、蒙脱石及伊利石,软塑或流塑状,具弱-中等膨胀性。

二、地质构造

万州地处川东褶皱束万县复向斜北东段近轴部,北临铁峰山背斜,南靠方斗山背斜,川东褶皱束走向北东,其形态呈背斜紧闭、向斜宽阔的隔档式梳状褶皱构造。万县复向斜由呈雁行式排列的万县向斜、黄柏溪向斜及新场背斜组成(图 1-2),向斜核部平缓开阔,两翼地层在靠近背斜核部产状急剧变陡,北翼靠铁峰山附近地层甚至倒转,形成倒转背斜。

万县向斜轴向 NE60°,斜穿万州城区,轴部出现于天子城至磨刀溪一带,地层极为平缓;周家坝、糖坊厂一带为北西翼,地层产状为 150°∠3°～5°,局部倾角达 18°;枇杷坪、太白岩、观音岩一带为南东翼,地层产状为 290°～330°∠3°～16°。

区内构造裂隙发育。野外调研选取了基岩露头比较好,而且人工可以测量的三处地方进行节理特征的统计,这三个地方分别是拦池沟西侧砂岩露头、浙江花卉市场对面泥岩露头及检察院后面的砂岩露头。共统计剖面 4 条,节理 278 条,作走向玫瑰花图(图 1-3)。从图 1-3 可知,本区节理按走向可以分为三组优势节理:第一组走向 NWW,倾向 NNE,倾角 77°～80°;第二组走向 NNE,多倾向 SE,倾角 70°～85°,面平直光滑;第三组走向 NEE,倾向 SSE,倾角 65°～80°。区内这三组节理在砂岩与泥岩中均发育。在泥岩中发育密集,但延伸规模较小(图版 1-1)。在砂岩中,尤其在巨厚层砂岩中,发育密度较小,但规模大,长度可达数十米乃至百

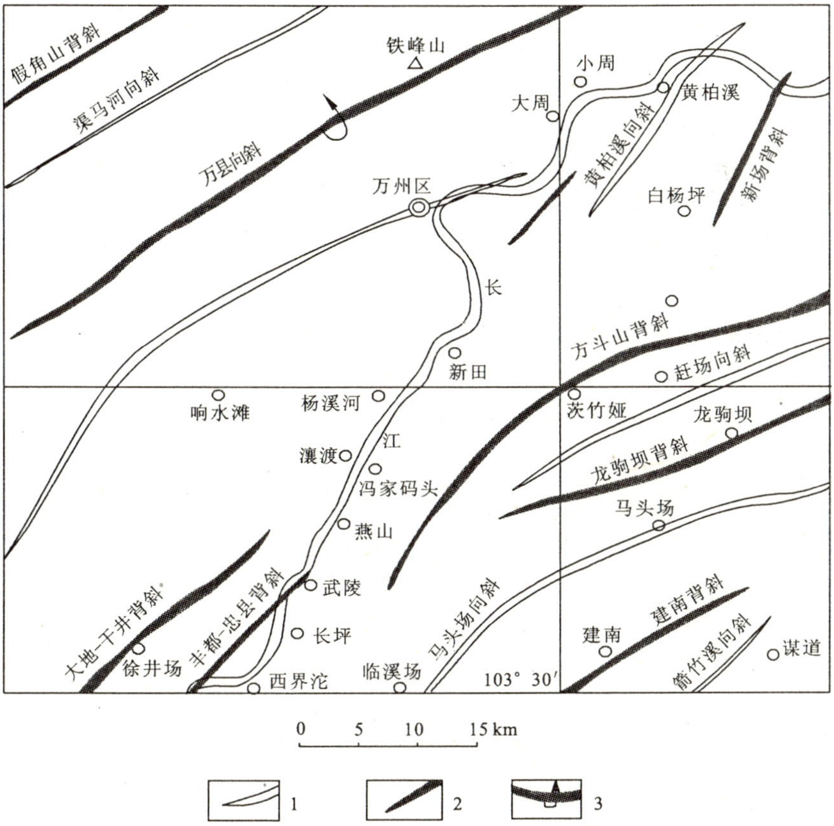

图 1－2　万州区周围构造纲要图(据 1∶20 万区域地质报告)

1. 向斜;2. 背斜;3. 倒转背斜

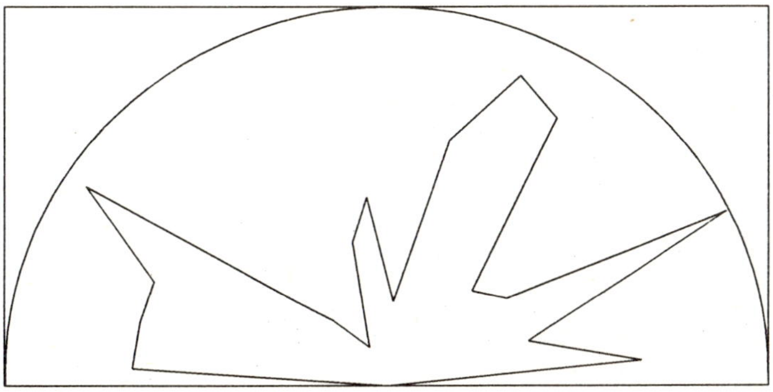

图 1－3　万州区节理走向玫瑰花图

余米，在太白岩、天子城（图版1-2、图版1-3、图版1-4）、龙宝区牌楼，以及长江沿岸二水厂、丝织厂、三峡果汁厂一带的砂岩陡崖，这三组裂隙与层面是崩塌的控制性结构面。

三、地　震

由宜昌—万州—重庆间的长江阶地位相对比分析，本区第四系以来地壳运动缓慢且具间歇性，无明显差异性活动。新构造运动较为活跃的时期，在中更新世20～30万年期间，表现在三峡地区主要活动断裂的最新活动年龄多集中在这一期段，且长江下切加快，形成多级阶地，长江干流斜坡的临空面加大，崩塌滑坡较易发生。城区太白岩等古滑体滑带土样的绝对年龄测定，亦都集中在23～27万年间，表明本区古滑坡事件与三峡地区新构造及外动力事件有同步的可能。

万县复向斜内未发现活动断裂，城区周缘30km范围内仅有长27km、6km和4km的三条小断裂，地质构造简单，现代地壳活动较为稳定。在万州200km的区域范围内，2000多年的史料记载，共记4.75级以上地震16次，其中6级以上地震两次，这两次地震距城区130km。自1959年三峡地震台网建立以来，近场区共计$1 \leqslant M_s < 3$级地震47次，$3 \leqslant M_s < 4$级地震4次；近期仅有少量微、小地震活动，最大震级为1983年新开田3.4级地震。

据国家地震总局1990年版中国地震烈度区划，本区属于弱震区，基本地震烈度为Ⅵ度。长江水利委员会1995年对三峡地区地震烈度的复核成果，万州城区太白岩、和平广场一带50年10%超越概率的地震烈度为5.7，对应的加速度峰值为49 gal；50年1%超越概率的地震烈度为6.5，对应的加速度峰值为115gal（表1-5）。

表1-5　太白岩一带50年内地震烈度和加速度峰值

位置	超越概率	地震烈度	加速度峰值(gal)
太白岩及和平广场	63%	4.9	23
	10%	5.7	49
	5%	6.0	65
	1%	6.5	115

四、地质灾害及其危害

自20世纪80年代以来，包括长江水利委员会、原地矿部南江水文地质及工程地质大队等诸多单位对万州城区崩塌、滑坡及变形体等地质灾害做过大量的勘察研究。三峡库区二期地质灾害防治工程和三期地质灾害规划勘察工程，基本查明了区内地质灾害的分布特征和变形规律（图1-4）。调查成果认为，万州的龙宝、天城两个旧城区坐落于太白岩、吊岩坪、枇杷坪、草街子等大型古崩滑体上，这些古滑体经后期的自然解体、改造，以及古城历代栖息、商贸等平整用地，土石人工挖方、填方，演变出一系列的次级滑体和变形体；现代城区工程建设亦诱发规模不等的地表变形体（表1-6）。

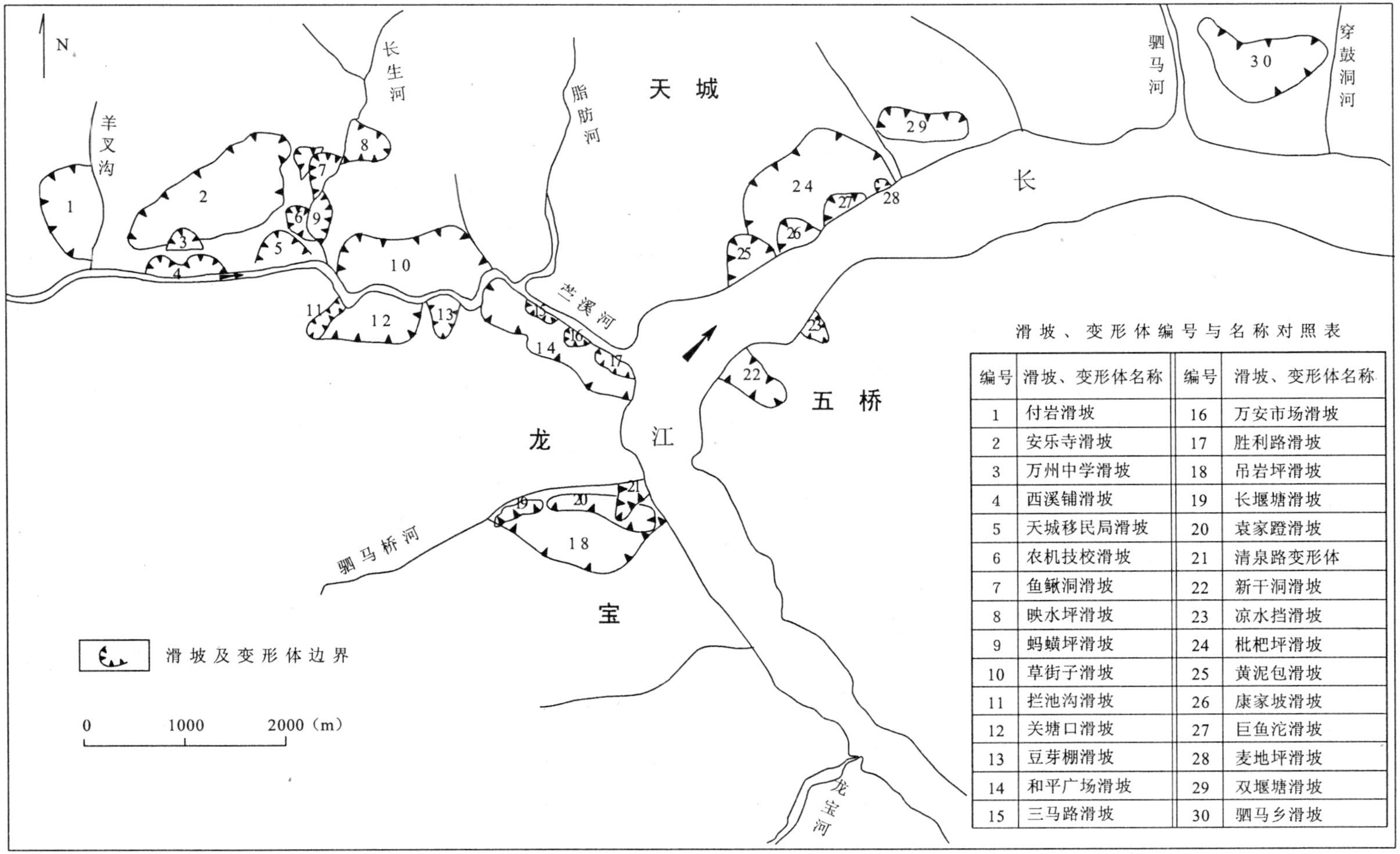

滑坡、变形体编号与名称对照表

编号	滑坡、变形体名称	编号	滑坡、变形体名称
1	付岩滑坡	16	万安市场滑坡
2	安乐寺滑坡	17	胜利路滑坡
3	万州中学滑坡	18	吊岩坪滑坡
4	西溪铺滑坡	19	长堰塘滑坡
5	天城移民局滑坡	20	袁家蹬滑坡
6	农机技校滑坡	21	清泉路变形体
7	鱼鳅洞滑坡	22	新干洞滑坡
8	映水坪滑坡	23	凉水挡滑坡
9	蚂蟥坪滑坡	24	枇杷坪滑坡
10	草街子滑坡	25	黄泥包滑坡
11	拦池沟滑坡	26	康家坡滑坡
12	关塘口滑坡	27	巨鱼沱滑坡
13	豆芽棚滑坡	28	麦地坪滑坡
14	和平广场滑坡	29	双堰塘滑坡
15	三马路滑坡	30	驷马乡滑坡

图 1-4　万州城区主要崩滑体及变形体分布图

表 1-6　万州城区崩滑体及变形体分布概况

城区	地段	崩滑体			变形体(域)		
		数量（个）	面积（10^4m^2）	体积（10^4m^3）	数量（个）	面积（10^4m^2）	体积（10^4m^3）
天城区	青草背	6	76.3	1 652.4	12	27.96	461.4
	枇杷坪	11	147.2	4 324	24	71.85	1 129.5
	草街子	8	73.5	2 230.9	19	53.29	729.1
	安乐寺	6	181.6	4 001.6	11	51.66	995.8
龙宝区	太白溪	5	93.1	2 048.6	9	3.64	236.2
	吊岩坪	7	128.3	2792	8	11.16	395.9
	太白岩	5	290.2	8 877.3	14	48.54	1 122.2
	二丝厂	4	49.3	1 279.87	7	36.37	986
	龙宝河	7	7.8	27.1			
五桥区	万家坝	9	206	3 768.8	5	14.03	307.7
	陈家坝	6	187.3	1 855.3	11	24.3	143.1

城区地质灾害的危害主要表现为古滑体前缘的变形体对城市建筑物以及城市居民财产的破坏作用。由于变形体多位于旧城区人口集中、房屋密集地带，变形体常造成城区主要道路设施及建筑民房等拉裂与错位，在极端暴雨、洪水等因素的触发下，持续急剧变形，可直接促使民房倾斜、倒塌，酿成重大灾情。

第二章　地貌演化与滑坡成因关系

第一节　三峡库区区域地貌演化概况

长江三峡地区在新构造期呈阶段性隆升，地貌形态是高山峡谷兼多级夷平面和阶地（表2-1、图2-1），河谷相应呈阶段性的下切，因此相关斜坡地质作用包括滑坡作用也具有阶段性。地壳抬升、河谷下切，河流阶地形成，河谷岸坡坡度增加，坡体势能增加，因此斜坡的不稳定性增加。

表2-1　三峡地区夷平面分布情况表

（水利部长江水利委员会综合勘测局，1996；张叶春，1995）

夷平面		分布高程（m）	主要特征	时代
期	亚期			
鄂西期	云台荒亚期	2 000～1 700	残留在远离长江的分水岭地带的残丘	N_2 以前
	召风台亚期	1 500～1 300	为大片浑圆丘包，多见于西部山区，山顶大体齐平	
山原期	周家垴亚期	1 200～1 000	残丘洼地相间出现	N_2—早更新世早期
	王家坪亚期	800～1 000	宽阔的槽谷	
云梦期		500～600	红色丘陵、起伏不大的浑圆丘包	早更新世晚期—中更新世

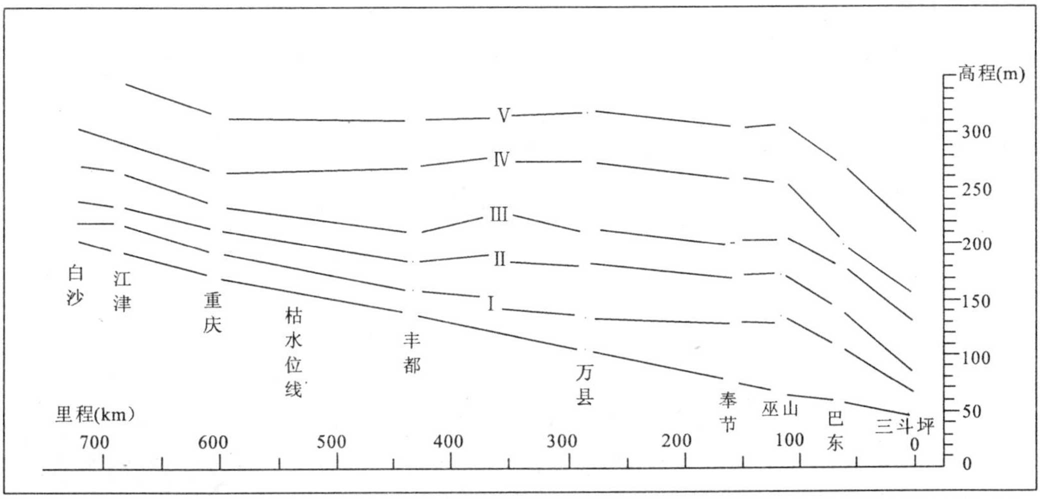

图2-1　长江三峡地区河流阶地位相图（地质矿产部编写组，1988）

对于三峡地区河流阶地的形成年代有很多测年数据和推测年龄值，目前认可度比较高的是以下测年数据（表 2-2）（杨达源，1988）。

表 2-2　重庆—宜昌长江干流阶地形成年代情况

阶地级序	T_1	T_2	T_3	T_4	T_5
测定时间	1 万年	2.4 万年	9 万年	11 万(?)	73 万年
测试方法	^{14}C	^{14}C	热发光	热发光	古地磁
万州地区阶地高程	120～140m	140～160m	175～190m	220～250m	280～300m

第二节　万州区地形地貌

万州位于长江三峡库区中上游地带，总体属于构造-侵蚀、剥蚀低山丘陵地貌，地貌形态总体呈台阶状（图版 2-1、图 2-2）。一方面是由于侏罗纪砂泥岩互层的水平地层岩层风化差异，另一方面是由于长江及其支流侵蚀堆积形成河流阶地地貌。

万州区周缘，北有铁峰山，南有方斗山，其上分别发育有盆地期（高程 1 200～1 300m）、盐井沟期第一亚期（高程 920～1 000m）和第二亚期（高程 650～750m）夷平面；进入更新世峡谷期，由于三峡地区地壳抬升，长江河道下切形成本段不对称的“U”形河谷以及多级河流阶地堆积，同时对前期夷平面起到支解与破坏的作用。

万州城区主要地貌单元有河漫滩、阶地和构造剥蚀低山丘陵等地貌类型。

河漫滩、阶地：分布于长江及苎溪河、龙宝河、五桥河两岸。其中漫滩为砂卵石组成的一元结构，主要沿长江河谷不对称分布，高程一般在 110m 左右，其形态的游动性大，稳定性差，分布宽度多小于 100m。其台面平缓，微倾长江，与后缘一级阶地呈陡坎状阶梯接触。区内阶地沿长江干流及支流断续保留，其中Ⅰ级阶地为不连续带状分布，Ⅱ、Ⅲ级阶地呈少量零星出露，均为基座阶地。

在万州龙宝区、五桥区等实测 5 个典型台阶状地形剖面（图 2-3～图 2-7）。地表 300m 高程以下的地形阶梯可以分为以下几个高程的平台：

（1）120～140m 平台，分布于长江、苎溪河两岸，主要为河流一级阶地沉积。一级阶地在长江南岸陈家坝保留较宽，北岸驷马桥沟口、万元造纸厂和龙宝河河口、郑家院子、轻化职中的营盘路一带分布较窄，阶地高程在 120～140m 之间，宽约 50～80m，台面平坦，缓倾向长江，前缘与漫滩陡坎接触，现已被水淹没。

（2）140～160m，二级阶地高度，沿河流零星展布。二级阶地分布于江南新区陈家坝（图版 2-2）、一马路大桥溪—电池厂、龙宝河河口下游明镜滩、东方制药厂、轻化职中的易家庄一带，高程为 135～160m，局部台面最宽近 600m（明镜滩一带）。位于一马路内侧钟鼓楼派出所、一马路小学、粮食局仓库以及青草背等地段亦小片残留Ⅱ级阶地。

（3）175～190m，三级阶地高度，三级阶地出现在牌楼和三水厂一带，台面宽约 300m，在清泉路川东轴承厂一带，长江Ⅲ级阶地上覆有滑坡堆积物。

（4）220～250m，侵蚀平台，与四级阶地高程相当，推测为四级阶地平台的侵蚀残面。在长江两岸、苎溪河两岸均有分布，是万州城区建筑物分布密集的地带。

图2-2　万州城区地形地貌与古滑坡群分布立体图

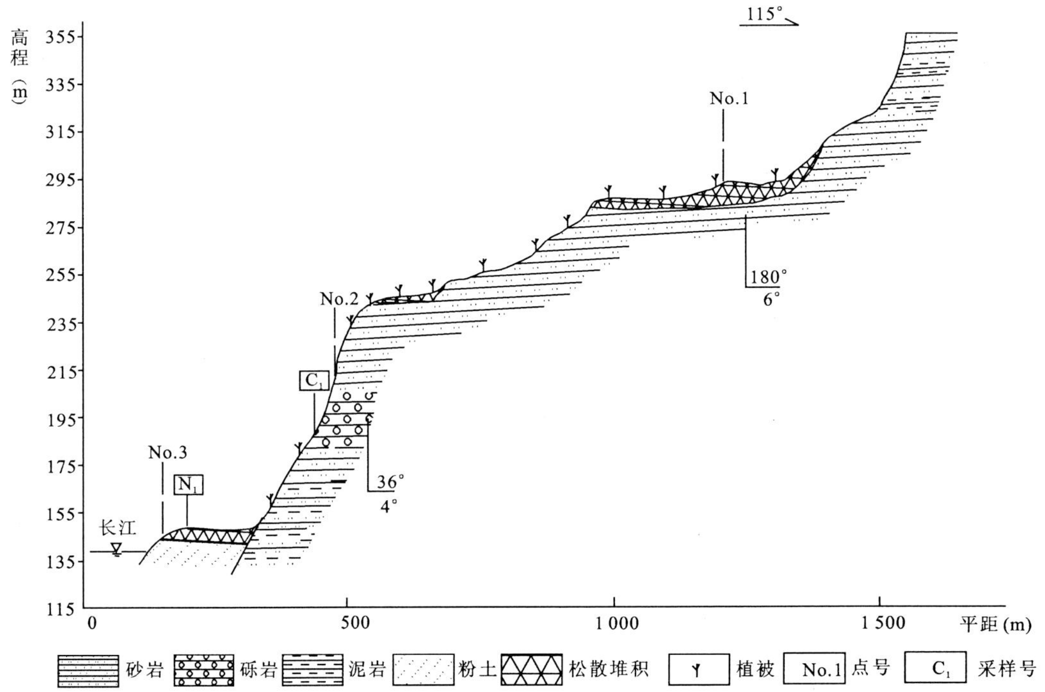

图 2-3　江南新区陈家坝地貌剖面图

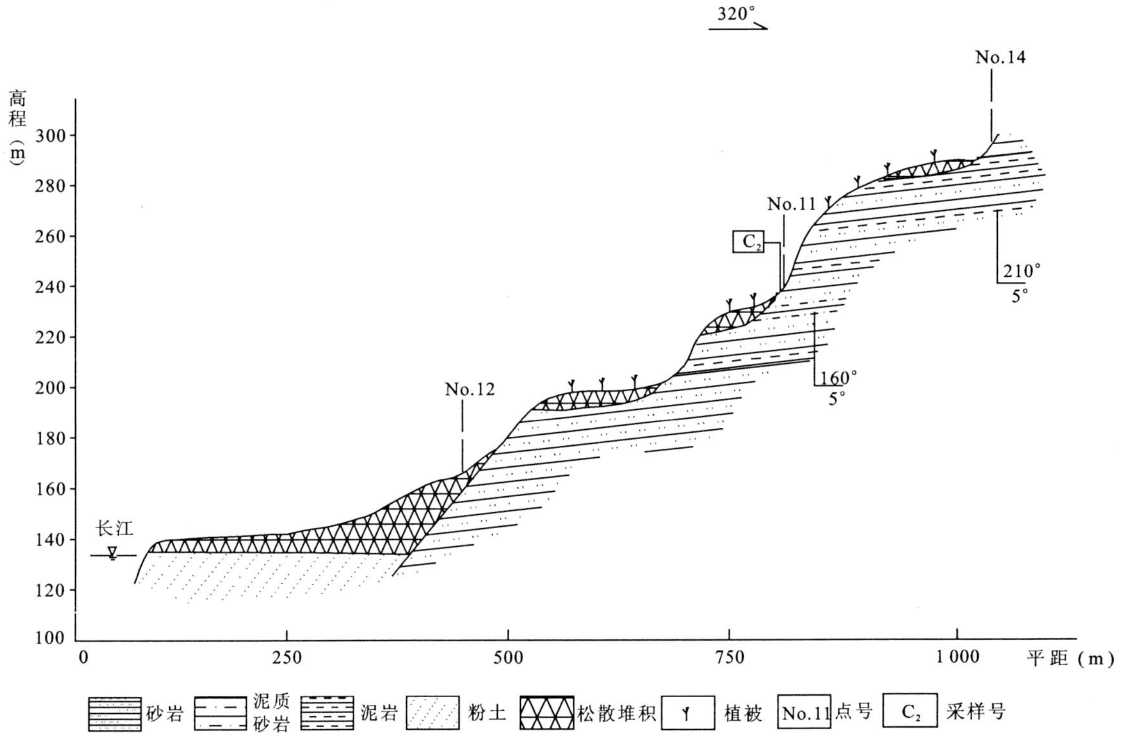

图 2-4　天城区黄泥包地貌剖面图

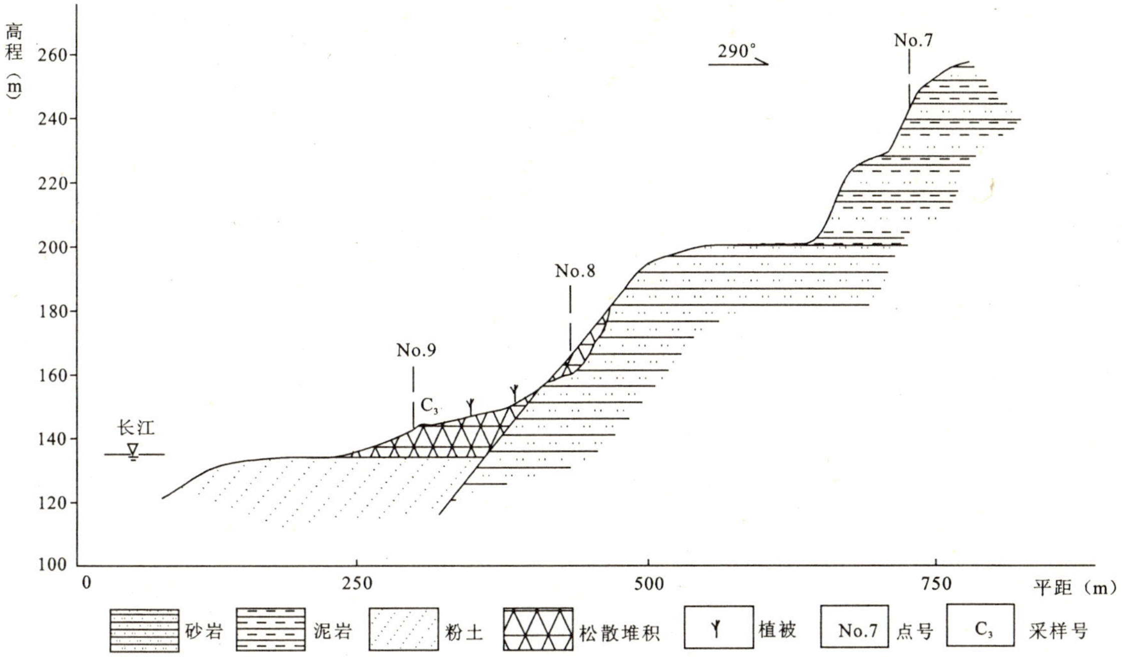

图 2-5 万州北山地貌剖面图

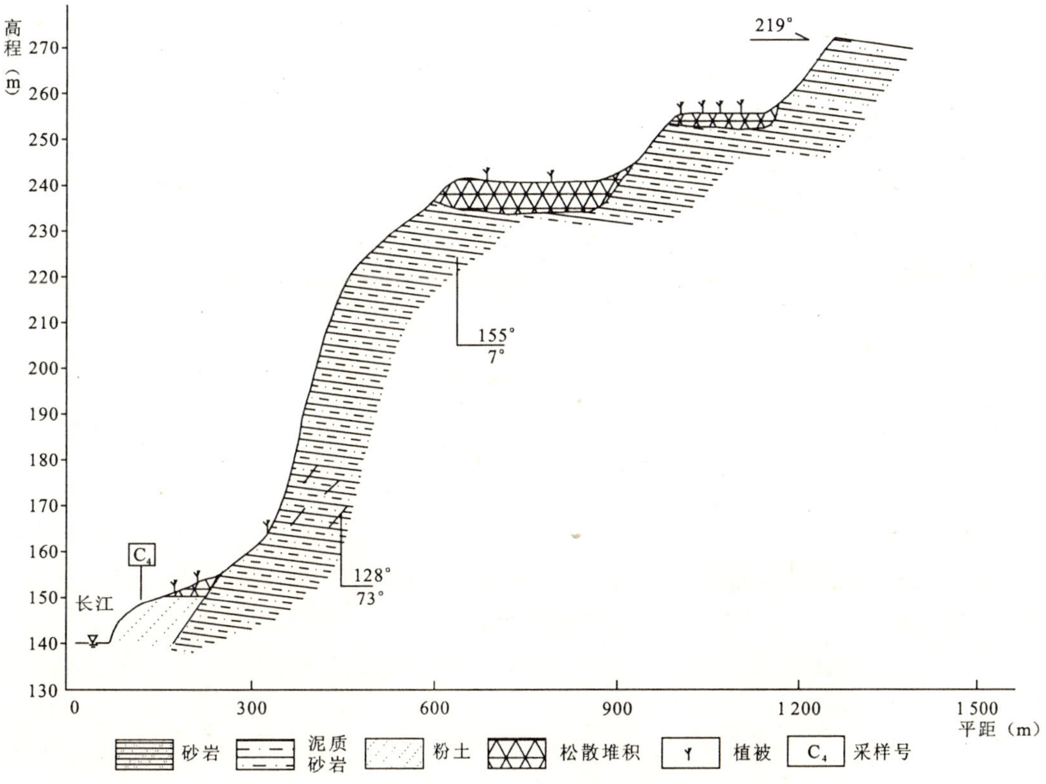

图 2-6 龙宝区明镜滩地貌剖面图

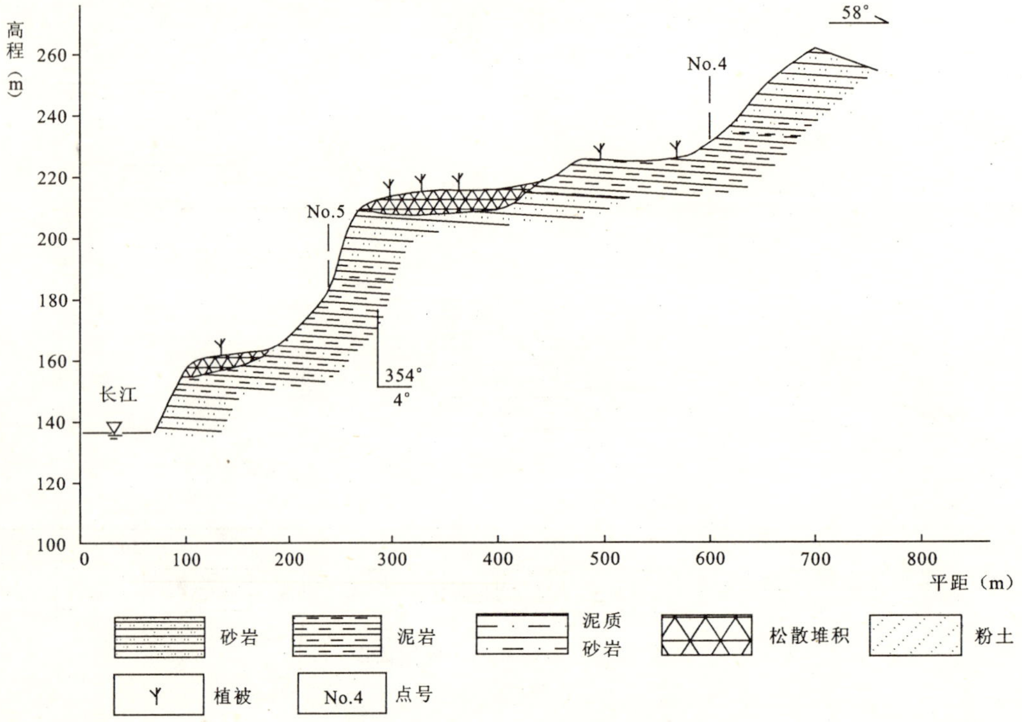

图 2-7　万州桃园村地貌剖面图

(5)280～300m，为陡崖前的侵蚀平台，与五级阶地高程相当，主要分布在长江两岸 300m 以上高程的陡崖前(图版 2-3)，大部分为耕地和荒地，部分地区已开发利用。

构造剥蚀低山丘陵地貌：城区周缘 440～621m 高程地带，属构造剥蚀低山丘陵地貌。龙宝河和五桥河以北的长江下游大部分区域为砂岩台状山或方斗山(如天子城、万虎城、太白岩和毡帽山)；五桥河和龙宝河北岸为香炉山、转咀岩、龙脑壳等塔状山。高程 450m 以下的河谷斜坡亦为构造剥蚀低山丘陵地貌的一部分，地形坡度一般为 10°～20°，地形变化受岩性和构造控制，一般是砂岩段形成陡坡或陡崖，泥岩段形成缓坡台地。斜坡上普遍分布有滑坡、崩塌两种堆积体，因此，滑坡地貌特征也很明显。

万州区微地貌有河流、冲沟、斜坡、陡崖、平地、洼地和山峰等，区内河流除长江和苎溪河、龙宝河以及五桥河等三条大型支流外，常年性流水溪有驸马河、李家河、和尚沟、团石板沟、大桥溪、纸房溪、鸭子沟、长生河、拦池沟、太白溪、大何沟等。河谷形态呈浅“V”字形，巨厚砂岩处形成瀑布。区内大小冲沟众多，一般近垂直河流展布并汇入其中，横剖面形态呈“V”字形。另外还可见拗沟，横剖面呈“U”字形。区内陡崖分布于 300～400m 高程，呈条带状分布，多与河道方向一致。区内陡崖前端和许多大型滑坡体后缘分布有中间低、四周高的封闭或半封闭洼地，有些已蓄水成塘。

第三节 万州城区苎溪河河道演化规律

万州城区苎溪河两岸分布有关塘口滑坡、和平广场滑坡、草街子滑坡、吴家湾滑坡等中大型滑坡。根据这些滑坡勘察钻孔资料(400多个)进行分析,78个钻孔揭露了河流冲积物的卵石、砂、粉土等,其中16个钻孔见卵石,主要沿苎溪河呈带状分布(图2-8)。河流冲积物直接反映了苎溪河河道的演化、变迁。对钻孔中河流冲积物底面高程进行统计,河流沉积物底面分布高程为120～166m。在122～128m变化点和151～159m变化点可见明显的分段阶梯现象(图2-9)。这三个阶梯高程与T_1、T_2、T_3三个阶地高程相当。通过分析河流冲积物分布高度、分布空间及关塘口滑坡与和平广场滑坡基岩等值线图,可以初步判断苎溪河因河流侧蚀、下蚀和岸坡崩滑作用在T_1、T_2、T_3三个时期古河道发生变化。

一、古河床位置

关塘口滑坡基岩等值线图(图2-8)可见130m±侵蚀凹槽,槽地上的钻孔资料及两侧钻孔资料揭示有许多河流冲积物分布,河流冲积物底面高程为124～160m,该凹槽的形成为河流持续下切作用形成,因凹槽高程与二级阶地相当,因此,该凹槽为T_2、T_3时期的古河床位置。

和平广场滑坡基岩等值线与长江流向基本一致,向长江方向呈逐渐降低的侵蚀平台。钻孔资料表明,在130～140m平台上分布一系列河流冲积物;在150～160m平台上分布一些河流冲积物,两个高程的河流冲积物分布与平台空间分布一致,说明古河道在下蚀作用的同时向长江下游摆动。

二、古河道演化分析

T_1阶地面高程为120～140m,河流沉积物底面高程为120m以下,从钻孔资料分析此高程出露的河流作用沉积物较少,仅在草街子滑坡东边前缘、关塘口滑坡前缘、沿江路钻孔零星出现。而三峡水库未蓄水前一级阶地沉积物沿苎溪河两岸以及长江两岸一级阶地断续分布,与现苎溪河主河道方向基本一致,表明苎溪河在T_1未发生大范围的改道,两岸松散堆积体也相对稳定,无重大崩滑事件发生。

T_2阶地面高程为135～160m,河流沉积物底面高程为120～150m,钻孔资料揭示该时期和高程河流沉积物沉积厚度大、分布面积广。勘察资料表明:关塘口滑坡有32个钻口中出现河流冲积物,在此高度的有21个;和平广场滑坡有32个钻孔出现河流冲积物,在此高度的有22个。部分钻孔揭露了多层冲积物,冲积物中夹有坡积、崩积碎石土,碎屑成分主要为砂岩、泥岩崩塌物,说明古河道由于河岸基岩崩滑作用发生多次河道局部摆动。T_2后期,大面积的崩滑发生,致使河道发生大的变化。结合基岩等值线图可确定古河道形态(图2-8)。

T_3阶地面高程为170～190m,冲积物底面高程为160m以上。钻孔资料揭示该时期和高程冲积物较少,在关塘口滑坡与和平广场滑坡均有部分出现。从基岩等值线图可知,在此高度有一基岩平台,平台位置和走向与有该高程冲积物的钻孔位置一致,推测此位置是T_3时期苎溪河古河道。

综合以上分析,苎溪河总体呈由南向北变迁的趋势,其河道变迁的主要原因是由于河流的侧蚀和下切作用侵蚀苎溪河河岸及河床,在暴雨等特殊条件的诱发下,发生大面积的崩滑,迫

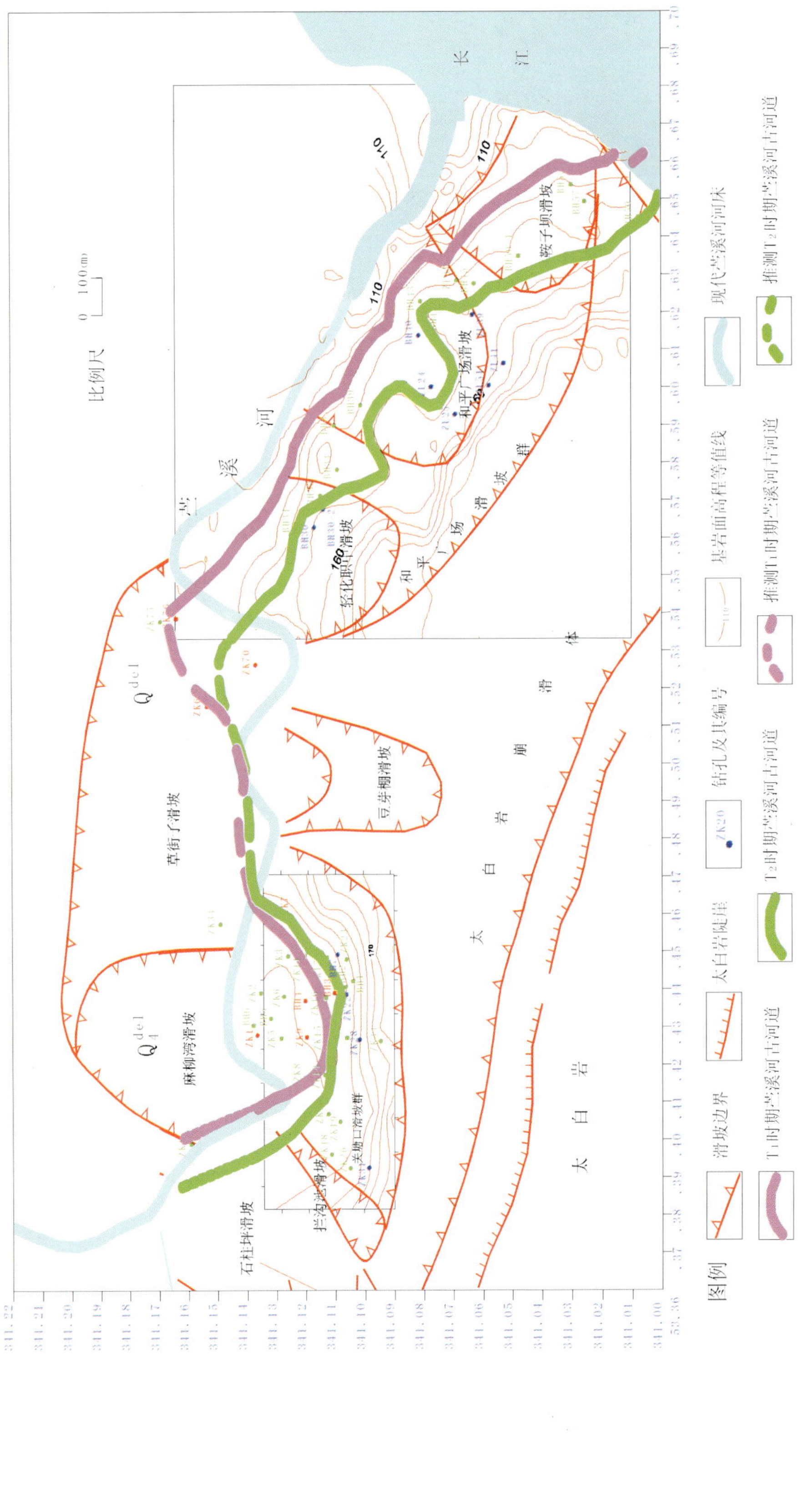

图2-8　万州城区苎溪河河道变迁图

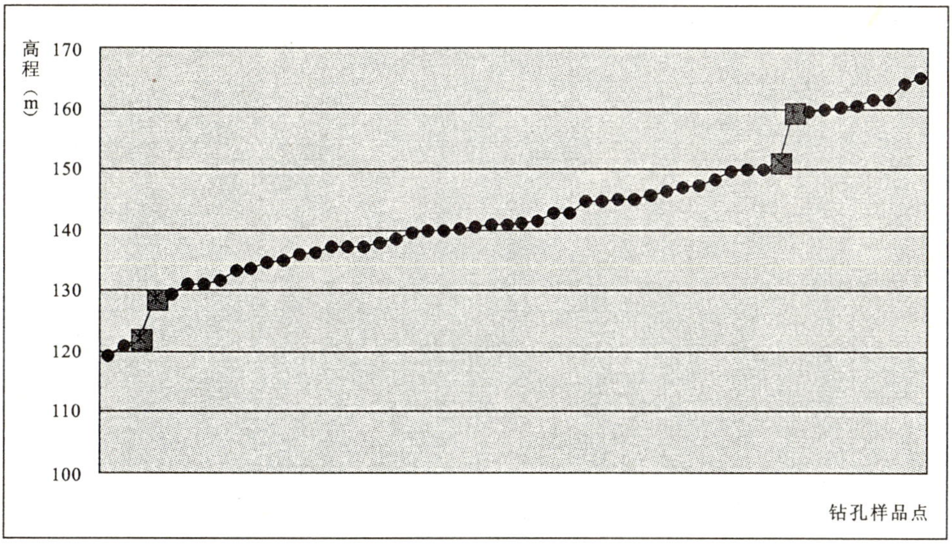

图 2-9 万州区滑坡体河流冲积物底面分布高程

使河流改道。观察现在苎溪河两岸地貌,北岸河岸以基岩为主,南岸为松散堆积体。南岸坡体势能经多次滑动已趋于稳定。北岸相对陡峭的基岩河岸还在经受河流侧蚀作用,易发生崩塌、滑动,若有暴雨等外因的启动可能会发生规模较大的崩塌、滑坡。

第四节 万州滑坡发生的年代学研究

滑坡生成年代,采用地质地貌分析方法和绝对年龄测定法进行研究。地质地貌分析方法主要是根据滑坡前后缘分布高程、滑带分布高程、被覆盖的冲积物分布高程及覆盖关系来判断滑坡发生的年代。绝对年龄测试采用古地磁、同位素、热释光、^{14}C 等方法。

一、万州滑坡的空间形态

万州滑坡分布在长江及长江支流河谷谷坡上,分布高程为现代河床(115～120m)高程到300m之间(图 2-10),崩、滑体后缘高程分散,最低 210m,最高 310m,与四级、五级阶地高程相当。崩滑体前缘主要集中高程为 110～150m,与一级、二级阶地高程相当。根据统计的资料,滑坡剪出口高程由高到低滑坡数增加,前后缘高差最小 40m,最大 197m。

二、万州河流阶地与滑坡形成的时空关系

对滑坡的研究不仅要对现状和稳定性进行研究,同时还要对滑坡形成发展中的地貌过程进行研究,河流阶地的形成过程是河谷区滑坡地貌形成的基础。构造抬升—河流下切—阶地形成,从而为滑坡的发生提供必要的临空地貌条件,而滑坡的发生又破坏改造原阶地面。

根据钻孔资料,万州滑坡松散堆积体下伏大量冲积物,冲积物与坡积物、崩积物的接触关系有以下三种情况:①冲积物覆盖在基岩上,坡积物、崩积物覆盖在冲积物上[图 2-11(a)];

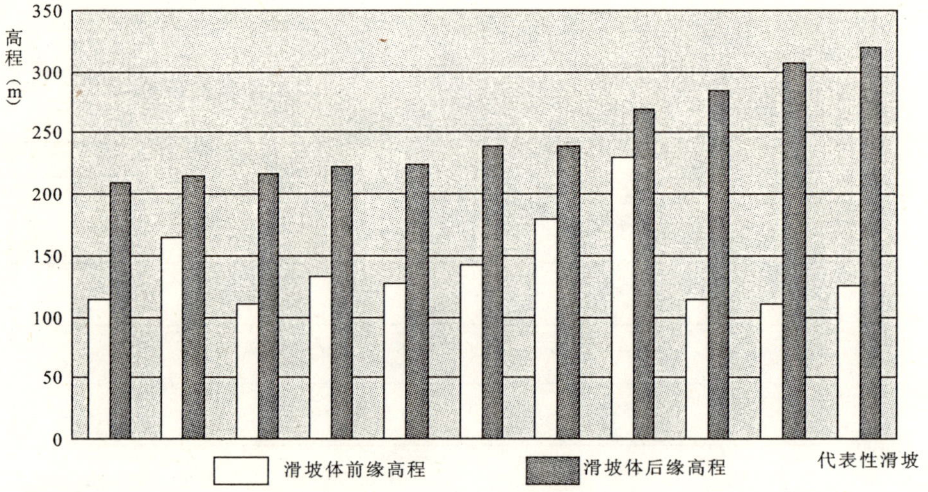

图 2-10　万州滑坡高程分布图

②冲积物覆盖在坡积物、崩积物上[图 2-11(b)]；③冲积物与坡积物、崩积物互层[图 2-11(c)]。以上三种关系直接反映了滑坡发生时间与河流阶地形成演化的时间和空间关系。第一种情况反映滑坡形成晚于阶地形成时间；第二种情况反映滑坡形成早于阶地形成时间；第三种情况反映滑坡的发生时间与阶地形成同步，但滑坡的发生是多期次的。

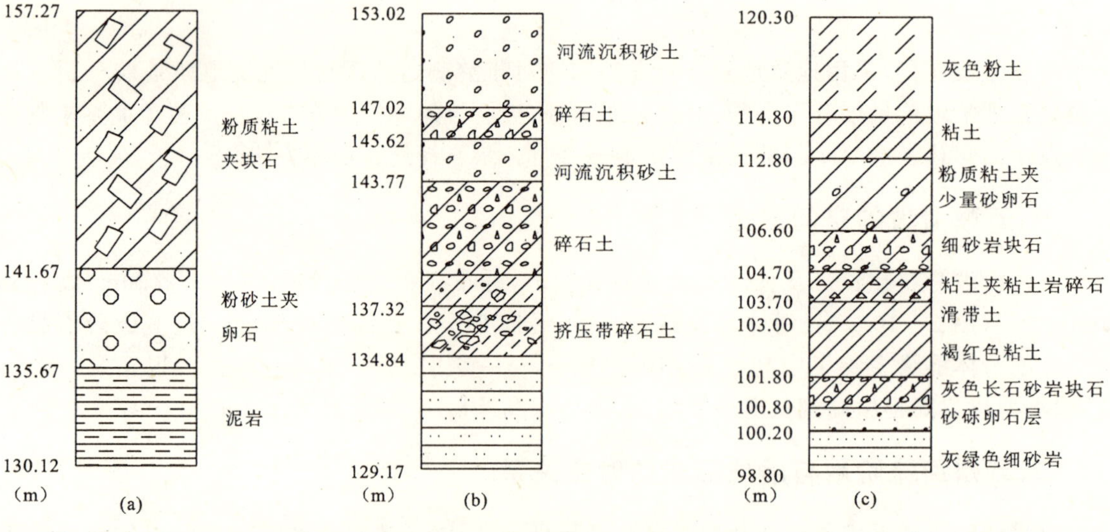

图 2-11　松散堆积体接触关系剖面图

(a)吴家湾滑坡钻孔 ZK19-2 剖面图；(b)关塘口滑坡钻孔 ZK8 剖面图；

(c)和平广场滑坡钻孔 ZL53 剖面图

万州阶地 T_1、T_2、T_3 的分布高程分别为 120m±、150m±、180m±。区内滑坡勘察钻孔揭示冲积物底面高度集中在 120m±、140m±、160m±，与河流阶地高程基本对应。滑坡的发生改造掩埋了阶地面，对比崩滑体堆积物与河流阶地沉积物的时空关系可以推测滑坡发生的时间。

对吴家湾滑坡、草街子滑坡、关塘口滑坡与和平广场滑坡钻孔沉积物分布统计，结合苎溪河古河道演化规律推测：①吴家湾滑坡的滑坡堆积体直接覆盖在冲积物上（图 2－12），冲积物的高程为 135～145m，与苎溪河在该段的现代河床高度相当，现代苎溪河的河床发育在滑坡之上，证明吴家湾滑坡的形成年代为 T_1 以后，为几千年内发生的滑动。②和平广场滑坡中，冲积物分布面积广，分布高程具有明显的阶梯状，高程与长江阶地 T_1、T_2、T_3 高程相当，均为基座阶地（图 2－13）。滑坡体覆盖在 T_2、T_3 上，滑坡体前缘 T_1 冲积物与崩滑物质成互层出现，说明和平广场滑坡发生在 T_2 以后，且 T_1 时期有多次前缘物质的变形滑动。③关塘口滑坡体中前缘掩埋多层冲积物，沉积厚度大，后缘以崩滑碎屑沉积为主（图 2－14）。冲积物底面分布高程为 128.62～162m，中前缘钻孔可见有多层冲积物出现，两层砂土间为崩滑碎石沉积，冲积物的主要分布高程为 130～150m，与 T_2 高程相当，说明关塘口滑坡发生在 T_2 以后，或与 T_2 形成时间相当。④农机技校滑坡所覆盖的冲积物较多，底面分布高程为 141.42～131.6m。农机技校处于长生河旁，其现代河床高程高出和平广场地段河床 10m，所以该滑坡钻孔中冲积物底面高程为 141～130m 应为该地段的一级阶地高程。由此说明该滑坡同样发生在 T_1 以后。综合以上地质地貌年龄分析认为：苎溪河南岸接近河谷地段的滑坡均与二级阶地形成时间相当或在二级阶地形成后发生。局部边缘地带在 T_1 时期发生滑动，如草街子滑坡东侧、和平广场滑坡前缘松散体。

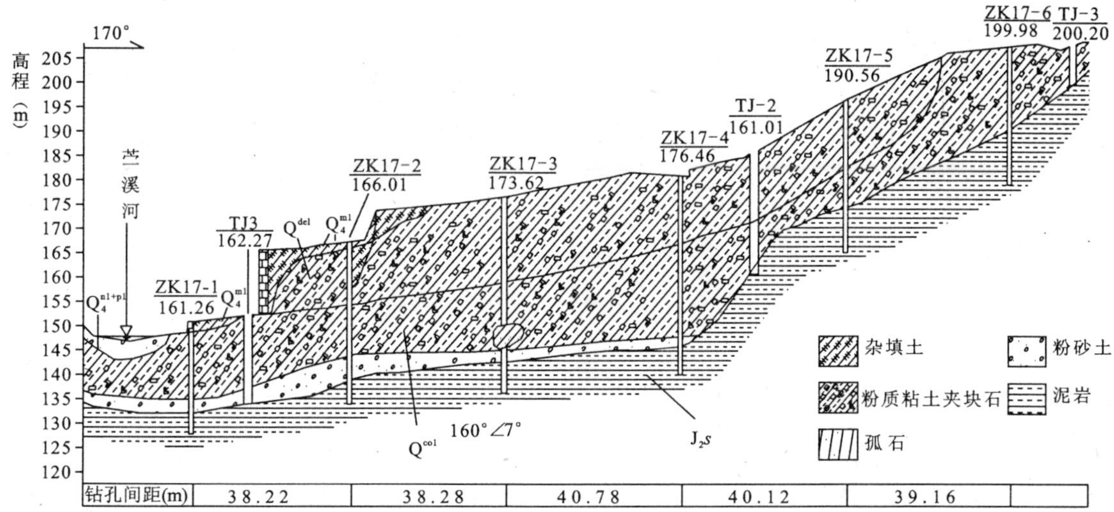

图 2－12　吴家湾滑坡地质剖面图

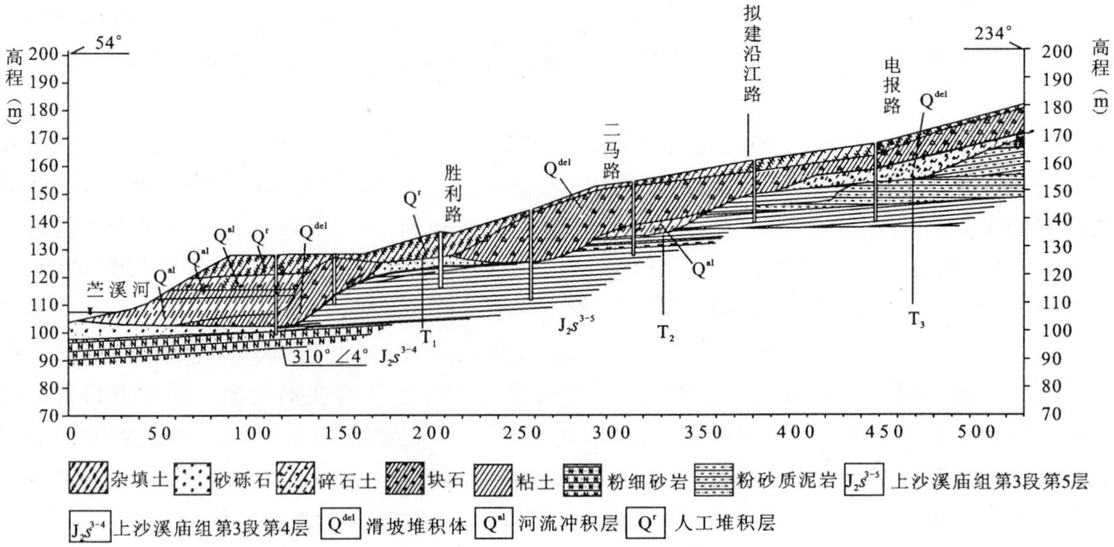

图 2-13　和平广场滑坡地质剖面图

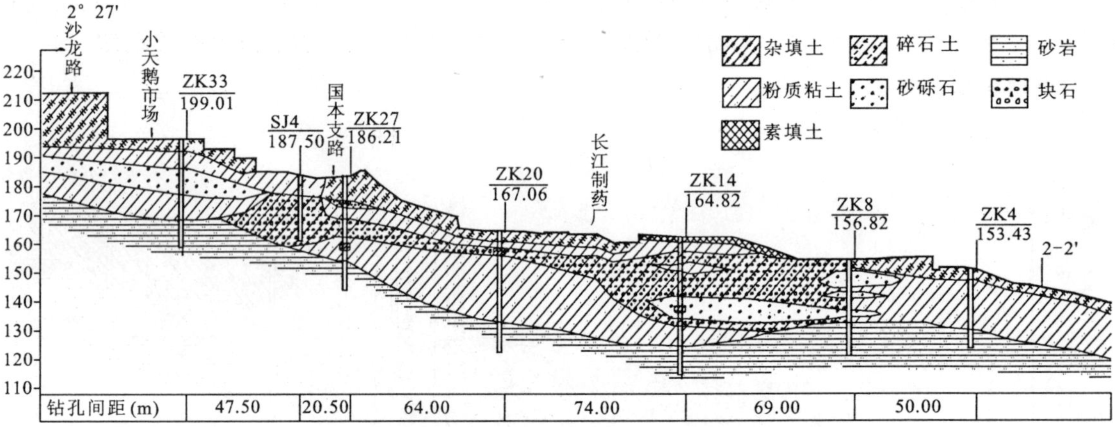

图 2-14　关塘口滑坡地质剖面图

三、绝对年龄分析

前人对万州古滑坡滑带土做了很多测年工作，表 2-3 为万州区七大古滑体的测年数据（长江水利委员会勘测局，1996）。从七大古滑坡的滑面高程和地表高程对比：相同地理位置的滑坡具有相对一致的滑面高程和地表高程，古滑面的绝对年龄也有一致性，说明古滑坡的发生与地形地貌地理位置有直接的关系。上述古滑体的地面高程在 220～300m 之间，对应着万州地区Ⅳ级阶地高程区间，即为 $Q_2^2 \sim Q_2^3$（第四纪中更新世中、晚期）的产物。滑床面高程在 195～250m 之间，对应万州地区Ⅲ级阶地高程区间，为 Q_2^3（第四纪中更新世晚期）形成的台面高程。

表 2-3　七大古滑体分布高程及形成年代情况表

地理位置	滑坡名称	滑面高程	地表高程	热释光年龄(10^4a)
长江北岸	吊岩坪	225	260	28.91
				26.36
				26.82
				25.16
				27.2
	枇杷坪	220	250	24.89
				27.57
				25.35
				27.66
苎溪河两岸(入长江口)	双堰塘	215	240	无
	草街子(江北)	191	220	35.61
	太白岩(江南)	186	255	25.42
				25.14
				36.71
				25.96
				25.72
苎溪河两岸(上游)	安乐寺(江北)	240	275	38.38
				31.5
	万安洞(江南)	230	250	无

在驸马滑坡的勘察中，滑坡后缘拉裂槽中钻孔 ZK1(图 2-15)揭示崩滑具有阶段性发生的特点，块石堆积与粘土堆积成层相间出现。对土样堆积物进行同位素^{14}C 测年工作，结果表明，驸马滑坡土样有两个崩滑事件，分别为 14 350±1 180Ba、21 580 ±2 140Ba(表 2-4)。二层岩滑坡探井 S1-9(图 2-16)发现堆积体下有一枯树(图版 2-4)，同位素^{14}C 测年为 15 540Ba。

表 2-4　驸马滑坡、二层岩滑坡同位素^{14}C 测年情况表

样品类型	采样地点	测定年代(年)	送样日期
木头	二层岩滑坡	15 540±340	2003/11/29
土样	驸马滑坡 20.00～20.20m	14 350±1 180	2003/11/29
土样	驸马滑坡 37.6～37.75m	21 580±2 140	2003/11/29
土样	驸马滑坡 57.05～51.25m	含碳量不足，无法测定	2003/11/29

地层代号	层底深度(m)	地层厚度(m)	层底标高(m)	取样点(m)	采取率(%)	风化带	柱状图 1:500	岩性描述	样品	水位
Q_4^{ml}	4.20	4.20	307.78		92 97		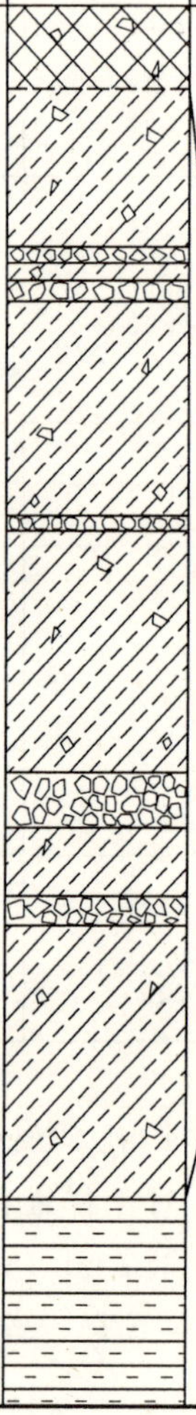	素填土：主要为褐灰色粉质粘土夹砂、泥岩碎块，结构较松散，孔隙率较大。粉质粘土，稍湿，呈可-硬塑状态，芯多为饼状。砂岩块石直径4~25cm，属中风化，泥岩碎石为强风化，土石比为7:3~8:2		4.05
Q_4^{col+dl}	59.80	55.60	252.18	20.00~20.20 37.60~37.75 57.05~57.25	91 96 93 90 97 95 92 98 94 96 90 94 96 92 97 91 98 94 92 90 93 94 96 91 97 94 93 90			粉质粘土夹块碎石：灰褐-紫红色，呈可-硬塑状态。夹大量灰白色砂岩、紫红色泥岩块碎石，局部含砂质较重，土石比约为7:3。砂岩块碎石多属中风化；泥岩块碎石直径3~26cm，为强-中风化。粉质粘土岩芯呈饼状、泥柱状，砂泥岩块石岩芯呈棱角状、碎块状、短柱状。另孔深12.1~12.95m段、13.83~14.9m段、25.7~26.45m段、38.5~41.25m段和44.7~46.15m段均为灰色砂岩块石，层理较明显，岩层倾角较大，一般为14°~42°。另在孔深57.5~57.75m段可见光滑镜面，其上分布有平行排列的细小擦痕，倾角约47°		
J_2s	70.15	10.35	241.83		97 99 91 95 91 96	中		泥岩：暗紫红色，含大量白云母碎片，局部夹薄层灰白色砂质条带，泥质结构，厚层状构造。质较硬，但浸水或日照下极易崩解，岩芯完整，呈柱状，最大节长74cm。层理较明显，岩层倾角10°		

图 2-15　驸马滑坡 ZK1 钻孔柱状图及驸马测年龄采样位置

由此可以推断，万州地区 15 000Ba、21 000Ba 是滑坡体崩滑事件集中发生的两个时期。三峡地区阶地年代资料表明，二级阶地的形成年代为 24 000Ba。根据关塘口滑坡与和平广场滑坡的地质地貌年龄分析，这两个滑坡的发生年代与二级阶地形成年代相当，或在其后形成。与同位素测年结果相对应。

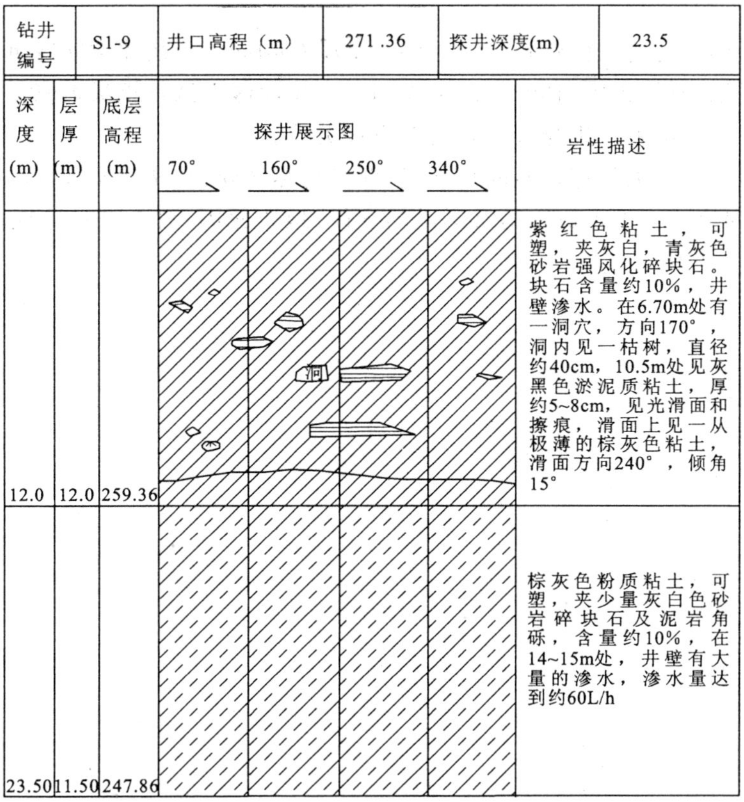

图 2-16　二层岩滑坡探井 S1-9 展示图

第五节　滑坡发生年龄与古气候关系

滑坡的发育与环境、气候有密切的关系。观察表明，多数滑坡是在大量降雨和暴雨时发生的，古滑坡的发育期与第四纪气侯变化有密切的关系。三峡以下长江中下游，河湖相较好地记录了该地区近万年来的气候变化。鄱阳湖北部孢粉资料显示 55～25Ka 夏季风增强，气候温暖湿润；太湖平原北侧 30～25Ka 植被为常绿阔叶林或落叶阔叶林；南京汤山葫芦洞穴中石笋的同位素资料显示 58～28Ka，该区不仅湿润而且温暖(施亚风、于革，2003)。从三峡地区部分滑坡的测年资料分析，在峡区许多滑坡发生在 60～2.3Ka 间(表 2-5)(张年学等，1993)。关塘口滑坡与和平广场滑坡的发生年代 T_2 时期与三峡库区滑坡集中发生年代相对应。

表 2-5　三峡地区部分滑坡的测年结果(张年学等，1993)

滑　坡	年　龄(B. P)
旧县坪西滑体	2.92±0.14(TL)
旧县坪主滑体	5.61±1.68(ESR)
云阳西城	2.7±0.41(ESR)
新滩	4.46±0.89(ESR)

另根据古里雅冰芯的气候资料，12 000Ba 与 15 000Ba 是末次冰期寒冷事件“新仙女木”事件前的两个小暖期(姚檀栋等，1997)，雨量充沛。三峡库区上游重钢滑坡测年资料为12 800Ba (殷坤龙，1996)，证明滑坡发生与气候降雨有直接关系。

一般来说大中型滑坡的存在时间较长，后期受自然气候、水文地质条件的变化影响会发生多次滑动，因此研究滑坡的形成年龄及形成的气候、地质原因，对滑坡稳定性的研究具有重要意义。

第三章　软弱夹层的基本特征及其成因

第一节　软弱夹层的分布

在万州区一带，出露的地层主要为侏罗系沙溪庙组和遂宁组。其岩性为一套紫红色砂岩、灰白色长石石英砂岩夹紫红色泥质粉砂岩、粉砂质泥岩、泥岩等，厚度较大。其中沙溪庙组在万州区一带出露最广，按岩性的变化又分为若干段，每段又可以分为若干小层。如上沙溪庙组第三段(J_2s^3)分 9 个层位共 31 个小层，各小层岩性的相变较大(表 1－4)，岩性为褐红、紫红、杂灰黄、灰绿色细砂岩、粉砂岩、粉砂质泥岩及泥岩等。在这一套地层中，夹有数层分布稳定、厚度较大的灰白色、灰绿色泥岩，蒙脱石含量高，遇水膨胀、软化，且剪切强度较低，为蒙脱石泥岩。此外，在厚度较大的紫红色泥岩中，蒙脱石含量亦很高，膨胀性亦很大。

综合地表测绘及钻孔资料，以上两种软弱夹层的分布如下。

(1)蒙脱石泥岩软弱夹层：灰白色，厚度 3～80cm，薄者不足 1cm，产状稳定、连续，出现于 J_2s^{3-5-3}、J_2s^{3-6-2}、J_2s^{3-7-2} 中。青龙咀西 J_2s^{3-5-3} 近底部Ⅴ－02 灰白色夹层，厚度 5～20cm，露头已泥化呈土状。在该夹层中还见数层这类泥岩薄层：天生桥东 J_2s^{3-6-2} 层的Ⅵ－02 夹层距该层底约 12m，厚度 3～25cm，下部劈理化，已泥化呈土状，向上过度为蒙脱石泥岩，底面见极薄层蒙脱石泥岩，可见延伸长度 40m；周家坝 J_2s^{3-7-2} 层中灰白色夹层，厚约 80cm，层位稳定，可见延伸长度 40m，近底部劈理化，已泥化呈土状，向上逐渐过度为薄层状蒙脱石泥岩(图 3－1)。

(2)紫红色泥岩：主要出现于紫红色泥岩层面，主要为紫红色泥岩风化产物，成分以伊利石为主，厚度一般＜1cm，有的约 1mm。钻孔揭示情况见表 3－1。

表 3－1　钻孔揭露紫红色泥岩软弱夹层统计表

(长江水利委员会综合勘测局，1996)

位置	孔号	夹层分布高程(m)	层位	软弱夹层描述
太白岩	ZK69	205.71～204.11	J_2s^{3-6-1}	层间泥化带发育，软塑状
	ZK67	180.72～179.62		泥岩中层间泥化带发育，间距 4～5cm
	ZK65	188.01～178.59		泥岩与粉砂岩层面泥化
吊岩坪	ZK45	230.17～227.26 226.66～222.55		为泥化层面密集带，层间夹泥化带薄层，间距一般 3～8cm，最大 10cm，局部夹 20～35cm 紫红色泥化泥岩
桑树坪	ZK65	248.15～246.6	J_2s^{3-7-1}	有 8 层泥岩薄层，泥化成软塑状粘土
草街子	ZK18	193.51～193.52	J_2s^{3-6-1}	距顶面 2.63cm 泥岩与砂岩的接触面有 1mm 的灰白色粘土
		166.60～166.65	J_2s^{3-6-1}	紫红色泥化夹层
枇杷坪	ZK72	211.81～211.91	J_2s^{3-6-3}	二层 0.5～1cm 软塑状棕红色泥岩，含泥质粉砂岩细角砾及岩屑，具擦痕
安乐寺	ZK15 ZK16 ZK17	235～245	J_2s^{3-6-3} 底部	褐红色泥岩夹层，剪切滑动面

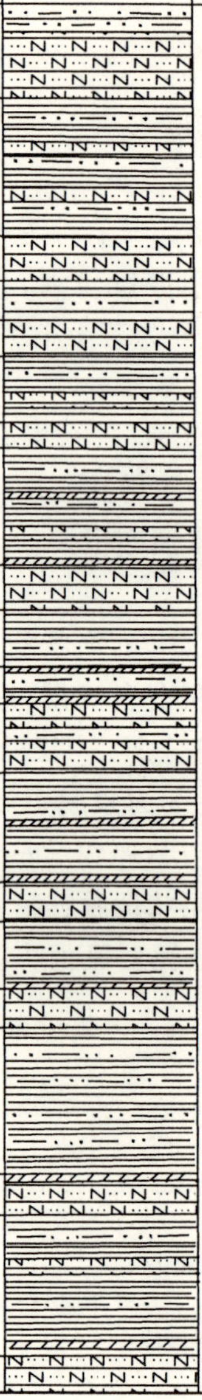

地层年代	厚度（m）	夹层编号	软弱夹层描述
J_2s^{3-9-3}	24.9		
J_2s^{3-9-2}	35.5		
J_2s^{3-9-1}	12.5		
J_2s^{3-8-4}	9.65		
J_2s^{3-8-3}	9.0		
J_2s^{3-8-2}	17.3		
J_2s^{3-8-1}	7.0		
J_2s^{3-7-2}	29.55	Ⅶ－02	Ⅶ－02：周家坝大桥南东400m处公路边坡上出露，层位稳定
		Ⅶ－01	Ⅶ－01：吊岩坪之上的黄家坪滑体滑带土，ZK50、ZK55、ZK46揭露；楠木垭滑体群之南山滑体前缘坑槽揭露
J_2s^{3-7-1}	10.9		
J_2s^{3-6-2}	24.0	Ⅵ－02	Ⅵ－02：鸭子沟的天生桥头公路边坡出露，连续性好；楠木垭滑体群之罗家院子滑体前缘剪出口房基开挖揭露灰白色滑带土，层位与此相当
		Ⅵ－01	Ⅵ－01：太白岩、吊岩坪、枇杷坪、安乐寺、草街子几个大型古滑体的24个钻孔揭露灰白色滑带土；太白岩国本路小学一带大量人工挖孔桩施工皆普遍见及；天城实验小学变形体第三级前缘公路施工开挖及钻孔都提示灰白色滑带土，连续分布；万家涧古滑体前缘坑槽提示，草街子滑体冲沟底有出露。可见该层位夹层分布范围之广
J_2s^{3-6-1}	20.5		
J_2s^{3-5-3}	28.5	Ⅴ－03	Ⅴ－03：万州中学变形体上的ZK39及沙河子滑体群上万县中学东侧的数个工民建钻孔皆揭露到灰白色滑带土
		Ⅴ－02	Ⅴ－02：五梁桥对岸青龙嘴J_2s^{3-5-3}近底部出露，厚5~20cm；天城实验小学变形体第二级前缘公路施工开挖及其上钻孔都揭露灰白色滑带土，连续性较好，层位与青龙嘴的夹层相当
J_2s^{3-5-2}	10.0		
J_2s^{3-5-1}	16.4	Ⅴ－01	Ⅴ－01：二丝厂变形体的ZK71孔揭露灰白色滑带土
J_2s^{3-4-5}	8～13		
J_2s^{3-4-4}	38.2		
J_2s^{3-4-3}	8～13		
J_2s^{3-4-2}	34.5	Ⅳ－01	Ⅳ－01：百安坝滑体灰白色滑带土，在前缘的308国道及中部尖峰岭、皂角树脚—黄家湾、大石板等处的公路施工揭露，灰白色滑带土连续大面积分布
J_2s^{3-4-1}			

（地层柱状简图 1:2 000）

图 3－1　上沙溪庙组地层中蒙脱石泥岩软弱夹层分布柱状图

（长江水利委员会综合勘测局，1996）

第二节　软弱夹层的矿物与化学成分

一、矿物成分

(一)X 射线衍射分析

将所取泥岩和泥岩样品细碎至小于 2μm,采用 X 射线衍射(XRD)分析其矿物成分。所有 X 射线粉晶衍射分析在中国地质大学测试中心完成,使用的仪器为日本理学公司 D/MAX－3A 型 X 射线衍射仪,测试条件为:Cu 靶 Kα 射线,Ni 滤波,电压 30kV,电流 30mA,扫描速度 6°/min,温度 22℃,湿度 56%。

三湾堰塘 276.2m 高地北侧沙龙路旁 LS3 剖面泥岩(图 3－2、图版 3－1、图版 3－2)主要矿物成分按相对含量从多到少为蒙脱石、长石、α－石英、伊利石、绿泥石。估算方法为将所测样品与已知矿物含量的标准样品对比,误差为±10%。以泥岩样品 LS3－3－1 为例,参照标准图谱(中国科学院贵阳地球化学研究所,1978),蒙脱石的 1.553nm、0.451nm 衍射峰,石英的

厚度(cm)	柱状图	编号	描　述
>10		LS3-1	灰绿色，较潮湿，遇水迅速软化
6		LS3-2	紫红色，破碎严重
20		LS3-3	灰绿色，遇水迅速软化
3-20		LS3-4	紫红色，横向变化大
20		LS3-5	灰绿色，较坚硬
32		LS3-6	紫红色，含较多钙质薄壳
35		LS3-7	灰绿色，顶部夹泥岩条带
40		LS3-8	紫红色，裂隙含较多钙质薄壳
40		LS3-9	灰绿色，粒度自上而下变细
20		LS3-10	紫红色，裂隙含钙质薄壳
16		LS3-11	灰绿色，遇水迅速软化，易滑
>10		LS3-12	紫红色，与上部岩层渐变

粉砂岩　泥岩　粘土质粉砂岩　细砂岩　钙质结核

图 3－2　三湾堰塘 276.2m 高地北侧沙龙路旁软弱夹层柱状图

0.335nm、0.426nm、0.246nm 衍射峰，长石的 0.319nm、0.405nm、0.376nm 衍射峰，伊利石的 0.335nm、0.451nm、0.997nm 衍射峰都较明显；绿泥石的 1.442nm 特征衍射峰比较微弱（图 3-3）。伊利石/蒙脱石混层矿物的特征衍射峰 1.056nm、0.499nm、0.333nm 和高岭石的特征衍射峰 0.717nm 都没有显示。

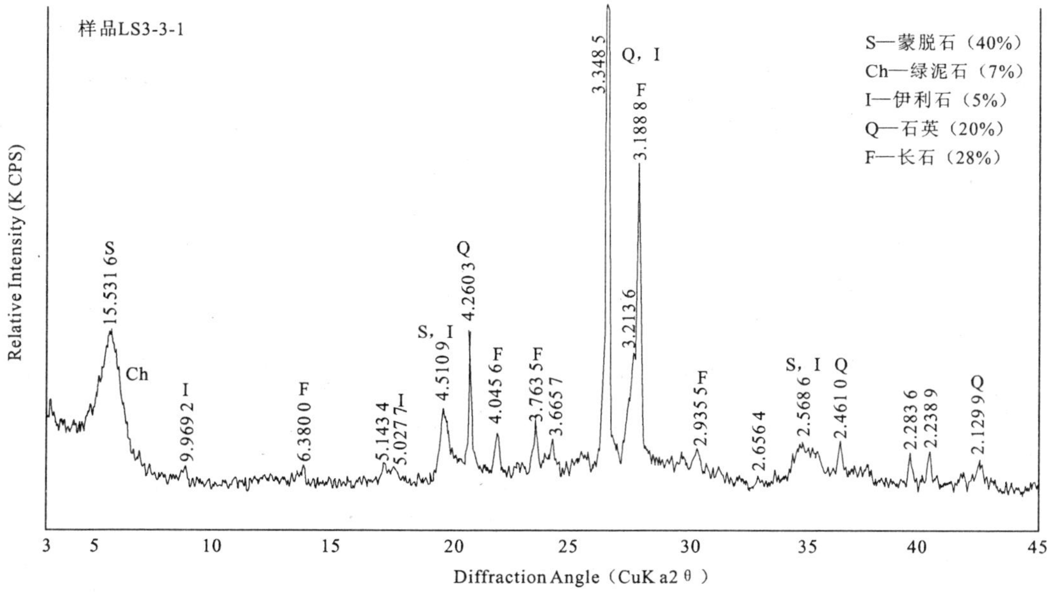

图 3-3　LS3-3-1 X 射线粉晶衍射图（括号内为估算的相对含量）

万安大桥附近的 LS5 剖面（图版 3-3、图版 3-4）也发现一层灰绿色泥岩（LS5-6），与上覆泥岩和下伏砂岩的界线清晰、层位稳定且较为连续，层厚约 1m。据 X 射线粉晶衍射测试，此泥岩中的蒙脱石含量高于上述样品 LS3-3-1，其衍射图如图 3-4 所示。蒙脱石的特征衍射峰（1.540nm）很明显，其强度高于样品 LS3-3-1；石英的特征峰（0.334nm）强度相对下降很多；绿泥石的特征衍射峰（1.442nm）有所显示。

（二）红外光谱分析

红外光谱分析（IR）在中国地质大学测试中心和珠宝学院完成，所用仪器为美国 Nicolet 公司生产的傅立叶变换红外光谱仪 MAGNA-IR550。参照红外标准图谱，蒙脱石在 3 620cm^{-1}附近有一个强度较大的 OH 锐谱带，在 3 420cm^{-1}附近有一个较宽缓的 H_2O 带，分别为 OH 和层间水的伸缩振动。1 025cm^{-1}附近有一个较为对称的“V”形深谷，显示 Si-O 伸缩振动；520 cm^{-1}和 470cm^{-1}附近的吸收谷则为 Si-O 弯曲振动的表现。未见高岭石的特征谱带 3 700cm^{-1}。图 3-5 和图 3-6 为 LS3 剖面和 LS5 剖面中部分粘土岩的红外光谱，其显示的主要矿物属种与 X 射线衍射分析结果基本一致。

二、化学成分

LS3 剖面和 LS5 剖面泥岩和泥岩的常量元素化学成分列于表 3-2。测试结果显示，泥岩主要化学成分为 SiO_2、Al_2O_3、Fe_2O_3、K_2O、MgO、CaO、Na_2O 以及结构水，有少量 TiO_2、MnO

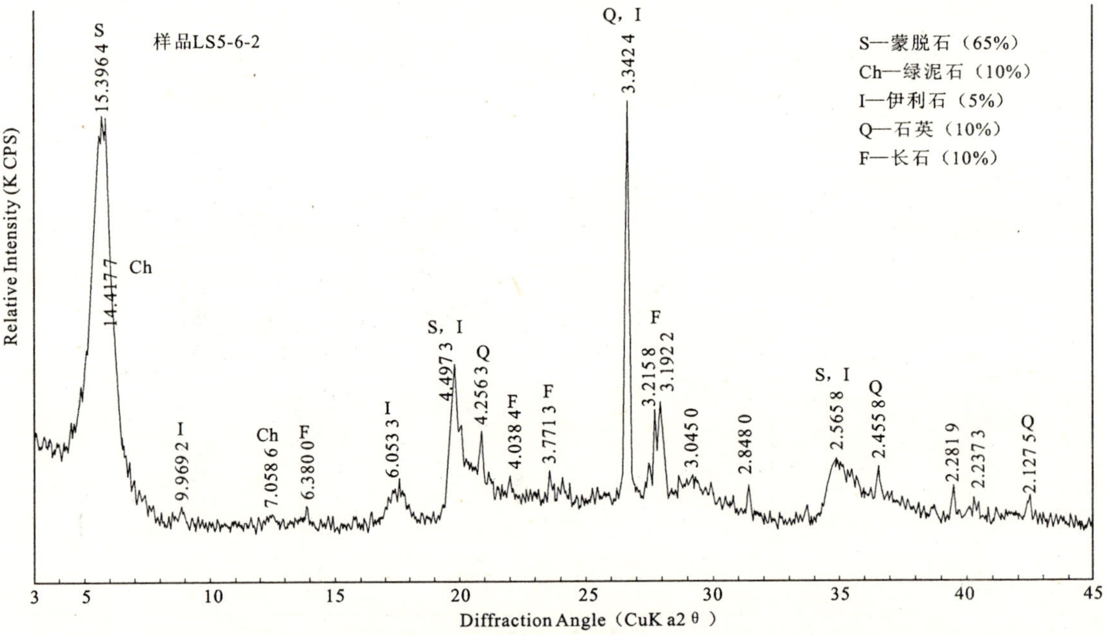

图 3-4　LS5-6-2 X 射线粉晶衍射图(括号内为估算的相对含量)

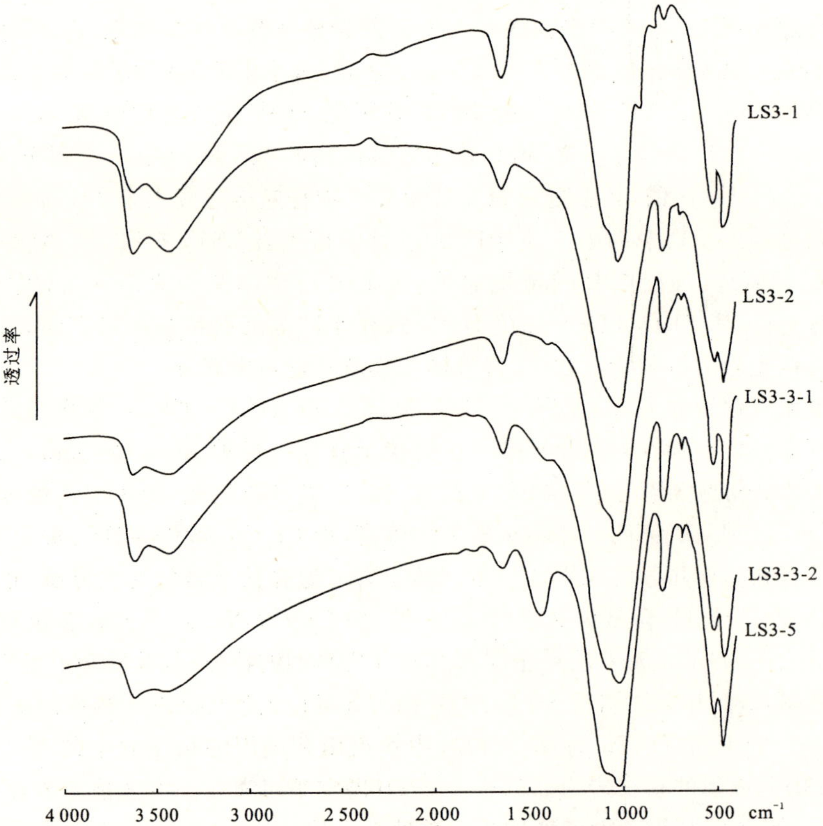

图 3-5　LS3 剖面部分粘土岩红外光谱图

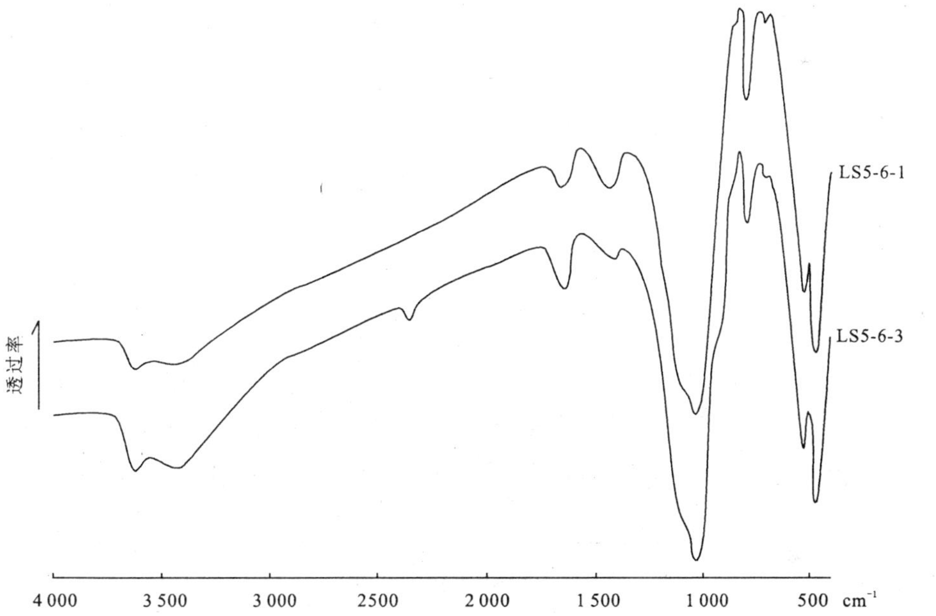

图 3－6　LS5 剖面部分粘土岩红外光谱图

等。与 PAAS 成分相比，这两个剖面的粘土岩和泥岩整体具有明显的低 Ti、低 Mn、低 Fe、低 Al、高 Ca 的特点，Mn/Ti 比值集中在 0.1～0.3 之间，远小于 PAAS 的 2.84。据 Wintsch 等(1994)研究(Wintsch R P ，Kvale C M，1994)，在风化、转移、成岩过程中 Al 和 Ti 一般是非活动元素，Al_2O_3/TiO_2 比值基本不变，可以作为有效的物源指示剂。表 3－2 列出了各种岩石和沉积物的 Al_2O_3/TiO_2 比值，其中凝灰岩及其蚀变产物普遍接近或大于 40，而该比值在页岩、河流沉积物和远洋沉积物中都小于或接近 30。对于粘土岩 LS5－6－2，其 Al_2O_3/TiO_2 比值为 52.6，在凝灰岩及其蚀变产物的范围之内，因此其沉积物源中火山灰可能占大多数。而 LS3－3－1 粘土岩，其 Al_2O_3/TiO_2 比值为 33.2，介于陆源沉积和凝灰岩之间，因而陆源碎屑和火山灰都是粘土岩的沉积物源之一，并且陆源物质可能占大部分。

部分微量元素含量如表 3－3 所示。Nb、Ta、Th、Zr、Hf、Cr、Co、Ni 等微量元素在蚀变和表生环境中较为稳定，在物源示踪上有一定的指示作用。根据 Zhou 等(Zhou Y P，Bohor B F，Ren Y L，2000)和冯宝华等(冯宝华、董茹丽，1993)的分析比较，由火山灰蚀变产生的凝灰岩及粘土岩，Zr、Hf、U、Y 都比地壳粘土岩平均值高，而 Cr、Co、Ni 等亲铁元素和 V、Ti 均大大低于地壳粘土岩和其他陆源沉积岩。从本区粘土岩与地壳粘土岩的对比分析，也具有类似的特征，前者 Nb、Zr、Hf、Th 含量为后者的 1～3 倍，而 Cr、Co、Ni、Ti 等元素含量则明显低于后者。值得注意的是，并不是每一层粘土岩都具有非常典型的特征，其性质介于地壳粘土岩和火山灰粘土岩之间，这同样是二者混合的表现。Ti/Th 可以大致反映粘土物质的来源：在酸性火山灰成因的粘土岩中的 Ti/Th 为 30～400，中性火山灰成因的粘土岩中的 Ti/Th 为 400～1 000，基性火山灰成因的粘土岩为 2 500～3 500(冯宝华，1989)。本区粘土岩样品 Ti/Th 比值为 130～290，反映了其物源中可能加入了酸性火山灰。

表 3-2　万州上沙溪庙组部分粘土岩和泥岩常量元素含量(w_t%)

样号	SiO_2	Al_2O_3	TiO_2	Fe_2O_3	FeO	MnO	MgO	CaO	Na_2O	K_2O	P_2O_5	H_2O^+	CO_2	总和	A/T
LS3-1	65.40	16.53	0.56	2.77	0.63	0.05	2.39	2.15	1.80	2.94	0.14	3.20	0.20	99.76	29.52
LS3-2	62.47	16.97	0.61	4.99	0.83	0.13	2.65	1.53	1.11	3.96	0.14	4.31	0.16	99.86	27.82
LS3-3-1	64.93	17.28	0.52	2.41	0.53	0.08	2.28	2.65	2.26	2.50	0.13	4.02	0.24	99.83	33.23
LS3-5	61.64	15.13	0.58	3.80	1.02	0.13	2.25	3.21	1.45	3.68	0.22	3.85	1.88	99.84	26.09
LS3-6	64.62	15.43	0.68	4.62	1.12	0.08	2.25	1.92	1.83	3.46	0.18	3.24	0.37	99.80	22.69
LS3-11	64.85	15.52	0.69	3.27	1.00	0.08	2.21	1.84	1.74	3.68	0.29	3.45	0.20	99.82	22.49
LS5-1-2	68.57	12.84	0.59	3.21	0.67	0.13	1.88	3.24	2.63	1.96	0.15	2.48	1.14	99.49	21.76
LS5-4	62.17	15.42	0.75	5.27	1.05	0.07	2.59	2.68	1.22	3.53	0.15	3.83	1.06	99.79	20.56
LS5-5-3	63.97	15.23	0.65	5.10	1.12	0.07	2.58	1.74	1.16	3.59	0.17	3.86	0.57	99.81	23.43
LS5-6-1	62.51	15.55	0.57	3.19	0.82	0.11	2.76	3.81	1.25	2.97	0.19	4.05	1.47	99.25	27.28
LS5-6-2	61.09	18.40	0.35	2.99	0.28	0.05	3.97	2.52	0.67	1.51	0.08	6.79	0.33	99.03	52.57
LS5-6-3	63.53	16.26	0.55	3.00	0.73	0.07	3.14	2.60	1.21	2.57	0.15	4.77	0.65	99.23	29.56
PAAS	62.8	18.9	1.0	7.20	—	2.2	—	1.3	1.2	3.7	0.16	—	—	98.46	18.90

注:PAAS 数据来自 Taylor *et al*.(1985)(Taylor, S.R., Mclennan, S.M., 1985),A/T 表示 Al_2O_3/TiO_2

表 3-3　万州上沙溪庙组粘土岩微量元素含量($\mu g/g$)

样品	LS3-1	LS3-2	LS3-3-1	LS3-5	LS3-6	LS3-11	LS5-4	LS5-6-1	LS5-6-2	LS5-6-3	PAAS	CCR
Rb	108	163	85	157	153	152	163	107	54	101	160	140
Sr	304	233	355	220	229	227	168	232	316	277	200	300
Ba	488	481	550	467	506	518	489	454	374	495	650	580
Sc	10.7	11.0	5.2	11.0	13.7	11.3	14.3	12.5	3.1	8.8	16.0	—
V	67.3	92.3	56.6	79.4	80.7	79.9	86.7	77.4	35.6	67.2	150	—
Nb	16.7	18.2	16.8	16.0	17.4	18.0	18.0	13.4	15.2	16.4	19	11
Zr	271	230	289	213	215	190	190	210	191	196.7	210	152
Hf	6.9	5.3	7.9	4.6	5.2	3.5	3.5	4.8	5.3	5.4	5.0	2.8
Th	15.6	17.7	13.5	15.9	14.1	16.0	16.0	13.6	16.0	14.0	14.6	12.0
U	2.8	3.0	3.0	3.0	2.9	2.7	2.7	2.5	3.9	2.4	3.1	3.7
Cr	50.9	59.0	40.7	59.7	70.7	87.6	87.6	59.0	18.9	57.2	110	90
Ni	19.8	27.2	17.7	24.6	30.5	39.4	39.4	24.0	13.6	25.4	55.0	68
Co	8.8	11.8	8.7	10.4	12.3	14.0	14.0	9.9	7.2	11.0	23.0	19
Ti/Th	215	206	215	219	289	281	281	251	131	235	410	383
Th/U	5.57	5.90	4.83	5.30	4.86	5.93	5.93	5.44	4.10	5.83	4.71	3.24
La	33.45	63.05	29.72	43.17	45.38	47.15	39.48	45.20	34.90	28.75	38.20	—
Ce	63.89	116.50	58.00	83.08	76.38	87.41	77.73	80.47	69.44	62.95	79.60	—
Pr	8.49	14.83	7.32	10.72	10.23	11.44	9.29	10.47	8.26	7.68	8.83	—
Nd	30.56	51.79	25.83	39.76	36.90	45.04	32.91	38.27	27.78	28.01	33.90	—
Sm	6.12	9.06	5.08	7.35	6.65	8.29	6.02	6.84	5.52	5.41	5.55	—
Eu	1.29	1.65	1.22	1.43	1.35	1.75	1.30	1.26	0.87	1.02	1.08	—
Gd	5.35	7.29	4.72	6.35	5.58	7.63	5.26	5.79	4.65	4.65	4.66	—
Tb	0.82	1.09	0.75	0.99	0.81	1.16	0.80	0.88	0.72	0.78	0.77	—
Dy	4.84	6.21	3.42	5.36	4.85	5.90	3.59	5.00	3.97	3.26	4.68	—
Ho	0.95	1.30	0.85	1.08	0.97	1.19	0.94	1.05	0.80	0.86	0.99	—
Er	2.42	3.66	2.02	2.89	2.58	3.11	2.48	2.81	2.14	2.28	2.85	—
Tm	0.36	0.59	0.27	0.47	0.38	0.45	0.40	0.44	0.33	0.34	0.40	—
Yb	2.05	4.07	1.52	2.94	2.36	2.81	2.41	2.83	2.06	2.28	2.82	—
Lu	0.29	0.61	0.21	0.43	0.34	0.42	0.34	0.42	0.31	0.33	0.43	—
Y	24.39	33.11	22.55	27.63	24.60	29.91	23.38	28.89	18.10	22.30	27.00	—
ΣREE	187.3	314.8	163.5	233.7	219.4	253.7	207.3	230.6	179.9	171.9	211.8	—
(La/Yb)n	11.34	10.46	13.20	9.91	12.98	11.33	11.06	10.78	11.43	8.51	9.14	—
Eu/Eu*	0.34	0.30	0.37	0.31	0.33	0.33	0.35	0.30	0.26	0.30	0.32	—

注:PAAS 数据来自 Taylor *et al*.(1985);CCR(地壳粘土岩)数据来自 Turekain K K *et al*.(1961)

粘土岩样品的稀土元素含量也列于表 3－3。所采不同层位的粘土岩总体具有轻稀土富集、重稀土亏损以及明显的负 Eu 异常，但某些层位的稀土总量偏高或者偏低，且不同层位的粘土岩具有某些元素上的差异。例如，LS3－3－1 粘土岩具有较低的稀土总量，尤其亏损重稀土，但具有一定的正 Eu 异常。LS3－2 样品具有显著的高稀土总量。与 PAAS 相比，LS3 剖面的粘土岩都具有正 Eu 异常或者不明显的负异常，稀土总量变化范围较大，可能是因为其中陆源碎屑占沉积物源的主要成分，并且先后沉积的陆源碎屑在稀土成分上具有一定的变化，因而在此表现明显。而 LS5 剖面粘土岩都具有相似的稀土总量和负 Eu 异常，尤其是 LS5－6－2，负 Eu 异常最为明显，具有典型的火山灰特点（张俊明、李国祥、周传明，1997），可能显示了较少的陆源碎屑的混合，这也同野外观察到此层粘土岩最为纯净的宏观现象相符合，这同 Al_2O_3/TiO_2 比值显示的特征是一致的。

第三节 软弱夹层的结构构造

通过详细的野外观测，在万州城区一带 J_2s 地层分布稳定，近水平产出，构造活动微弱。虽然目前在软弱夹层中没有发现大规模的剪切面（图版 3－2 至图版 3－5），但局部地段可见规模较小的剪切面，延伸长度不超过 30m（图版 3－6）。对三湾堰塘 276.2m 高地北侧沙龙路旁灰白色软弱夹层进行扫描电镜观察表明（图版 3－7 至图版 3－10）：此灰白色软弱夹层样品主要由蒙脱石、伊利石、石英、长石等矿物组成，微裂隙和微孔隙发育，以片状结构为主，有少量网格结构，局部可见粘土矿物定向排列。以上现象说明，在万州一带红层中，曾发生过挤压作用，使软弱夹层发生层间剪切破坏，从而导致软弱夹层剪切强度降低。

第四节 软弱夹层的物理力学性质

对软弱夹层的物理力学性质研究，包括软弱夹层的粒度成分、粘土的液塑限、最大干密度与最优含水量、剪切强度等。实验样品采自三湾堰塘 276.2m 高地北侧沙龙路旁，标高为 210m。该软弱岩层夹在紫红色的泥质砂岩之间，厚度为 10～20cm，分布比较连续，灰绿色，湿，硬塑（图 3－2、图版 3－1）。

一、粒度成分

测定软弱夹层的粒度成分采用筛析法与虹吸比重瓶法。其结果是：砂粒含量为 11.0％，粉粒含量为 66.8％，粘粒含量为 22.2％。因此本软弱夹层土可以定名为粉质粘土。

二、最优含水量与最大干密度

采用击实法求软弱夹层的最优含水量与最大干密度。所测得的含水量与干密度关系曲线见图 3－7。由图 3－7 可知，最优含水量为 21.1％，最大干密度为 $1.59g/cm^3$。

三、液塑限

采用搓滚法测定粘土的塑限、锥式仪法测定粘土的液限。结果表明，液限为 36.4％，塑限

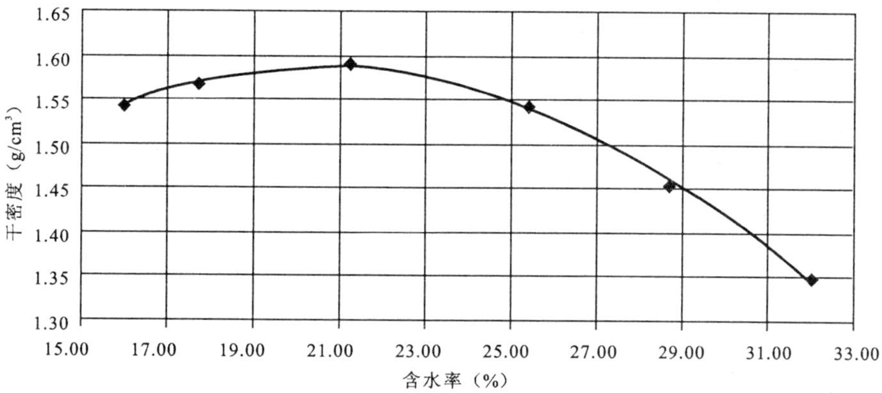

图 3-7　干密度与含水量关系曲线

为 22.1%，塑性指数为 14.3。根据粘土的液限、塑限特征，本软弱夹层土可定名为粉质粘土。

四、膨胀性

采用自由膨胀率试验，对两组样品的自由膨胀率进行测定，其结果为：第一组自由膨胀率为 59%，第二组自由膨胀率为 65%，平均为 62%。结果显示，此软弱夹层土为中等膨胀性土。

五、抗剪强度

(一)直剪实验

用直接剪切试验测定在非饱水(天然状态)和饱水两种状态下软弱夹层的抗剪强度，即确定土的 c 和 φ 值。实验方法采用固结快剪和慢剪法。将样品在最优含水量条件下用轻型击实器击实，用环刀取样，测物性(密度、含水量)，饱水(浸水)，称重量确定饱和度。①非饱水试样制作方法：把击实试验中取得的样品，毛细吸水两昼夜；②饱水试样制备：把击实试验中取得的试样进行抽气饱和。垂直压力分别为 100、200、300、400kPa，固结慢剪速度为 0.02mm/min，快剪速度为 0.8mm/min。试验条件及试验结果见表 3-4。从表 3-4 中分析可知，软弱夹层重塑样在饱和条件下比在非饱和条件下的剪切强度参数小了很多。这充分说明软弱夹层一旦遇水饱和，其剪切强度将大幅度下降。

表 3-4　直接剪切试验条件及结果

试验条件	试验方法	试验结果
非饱和(天然状态)	固结慢剪	c=23.31kPa; φ=21.80°
	固结快剪	c=18.8kPa; φ=24.6°
饱和	固结慢剪	c=13.52kPa; φ=24.07°
	固结快剪	c=40.08kPa; φ=18.24°

(二)三轴剪切实验

在最优含水量条件下，把一定量的土装入土样室中击实制样，测定密度、含水量，确定饱和度，试验采用标准三轴试验仪器进行。样品的制作分为以下两种：①非饱水试样制作。把击实试验中取得的试样，毛细吸水两昼夜；②饱水试样制备。把试样装入压力室内进行水头饱和，试验围压分别为100、200、300、400 kPa。试验条件及试验结果见表3－5。从表3－5分析可知，饱和软弱夹层重塑样在饱和条件下的抗剪强度只有非饱和条件下的一半。在固结不排水条件下，总应力抗剪强度参数为 $c=27\text{kPa}$，$\varphi=17.0°$；有效应力抗剪强度为 $c'=19\text{kPa}$，$\varphi'=23.0°$。

表3－5　三轴剪切试验条件及结果

试验条件	试验方法	试验结果
饱和	不固结不排水	$c=29.0\text{kPa}$
	固结不排水	$c=27\text{kPa}$，$\varphi=17.0°$（总应力）
		$c'=19\text{kPa}$，$\varphi'=23.0°$（有效应力）
非饱和	不固结不排水	$c=60.3\text{kPa}$

第五节　软弱夹层的成因与演化规律

一、膨润土形成和演化的一般规律

以上讨论的软弱夹层的主要矿物成分为蒙脱石系列、伊利石、绿泥石等粘土矿物，其中又以二八面体结构为主的蒙脱石为主，故可以称之为膨润土，也称为斑脱岩。就世界范围内，膨润土矿床的成矿有一定规律性，约71.4%分布于环太平洋造山带中。我国发现的膨润土矿主要分布在沿海诸省，成矿时代从晚古生代到新生代各时期均有发现，但重要的成矿时代是晚侏罗世—白垩纪和古近纪—新近纪。大型的膨润土矿床主要形成于浅海相、湖泊相和沼泽相。

膨润土的成因可以分为火山岩型、火山岩-沉积型、沉积型、侵入岩型、风化型。火山岩型矿床实例有辽宁黑山、吉林九台、浙江仇山、河南信阳、山东涌泉庄等；火山岩-沉积岩型矿床实例有浙江平山、安徽新潭、内蒙高庙子等；沉积矿床实例如广西宁明、甘肃红泉、四川三台等；侵入岩型矿床如江苏平桥、湖南金沙洲等。

膨润土的主要矿物是蒙脱石。蒙脱石是在富盐基，特别是贫 K^+ 而富含 Na^+ 和 Ca^{2+} 的碱性介质中形成的，其主要阳离子为 Si^{4+}、Al^{3+}、Mg^{2+} 等。如果风化强度较大，钠和钙就从蒙脱石的层间位置上剥离，因此蒙脱石的形成必然是在弱化学风化的环境中，例如干旱的气候条件。在潮湿温暖的气候条件下，淋滤作用较强，母岩风化后，一些碱金属、碱土金属元素容易被淋滤流失，易于形成无层间阳离子的高岭石。而干冷气候条件下，淋滤作用较弱，不利于碱土金属元素发生淋滤作用，有利于形成伊利石、蒙脱石、伊利石/蒙脱石混层类粘土矿物和绿泥石（杨作升，1988；汤艳杰、贾建业、谢先德，2002）。蒙脱石是火山岩、火山碎屑岩和火山灰蚀变的重要产物（王行信，1998），火山灰物质在碱性介质中很容易变成蒙脱石，这已为许多研究者的资料所证明（何良彪、辛春英，1986）。沉积物的快速堆积不利于火山物质的充分淋滤及碱金属和碱土金属的彻底排除，有利于蒙脱石的形成。

任何岩石经过热液蚀变都能形成蒙脱石族矿物，它所需要的条件是低温碱性水热作用。

国内此类型报道较少，但在热泉区却较常见，如云南腾冲热海岩石的水热蚀变的粘土化。

膨润土的物源与成因分析有很多方法，比如层位分析（刘兆莹、王祖福，1989）、特征矿物（冯宝华，1994；王尚彦、殷鸿福，2002）、微量元素示踪。例如，火山成因的膨润土常含有 β 石英、透长石、锆石、磷灰石等矿物，为火山物质快速冷却的残留矿物，其中透长石、锆石、磷灰石都可以用来精确定年。很多研究已经表明（王尚彦、殷鸿福，2002；周义平、任友谅，1994；Yiping zhou, Bruce F. Bohor, Youliang ren，2000），火山碎屑成因泥岩的微量元素与正常沉积泥岩相比，具有低 V、Ti、Sc、Cr、Co、Ni，高 REE、Nb、Ta、Hf、Zr、U、Th，高 Th/U 比值（>4），Eu 负异常等明显的特点。与此同时，大部分和火山成因相联系的膨润土相邻层位都能找到凝灰岩、火山碎屑岩等火山物质。

膨润土的一般演化规律是：蒙脱石→绿/蒙间层→绿泥石、蒙脱石→伊/蒙间层→伊利石、高岭石→伊利石（康毅力、罗平亚、焦棣、徐兴华，1998），其转变的总体趋势是从无序结构向有序结构转化，从晶格不完善向完善转化，从膨胀晶层多向膨胀晶层减少、非膨胀晶层增加的方向转化（任磊夫，1988）。孟元林等（孟元林、肖丽华、王建国、周书欣、姜贵周，1996）通过对粘土矿物转化的化学动力学分析指出，随埋深和地温的增加，粘土矿物中的蒙脱石不断析出层间水，并从介质中吸取钾、钠、镁等金属离子，致使晶体结构发生重排，转化为伊利石。因此，膨润土在埋藏成岩作用下容易转化为变斑脱岩或钾质斑脱岩（Stephen P. Altaner, John Hower, Gene Whitnery, James L. Aronson，1984）。

二、本区软弱夹层的形成和演化规律

（一）物源与成因机制分析

万州区软弱夹层主要由膨润土组成。膨润土主要矿物成分为蒙脱石、伊利石、绿泥石，其他矿物有石英、长石和少量的方解石。膨润土一般都呈稳定层状产出，与上下层位界线清晰，横向上较为连续，且单层较厚（0.2～1m），为连续沉积产物，基本可以排除风化残积成因。此外，根据区域地质状况和研究区地层分析，热液蚀变也没有可能发生。

本区侏罗系主要为红色砂泥岩系沉积。据区域地质志和薄片观察，砂岩的结构成熟度很低，为近物源快速沉积，显示沉积发生在干旱炎热气候下的浅湖和河流环境，为强氧化环境，蒸发作用强，水介质盐度高，有利于蒙脱石的形成。MeMutry（GARY M. MeMutry, HSUEH－WEN YEH，1981）认为，蒙脱石的形成温度是 30℃～50℃，这与本区泥岩的形成环境相符。砂泥岩系的沉积趋于形成较为封闭的环境，有利于保持较高浓度的碱金属和其他阳离子，有利于蒙脱石的形成。火山碎屑、火山玻璃和火山灰在有水的埋藏条件下极易斑脱岩化，形成大量的蒙脱石。

在关塘口沙龙路泥岩相同层位的沙河路附近亦发现类似的灰绿－灰白色粘土层，并且在其下伏紫红色泥岩中发现含有玻璃质碎屑物和矿物碎屑的绿色团块，初步判断为火山喷发形成的角砾岩（图版 3－11）。这是本区中侏罗统有火山活动的重要证据。

据前苏联学者研究蒙脱石矿产成因后提出，火山喷发的火山灰、火山尘埃的有效作用范围在 600km 以内（刘兆莹、王祖福，1989）。而在川陕交界附近的郎木寺一带已经发现中晚侏罗统的火山碎屑岩（刘兆莹、王祖福，1989；李亚东，1993），距离万州大约 400km。

以蒙脱石含量较高的 LS3－3－1 和 LS5－6－2 样品为例分析。据 Wintsch 等人研究

(Wintsch R P, Kvale C M,1994),在风化、转移、成岩过程中 Al 和 Ti 一般是非活动元素,Al_2O_3/TiO_2 比值基本不变,可以作为有效的物源指示剂。表 3-6 列出了各种岩石的 Al_2O_3/TiO_2 比值,其中凝灰岩及其蚀变产物普遍接近或大于 40,而该比值在页岩和远洋沉积物中都小于 25。对于 LS5-6-2 泥岩,其 Al_2O_3/TiO_2 比值为 52.6,在凝灰岩及其蚀变产物的范围之内,初步推断 LS5-6-2 为凝灰岩蚀变产物。而 LS3-3-1 泥岩,其 Al_2O_3/TiO_2 比值为 33.2,介于沉积岩和凝灰岩之间,因此推测该层泥岩具有火山—沉积混合成因。

表 3-6 各种岩石的 Al_2O_3/TiO_2 比值

岩石类型	Al_2O_3/TiO_2	资料来源
PAAS	18.9	Taylor(1985)
NASC	24.1	Gromet(1984)
远洋沉积物(中太平洋)	23.2	Sugisaki(1982)
绿豆岩(中国西南)	50.4	朱立军(1995)
凝灰岩(浙东)	41.4	翁世劼(1987)
凝灰岩(闽西)	38.3	翁世劼(1987)
凝灰岩(湘北)	81.7	翁世劼(1987)
凝灰岩(贵北)	58.1	万大学(2002)
泥岩(川南)	99.5	刘兆莹(1989)
泥岩(渝东)LS3-3-1	33.2	
泥岩(渝东)LS5-6-2	52.6	

值得注意的是,其他层位的泥岩中蒙脱石含量都低于上述两个层位的泥岩,其 Al_2O_3/TiO_2 比值也相应减小。图 3-8 为蒙脱石含量与 Al_2O_3/TiO_2 比值相关图,可以看出二者具有较强的线性正相关关系,相关系数大于 0.93。造成此规律的原因是火山灰与陆源碎屑混合沉积时所占的比例不同。而火山灰正是具有较高 Al_2O_3/TiO_2 比值,并且是蒙脱石的直接物源,因此二者必然存在一定的相关关系。Mn/Ti 比值反映了物源的沉积速率(周瑶琪、柴之芳、毛雪瑛、马淑兰、马建国、孔屏、何锦文,1991),其比值越低,沉积速率越快。本书所采泥岩样品的 Mn/Ti 比值介于 0.1~0.3 之间,比 PAAS 相应的比值 2.84 小得多。

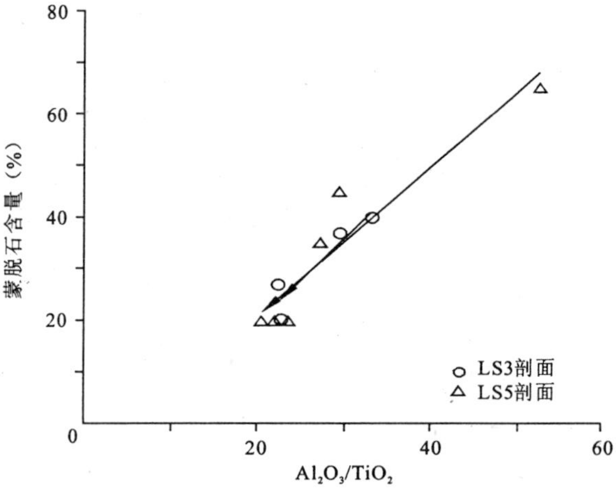

图 3-8 蒙脱石含量与 Al_2O_3/TiO_2 相关图

周瑶琪等(周瑶琪、柴之芳、毛雪瑛、马淑兰、马建国、孔屏、何锦文,1991)在研究广元二叠—三叠纪剖面时,发现界线泥岩 Mn/Ti 比值为 0.2 左右,推测 5cm 厚的泥岩是在 1~2 年内沉积形成的。因此,本区泥岩的沉积速率也是相当快的,不可能为正常沉积的原生泥岩,而是泥砂伴随火山灰的沉降快速沉积的产物。

因为含量极少的方解石可以忽略不计，采用 LS3－3－1 和 LS5－6－2 泥岩的全岩化学成分计算其化学蚀变指数(CIA)。化学蚀变指数最初是作为一个判断源区风化程度的化学指标被广泛应用的(冯连君，2003)，通常表达为：$CIA=\{x(Al_2O_3)/[x(Al_2O_3)+x(CaO)+x(Na_2O)+x(K_2O)]\}\times100$，主要成分均指莫尔分数，其中 CaO 仅为硅酸岩中的含量。本书引用并计算 CIA，是为了讨论全岩的蚀变指数。经过计算，本区泥岩和泥岩的化学蚀变指数在 50～72 之间，并且蒙脱石含量与 CIA 数值之间没有明显的相关关系。这也进一步说明本区蒙脱石等粘土矿物并非成岩之后由泥岩和砂岩差异化学蚀变所形成。

(二)膨润土演化规律

以火山成因蒙脱石为初始成分的演化模式已经研究得较为成熟(A. L. Senkayi, J. B. Dixon, L. R. Hosner, 1984; Rebecca K. R. Ambers, 2001)。在地下水的持续化学风化作用下，蒙脱石转变为伊利石、绿泥石、蛭石，最终变为两层结构、无层间阳离子的高岭石。

图 3－9 显示的是本区泥岩大致的演化方向。其中，1.5nm、1.4nm 和 1.0nm 分别为蒙脱石、绿泥石和伊利石的 X 衍射特征峰，它们相对强度的变化大致可以反映出三种矿物相对含量的变化。从此图可以看出，蒙脱石呈直线性地向伊利石转化，而绿泥石的含量变化不大。蒙脱石向伊利石转变需要一定的能量和阳离子，尤其是 K^+，简化方程式为：

$$\text{di-smectite}+Al^{3+}+K^+\rightarrow \text{illite}+Si^{4+}+(Mg^{2+},Fe^{2+},Na^+,Ca^{2+})$$

其中，di 表示蒙脱石为二八面体。三八面体的蒙脱石一般转化为蛭石(朱立军，1995)。K^+ 主要来自云母和钾长石的风化分解，而 Al^{3+} 可以来自各种硅酸盐矿物和蒙脱石本身。

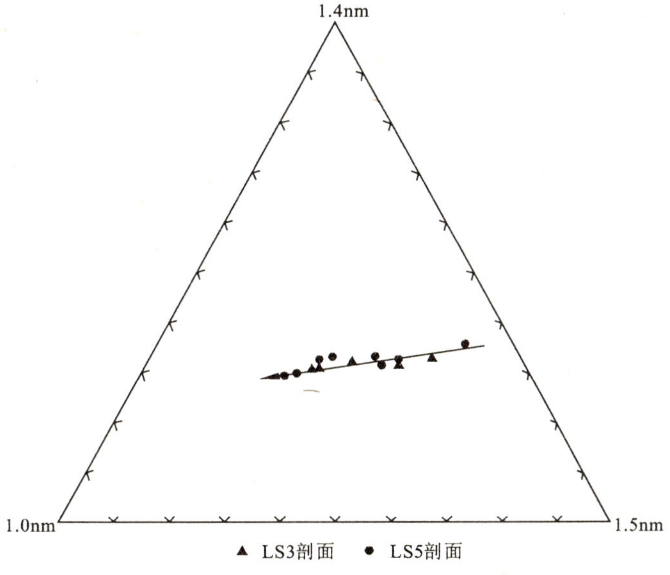

图 3－9　粘土岩和泥岩中 1.5nm、1.4nm 和 1.0nm 衍射峰强度分布图

许多研究表明(Haruo Shuzui，2001)，地下水可以在很大程度上影响和制约膨润土的演化。取流经 LS5－6 泥岩层的地下水分析其成分，结果如表 3－7 所示。

表 3-7　地下水主要离子浓度表(mg/L)

送样号	分析号	pH	Mg^{2+}	K^+	Na^+	Al^{3+}	H_2SiO_3	SO_4^{2-}	CO_3^{2-}	HCO_3^-	Ca^{2+}
LS5-6-4	38384	7.91	16.36	2.32	33.34	<0.02	25.53	82.45	0	132.98	43.53

从上表中可以看出,流经泥岩的地下水呈弱碱性,主控离子为浓度最高的 HCO_3^-。金属阳离子中,Ca^{2+}、Na^+ 离子浓度较高,Mg^{2+}、K^+、Al^{3+} 离子浓度较低。除 Al 为不活动元素之外,其他金属阳离子浓度都与其在泥岩中的含量有关。Shuzui(2001)研究了日本古近纪—新近纪火山岩中的蒙脱石与高岭石的稳定区域,发现当地下水中 HCO_3^- 浓度超过 40mg/L 时,蒙脱石是稳定的,完全不转化为高岭石;而本区地下水的 HCO_3^- 浓度高达 130mg/L 左右,因此不可能有高岭石的生成。对于蒙脱石向伊利石转化已经提出多种解释模型(周张健,1994),但都与原岩、温度、时间和流体中的 K^+ 浓度密切相关。从所取水样分析结果看,K^+ 浓度较低,这可能是造成泥岩中伊利石含量不高的原因。这同时说明,蒙脱石的伊利石化比较缓慢。从本区 X 射线粉晶衍射图来分析,各个层位的膨润土和泥岩都没有出现明显的伊/蒙混层矿物(特征峰为 1.06nm),这可能是伊利石化终止的结果,也可能表明某种特殊的伊利石化过程,因此还值得进一步研究。

地下水主要为降水渗透形成,且其化学性质一般为弱酸性。因此从长远来看,粘土矿物仍是从蒙脱石向伊利石演化,并随着淋滤作用的加强,最终可能演化为稳定的高岭石。

第四章 近水平地层滑坡特征与成因

第一节 概 述

1986年，在三峡工程“七五”科技攻关中，原地矿部的有关单位在万州查出五大滑坡群（安乐寺滑坡、太白岩滑坡、草街子滑坡、枇杷坪滑坡、吊岩坪滑坡）和其他中小型滑坡，总面积为9.27km^2，总体积为2.35亿m^3。水利部长江水利委员会提出了万州城区的百余个滑坡，将五大滑坡分解成多个滑坡，如太白岩滑坡分为和平广场滑坡、关塘口滑坡、豆芽棚滑坡、鞍子坝滑坡等（水利部长江水利委员会，1997），并将关塘口滑坡、和平广场滑坡列为三峡库区二期重大地质灾害防治工程的四大滑坡之列。

2001年，三峡工程建设委员会移民开发局和国土资源部组织有关单位对四大滑坡进行了勘察，勘察结论是：和平广场滑坡、关塘口滑坡其主体部分是混合堆积体，不是滑坡。

在对万州的滑坡研究中，公开发表的论文较多，对滑坡形成机制的认识不一。刘红星等（刘红星、王小波、王永平，2002）对三峡库区水平层状岩体滑坡特征及稳定性进行了研究与分析，认为万州城区滑坡具有多级平台和近水平的滑面，其滑带土组成复杂、滑面线性擦痕明显，且部分滑坡后期有变形迹象。孙云志等（孙云志、苏爱军、王军怀、刘红星，2002；孙云志、张秋霞、王永平，2002）对万州区和平广场滑坡堆积体物质特征与剪裂面特征进行了分析，认为和平广场滑坡堆积体中，不存在统一的、大规模的滑动剪切面，和平广场并非是滑动面为近水平的基岩滑坡，而是堆积于长江及其支流苎溪河台地上的以崩滑堆积为主，坡积、河流冲积等为辅的混合成因的松散堆积体。渠时勤等（渠时勤、杨成渝，1998）、乔建平（1994）、彭先孚等（彭先孚、李玉生，1995）对万州豆芽棚滑坡的形成机制进行了研究，一致认为豆芽棚滑坡发生的主要原因是人工加载、坡脚开挖和水的作用。伍四明等（伍四明、李日国，1994）采用二维有限元与离散元对万州区滑坡群的形成机制进行了数值模拟，认为万州区滑坡群是一种暴雨启动的平推式滑坡群，暴雨、软弱夹层、斜面三面临空及斜坡后缘拉裂是滑坡发生的主要因素。唐殿奎（1997）在采用系统工程地质研究万州区滑坡时，将万州区7大古滑坡的特点描述为：都在近“水平”产状的侏罗系地层中出现，主滑带平缓甚至微反倾（1°～5°）且面积大，水平和垂直滑距都不大，控制层位为含蒙脱石的泥岩和长石石英砂岩，失稳的动力为地震力。其依据是滑坡台面（坡度约10°左右）高程与Ⅲ级阶地相当，可以认为是同一时期的产物；其次滑带物质绝对年龄测定为15～30万年的中更新世，这一时期正是三峡地区地壳活动最剧烈的时期；对滑带物质的扫描电镜分析可见“菊花”状擦痕——“震迹石”，擦痕具多序次和多向性，表明滑坡曾多次和多方向滑移。陈喜昌等（2004）认为，万州苎溪河一带分布的规模巨大的松散堆积体是由落石堆积体而成。

概括起来，对万州区滑坡与堆积体的成因主要有两种截然不同的认识：一种认为万州区滑坡主要为沿水平层面滑动的基岩滑坡；另一种认为万州区的滑坡主要为松散堆积体的滑动。

本研究正是针对以上不同的观点，从滑坡的特征入手，以安乐寺古滑坡、太白岩古滑坡、草街子古滑坡、枇杷坪古滑坡、驸马古滑坡及其前缘松散堆积体为研究重点，对万州区水平岩层滑坡及其前缘堆积体的成因进行系统综合研究。

第二节　近水平地层滑坡特征

一、安乐寺古滑坡

（一）安乐寺滑坡概况

安乐寺古滑坡分布高程 220～325m，纵长 500m，宽 2 100m，面积 1.01km^2，体积约 2 486×10^{4}m^3（图版 4-1）（崔政权，1993）。地形坡度＜10°，下伏基岩产状 150°∠4°～5°。滑床地层为 J_2s^{3-6} 上部地层，岩性为粉砂岩夹泥岩，产状为 150°∠4°～5°。滑面埋深 10～40m 不等，后缘局部可达 48m。滑面与地层斜交向南倾斜，倾角接近水平、平直型，具有缓切层特点（图 4-1、图 4-2、表 4-1）。滑面略成微坡状，钻孔揭露滑带土为粘土，性状不明显。后缘见拉裂槽与陡壁（图版 4-2、图版 4-3）。据地表调查，在前缘剪出口处见浅灰色细砂岩夹泥，泥为灰绿色，粘性强，厚 0.2～3cm。如在实验中学附近地表揭露滑带厚度为 10～20cm，岩性为灰白色粘土，内含灰白色泥岩角砾，滑带底部擦痕清晰，滑动方向为 100°。

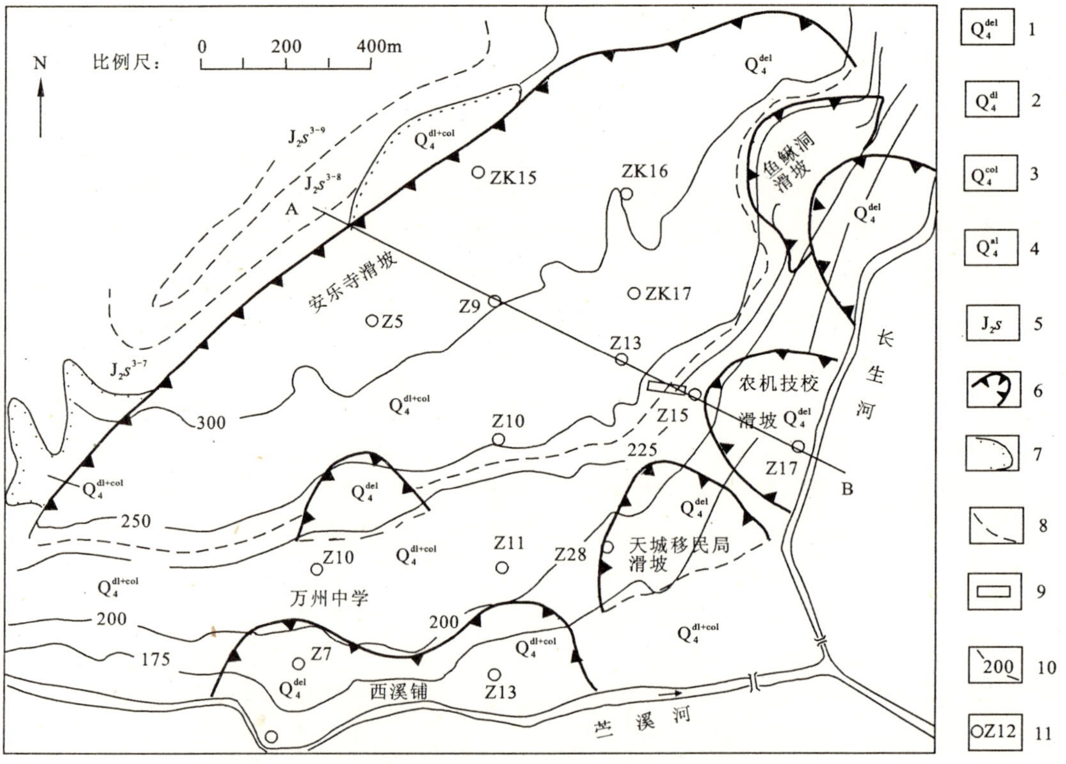

图 4-1　安乐寺古滑坡工程地质平面图（据崔政权修改）

1. 滑坡堆积物；2. 坡积物；3. 崩积物；4. 冲积物；5. 侏罗系沙溪庙组；6. 滑坡周界；7. 不整合线；8. 地层界限；9. 探槽；10. 等高线；11. 钻孔及其编号

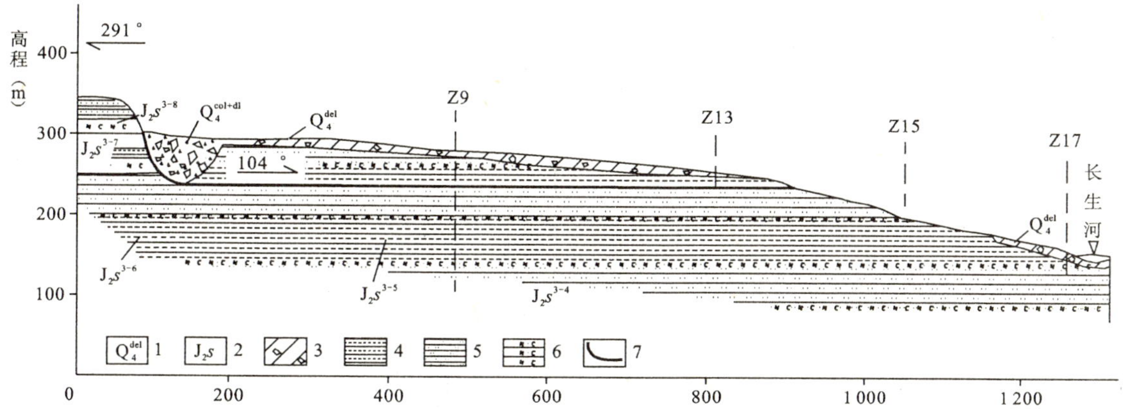

图 4－2　安乐寺古滑坡 A—B 工程地质剖面图(据崔政权修改)

1. 滑坡堆积物；2. 侏罗系沙溪庙组；3. 粘土夹碎石；4. 泥岩；5. 砂岩；6. 长石砂岩；7. 滑动面

表 4－1　安乐寺古滑坡钻孔揭示情况一览表

孔　号	ZK15	ZK16	ZK17
孔口高程(m)	296.06	277.16	256.56
钻孔深度(m)	70.11	57.83	44.53
滑体厚度(m)	38.72	22.64	12.31
基岩顶板高程(m)	257.34	254.52	244.25
地下水位高程(m)	296.06	274.27	246.19
水位埋深(m)	0	1.89	10.37
滑带物质	褐红色粘土夹砂岩碎石	灰白色粘土(具镜面)	灰白夹紫红色粘土
下伏基岩层位及岩性	J_2s^{3-5}褐红色粉砂岩	J_2s^{3-6}褐红色粉砂岩	J_2s^{3-6}青灰色细砂岩夹粉砂岩条带

滑坡厚度从后缘向前缘逐渐变薄，滑带高程 240～257m。滑床大致倾向南东，基本上为顺层倾斜。滑坡中部沿主滑方向发育一冲沟，将后缘山体地表水排向长生河。暴雨时前缘一带有小型坡面泥石流发生，但总体上处于稳定状态。

地表汇水面积大，仅东部石院子分布一纵向冲沟排泄地表径流，但不能解决整个古滑坡的排水问题。滑坡后部水塘分布较多，地下水埋深 0～10m 不等。后期崩塌滑坡物质主要为碎块、孤石夹泥土。

安乐寺古滑坡前缘松散堆积体较多，已发现的有：万州中学滑坡、移民局滑坡、农机技校滑坡、鱼鳅洞滑坡等，其特征及成因在下节松散堆积体特征中详细进行介绍，下面将详细阐述安乐寺古滑坡的滑带特征。

(二)安乐寺滑坡滑带宏观地质特征

为了揭示安乐寺古滑坡的滑带特征，在安乐寺古滑坡的前缘(200～250m)进行追索，在实验中学附近，即钻孔 Z13 与 Z15 之间发现一条小冲沟揭露露头比较好，沿着这条小冲沟挖了一条很长的探槽(图版 4－4、图版 4－5)。在这个探槽中发现了两层滑带(图 4－3)。第一层滑带(Y1)位于实测剖面的底部，高程大约为 229m，厚度为 20～35cm，物质成分为灰白色粘土，

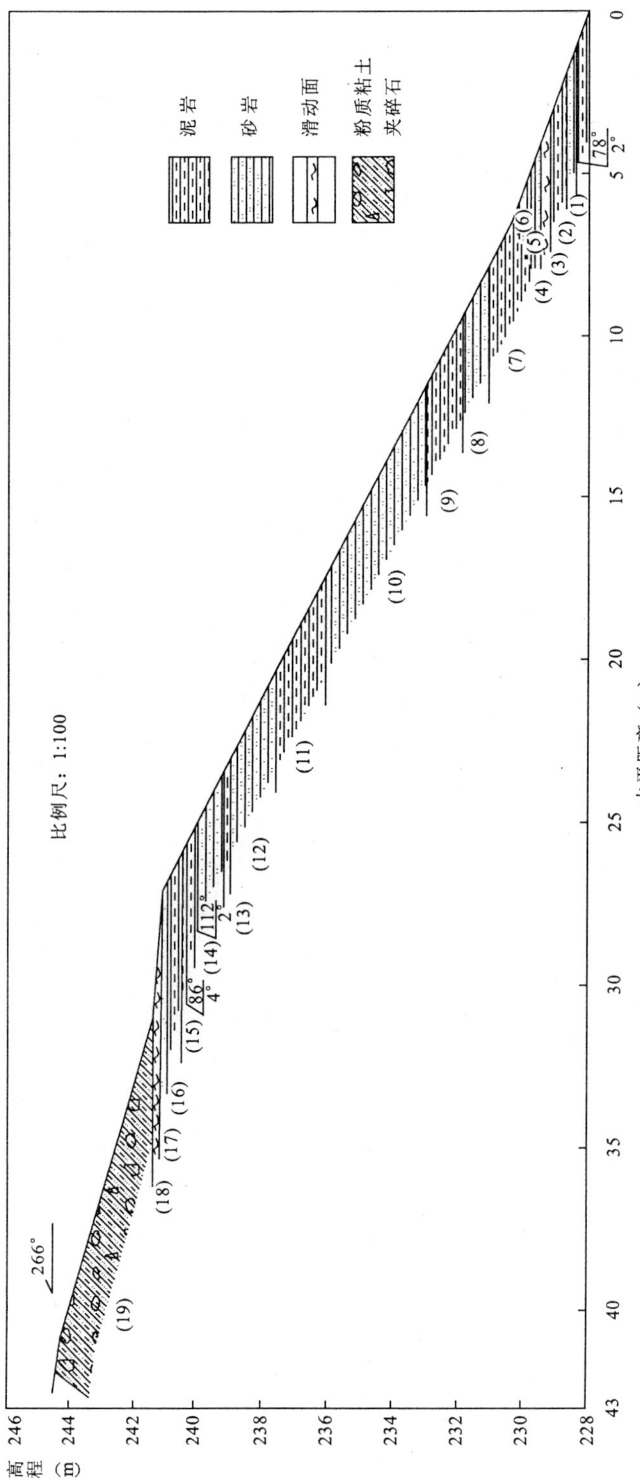

图 4－3　安乐寺滑坡钻孔 Z13 与 Z15 之间地质实测剖面图

内夹有颗粒大小不同的角砾，颗粒大的可达 5cm，一般为 0.4～1.0cm。上覆岩层为砂岩，下伏岩层为粉砂质泥岩（图 4－4、图版 4－6）。在灰白色粘土层的底部，可见很清楚的滑动面（图版 4－7、图版 4－8），擦痕指示滑动方向为 100°。这些宏观地质特征表明，此滑带是由灰白色泥岩经挤压滑动所形成的。

第二层滑带（Y2）位于实测剖面的顶部，高程大约为 241m。厚度为 10～15cm，物质成分为灰白色粘土夹角砾。粘土的粘性大，含水量高，软塑。角砾成分为灰白色泥岩，棱角清晰。粒径一般为 0.4～2.0cm，最大可达 3cm，最小在 0.1cm 以下。地表露头直接为第四系黄褐色粘土覆盖，下伏岩层为粉砂质泥岩（图 4－5、图版 4－9）。在灰白色粘土层的底部，可见很清楚的滑动面及滑动擦痕（图版 4－10、图版 4－11），擦痕指示滑动方向为 102°。

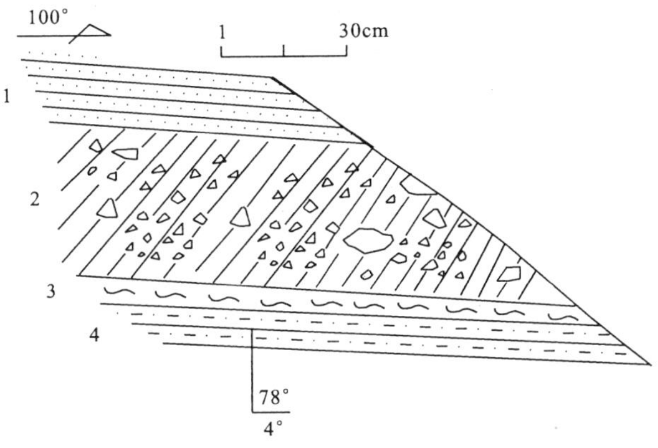

图 4－4　安乐寺滑坡底层滑带素描图
1. 砂岩；2. 滑带：灰白色粘土夹角砾；
3. 剪切面；4. 粉砂质泥岩

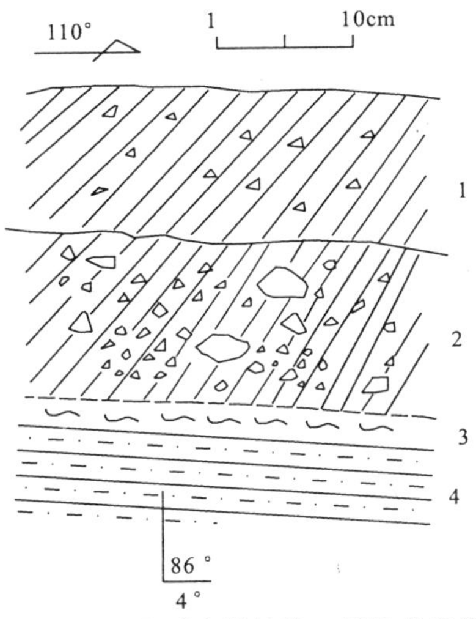

图 4－5　安乐寺滑坡第二层滑带素描图
1. 黄褐色粘土；2. 滑带：灰白色粘土夹角砾；
3. 剪切面；4. 粉砂质泥岩

（三）安乐寺滑坡滑带矿物成分

1. X 射线衍射分析

将采自试验中学探槽中的样品细碎至＜2μm，采用 X 射线衍射（XRD）分析其矿物成分。所有 X 射线粉晶衍射分析在中国地质大学测试中心完成，使用的仪器为日本理学公司 D/MAX－3A 型 X 射线衍射仪，测试条件为：Cu 靶 Kα 射线，Ni 滤波，电压 30kV，电流 30mA，扫描速度 6°/min，温度 22℃，湿度 56％。

测试结果表明，安乐寺滑坡底层滑带滑面（样品号为 Y1－1）的矿物成分为：蒙脱石 85％，伊利石 5％，石英 5％，长石 5％（图 4－6）；底层滑带（样品号为 Y1－2）的矿物成分为：蒙脱石 75％，伊利石 10％，石英 5％，长石 10％（图 4－7）。安乐寺滑坡第二层滑带滑面（样品号为 Y2－1）的矿物成分为：蒙脱石 67％，伊利石 15％，石英 5％，长石 15％，方英石 3％（图 4－8）；第二层滑带（样品号为 Y2－2）的矿物成分为：蒙脱石 65％，伊利石 5％，石英 5％，长石 15％，方英石 10％（图 4－9）。总之，安乐寺滑坡滑带土蒙脱石含量很高，并且滑面上的蒙脱石比滑带上的蒙脱石含量高。

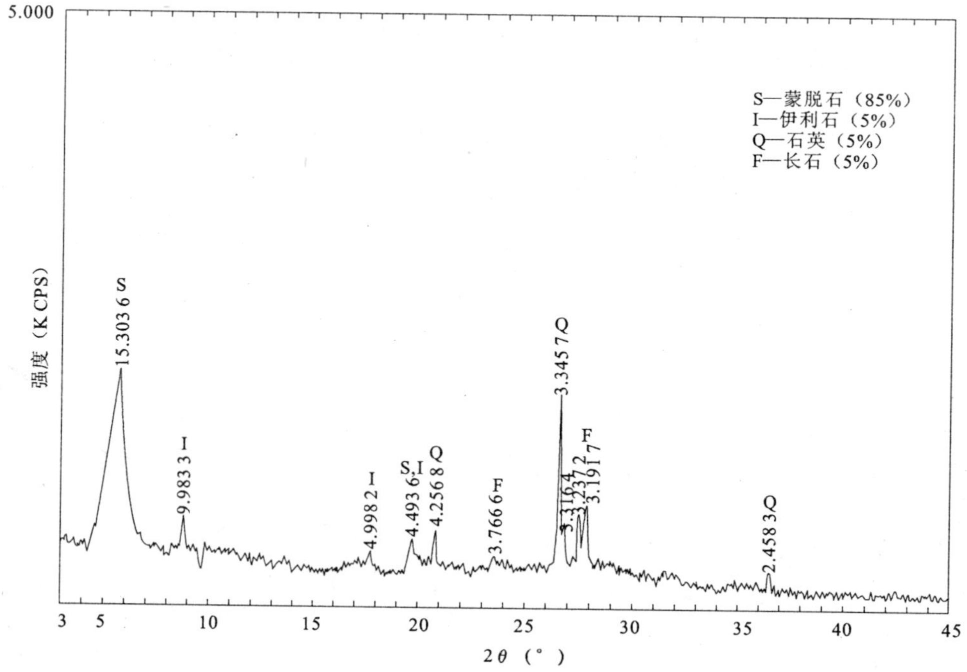

图 4-6　安乐寺滑坡底层滑带滑面(样品号:Y1-1)X 粉晶射线衍射分析

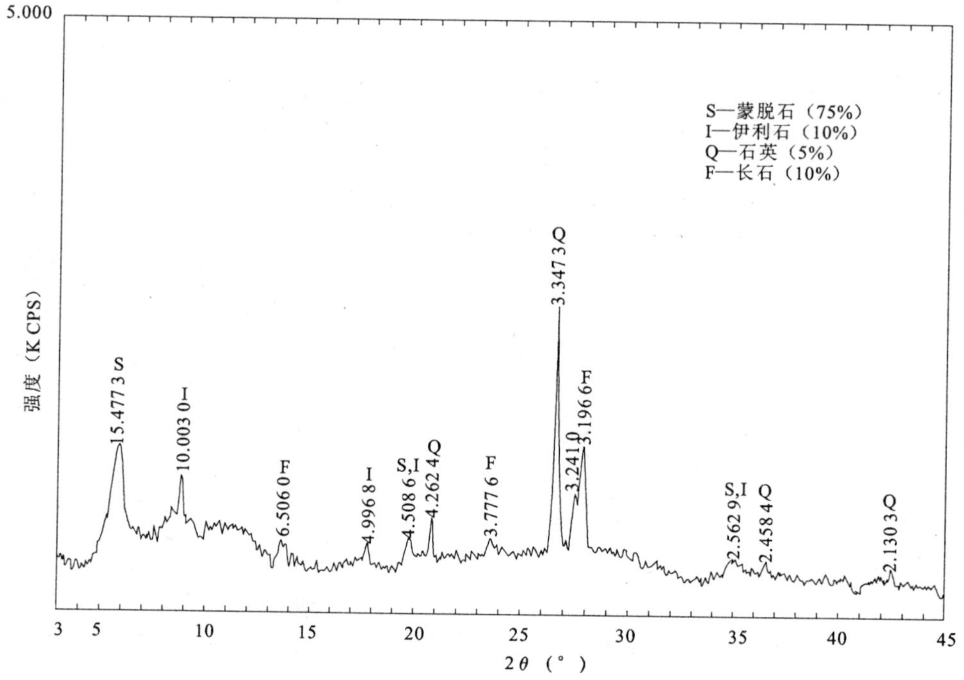

图 4-7　安乐寺滑坡底层滑带(样品号:Y1-2)X 粉晶射线衍射分析

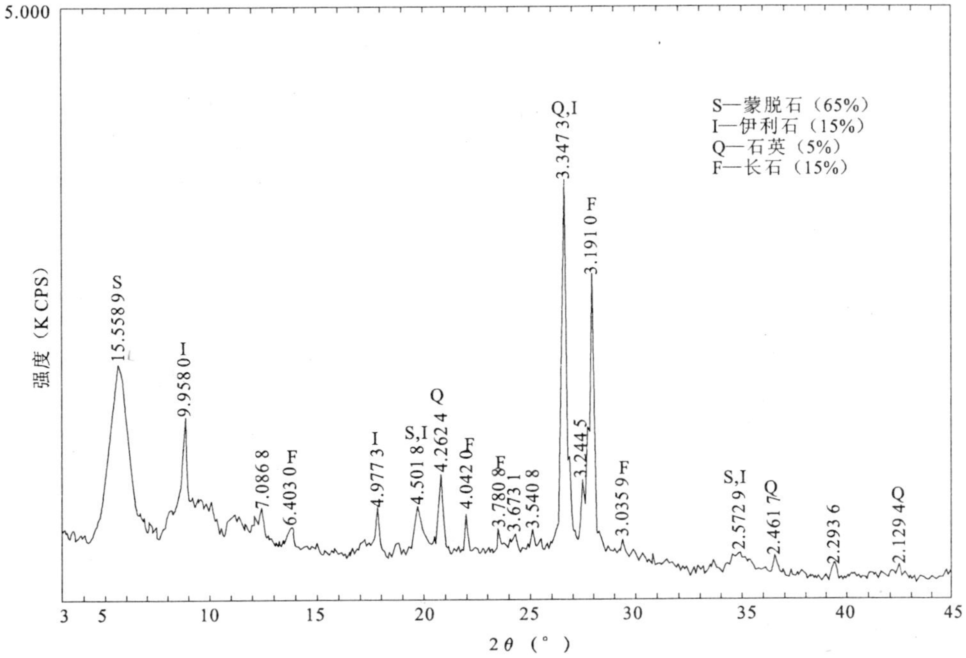

图 4-8　安乐寺滑坡第二层滑带滑面(样品号：Y2-1)X 粉晶射线衍射分析

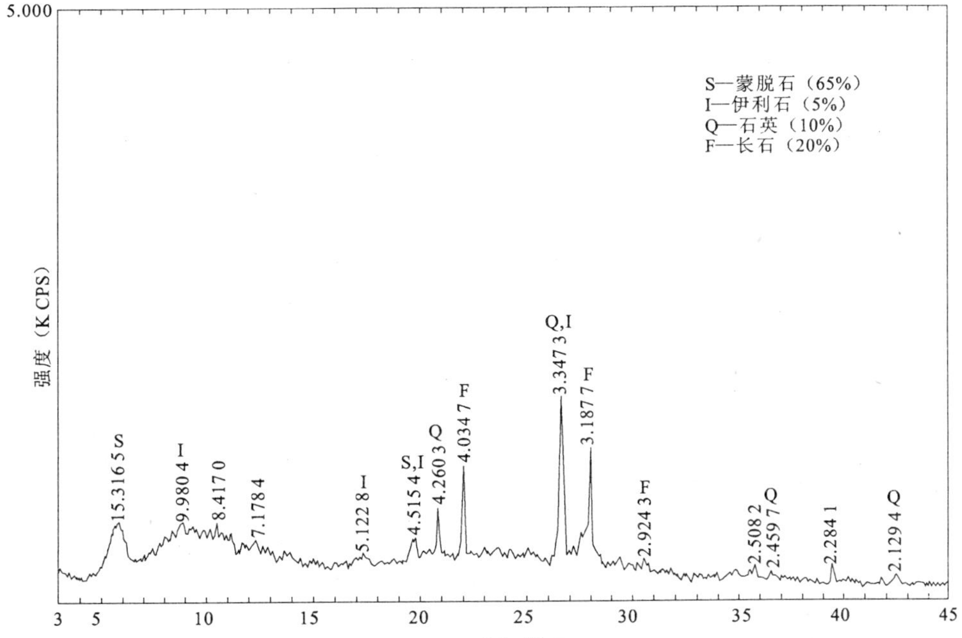

图 4-9　安乐寺滑坡第二层滑带(样品号：Y2-2)X 粉晶射线衍射分析

(注：图 4-6～图 4-9 中衍射峰附近的数字为根据衍射角换算的矿物特征峰值，

单位为 10^{-10}m；右上角括号内百分数为根据衍射峰强度估算的质量百分数)

2. 红外光谱分析

红外光谱分析(IR)在中国地质大学测试中心完成,所用仪器为美国 Nicolet 公司生产的傅立叶变换红外光谱仪 MAGNA - IR550。在红外光谱图中(图 4 - 10),出现了 3 620cm^{-1}中等强度的 OH 带和 3 400cm^{-1}较为宽缓的 H_2O 带,表明有大量的蒙脱石存在。没有出现高岭石的特征 3 700cm^{-1}带。低强度 1 420cm^{-1}带的出现,表明样品中存在少量的方解石。红外光谱分析显示的主要矿物属种与 X 射线衍射分析结果基本一致。

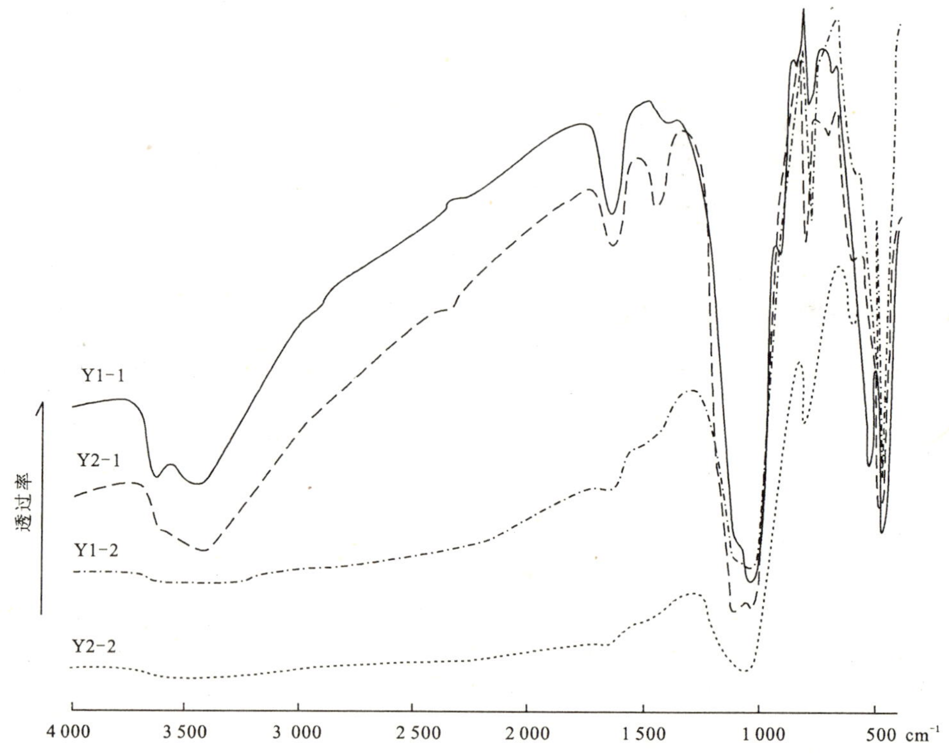

图 4 - 10 安乐寺滑坡滑带红外光谱分析图

(四)安乐寺滑坡滑带物理力学性质

对安乐寺滑坡滑带土的粒度成分、液塑限、最大干密度、最优含水量、剪切强度等物理力学性质进行实验研究。实验样品采自试验中学附近探槽的 Y1、Y2 两层滑带(图 4 - 3),实验按照《土工试验方法标准(1999)》(土工试验方法标准[S],GB/T50123 - 1999)进行。下面将对这些特征进行分别论述。

1. 粒度成分

滑带土的粒度成分采用筛析法与虹吸比重瓶法测定。其结果为:第一层滑带土砂粒含量为 1.9%,粉粒含量为 72.3%,粘粒含量为 25.8%。第二层滑带土的砂粒含量为 26.2%,粉粒含量为 31.8%,粘粒含量为 42.2%。因此,此两层滑带土可以定名为粉质粘土。

2. 最优含水量与最大干密度

采用击实法求软弱夹层的最优含水量与最大干密度,所测得的含水量与干密度关系曲线见图 4-11、图 4-12。从图中可知，第一层滑带土的最优含水量为 27.25%，最大干密度为 1.453g/cm^3；第二层滑带土的最优含水量为 20.8%，最大干密度为 1.574g/cm^3。

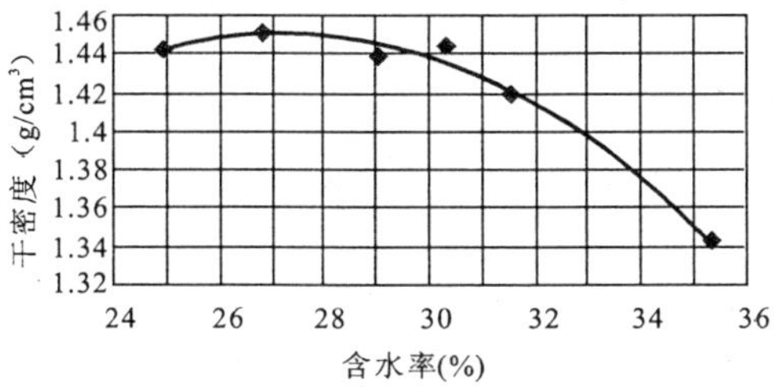

图 4-11　第一层滑带土(Y1)ρ_d-ω 关系曲线

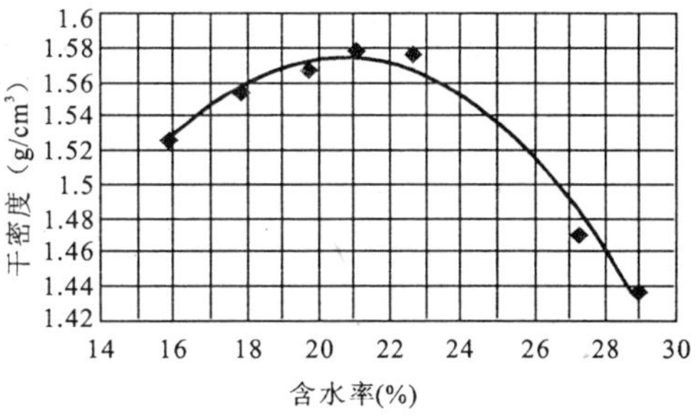

图 4-12　第二层滑带土(Y2)ρ_d-ω 关系曲线

3. 液塑限

采用搓滚法测定滑带粘土的塑限，锥式仪法测定滑带土的液限。结果表明，第一层滑带土的塑限为 29.3%，液限为 43.2%，塑性指数为 14；第二层滑带土的塑限为 20.1%，液限为 34.1%，塑性指数为 14。根据粘土的液限、塑限特征，此两层滑带土可定名为粉质粘土。

4. 膨胀性

1)自由膨胀率试验

采用自由膨胀率试验对两层滑带土的自由膨胀率进行测定。其结果为：第一层滑带土的自由膨胀率为 87.50%，为中等膨胀性粘土；第二层滑带土的自由膨胀率为 57%，为弱膨胀性粘土。

2)有侧限不同垂直压力下的膨胀率和膨胀力

测定膨胀土膨胀力的方法一般用加荷平衡法。在最优含水量条件下，将样品击实，然后环刀取样。当试样安装好后，向装试样的容器内注水，并保持水面始终高出试样顶面。百分表开始顺时针转动时，表明试样开始膨胀，立即施加适当的平衡荷载，使百分表指针回到原位。一直当试样在某级荷载作用下，每小时的变形不超过 0.005mm 时视为试样在该级荷载下达到稳定状态，然后，将试样上总的平衡荷载称重换算后可得膨胀土的膨胀力(土工试验方法标准[S]，GB/T50123-1999)。但当膨胀土为滑带土时，由于滑带土长期受滑坡土体的自重压力作用，粘土的膨胀是在其上土体压力作用下的膨胀，而并非自由膨胀。所以，为了模拟滑带土实际受力状态，采取先将试样在垂直压力作用下固结然后再加荷平衡法。

取 5 个同一层位的环刀试样，分别在 0、12.5kPa、25kPa、50kPa、100kPa 的荷载下固结，待试样固结稳定后，再用加荷平衡法测定试样在该垂直压力下的膨胀力，如表 4-2 所示。

表 4-2　不同垂直压力下的膨胀力

垂直压力(kPa)	0	12.5	25	50	100
Y1 样膨胀力(kPa)	95.6	24.3	15.8	7.9	0
Y2 样膨胀力(kPa)	86.1	19.1	13.6	7.2	0

有侧限不同垂直压力下的膨胀率。取4个同一层位的环刀试样，分别在0、50kPa、75kPa、100kPa的荷载下固结，然后向装试样的容器内注水，试样通过其上下的透水石吸水膨胀，试样膨胀变形量通过百分表读得，当每小时的变形不超过0.005mm时，膨胀结束。算得膨胀率如表4-3所示。

表4-3 有侧限不同垂直压力下的膨胀率

垂直压力(kPa)	0	50	75	100
Y1样膨胀率(%)	8.54	2.22	0.51	0
Y2样膨胀率(%)	8.32	2.04	0.42	0

从表4-2和表4-3可以看出，当垂直压力为零时，膨胀力和膨胀率都较大，但在垂直压力作用下，其膨胀力和膨胀率迅速下降，即膨胀土在没有约束压力时(垂直压力为零)，膨胀性非常明显，但当膨胀土受到约束压力时，其膨胀力明显减弱(图4-13)；这是由于土体上部压力增大，当土体吸水膨胀时，必须首先要克服外部压力的阻抗，所以，压力对膨胀土的膨胀率无疑产生了抑制作用。

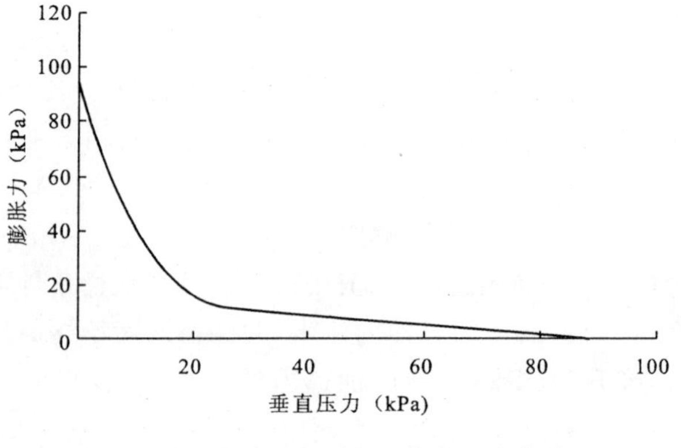

图4-13 不同垂直压力下的膨胀力曲线图

3)不同约束状态下滑带土膨胀特性试验

约束对滑带土的膨胀性有很大影响，在不同的约束状态下，滑带土的膨胀性也会发生显著改变。为了说明不同约束状态下滑带土的膨胀特性，特作如图版4-12所示实验：①试样周围与上下端都有约束(因固定夹子和透水石不可能把试样完全夹紧，故试样轻微膨胀)；②试样周围与下端固定而一端自由；③试样周围固定而两端自由。将环刀试样在饱湿缸中饱湿12h后按如图版4-12所示3种不同约束状态装样，放入容器中注水，并使水漫过透水石与试样底面持平，待试样毛细吸水48h后，卸开夹子和透水石。结果显示：在①所示条件下，试样结构致密，无明显变化；在②所示条件下，试样有明显膨胀变形并向自由端挤出，表面呈凸型，试样中间隆起，结构松散(图版4-13)，含水率和孔隙比明显增大，密度减小(表4-4)，土样沿自由端膨胀变形很明显；在③所示条件下，试样上下自由两端有明显的挤出变形并向四周“流”动而“溢”出，试样多空洞，结构很松散(图版4-14)，含水率接近液限含水率(表4-4)。

表 4-4　试样在三种不同约束状态下的物理力学参数值

重塑样	约束状态	含水率(%)	密度(g/cm^3)	孔隙比	抗剪强度参数(快剪)	
Y1	(1)	34.45	2.02	1.02	c(kPa)	21.2
					φ(°)	10.3
	(2)	40.68	1.97	1.19	c(kPa)	14.2
					φ(°)	8.2
	(3)	45.73	1.91	1.28	c(kPa)	2.6
					φ(°)	2.6
Y2	(1)	24.01	1.80	0.77	c(kPa)	22.4
					φ(°)	13.2
	(2)	28.07	1.77	0.91	c(kPa)	13.2
					φ(°)	10.1
	(3)	32.97	1.73	0.98	c(kPa)	1.6
					φ(°)	1.9

5. 抗剪强度

1)直剪实验

用直接剪切试验测定在各种状态下滑带土的抗剪强度。实验方法采用固结快剪和固结慢剪法。制样方法分为三种：一是将样品调制至液限状态，环刀取样，然后分别进行固结快剪与固结慢剪；二是将样品在最优含水量条件下用轻型击实器击实。非饱水试样制作方法：将击实试验中制作的样品毛细吸水 48 h；饱水试样制备：将击实试验中制作的试样进行抽气饱和，然后分别进行快剪切与慢剪切。三是原状样品制作方法：将所采取的原状样品进行环刀取样，然后毛细饱和，并分别作快剪切与慢剪切。垂直压力分别为 100kPa、200kPa、300kPa、400kPa，固结快剪速度为 0.8mm/min，固结慢剪速度为 0.02mm/min。由于时间的关系，Y1 样品只作了液限状态下的固结快剪试验(图 4-14)，Y2 样品则分别作了上述 6 种条件的直剪试验(图 4-15～图 4-21)。试验条件及试验结果见表 4-5。试验结果表明，在液限条件下，滑带土的抗剪强度很低；击实样品与原状样品的抗剪强度比较高。

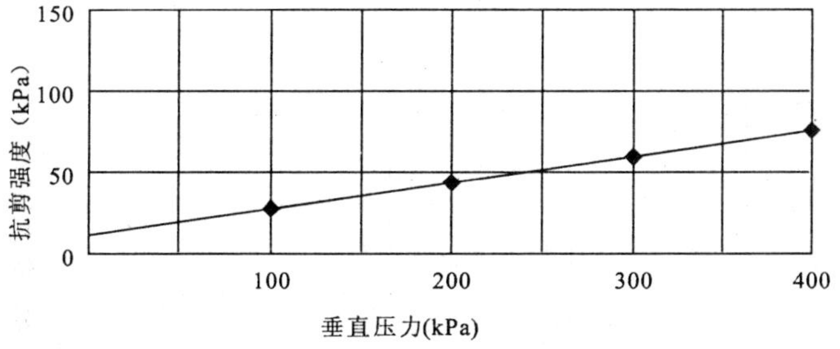

图 4-14　Y1 在液限状态下固结快剪

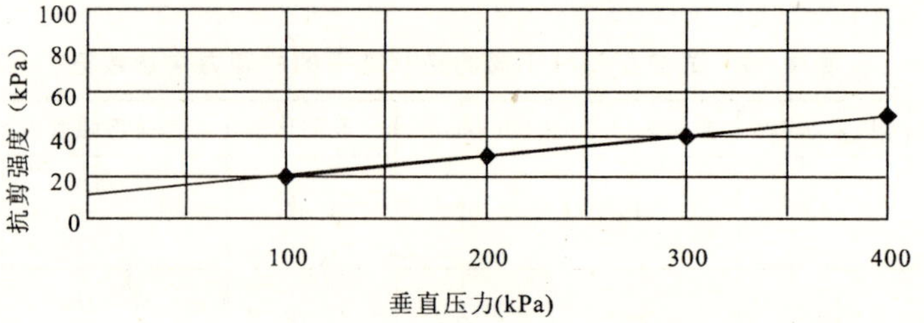

图 4－15　Y2 在液限状态下固结快剪

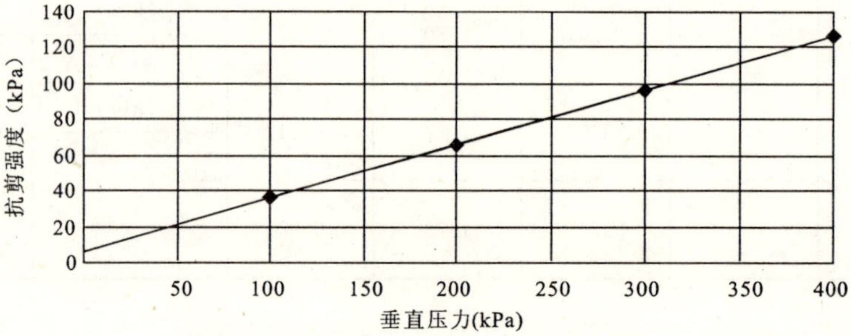

图 4－16　Y2 在液限状态下固结慢剪

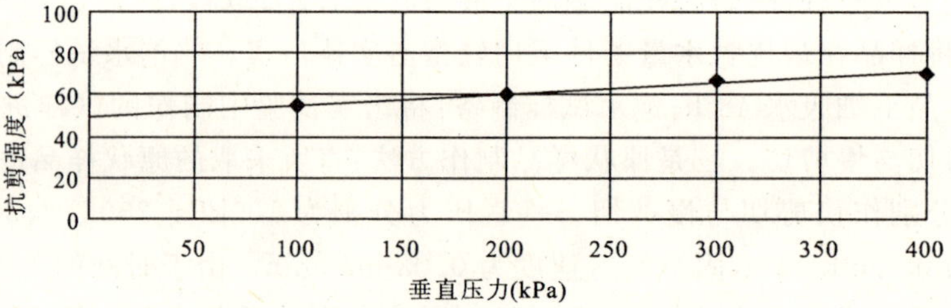

图 4－17　Y2 击实重塑样抽气饱和快剪

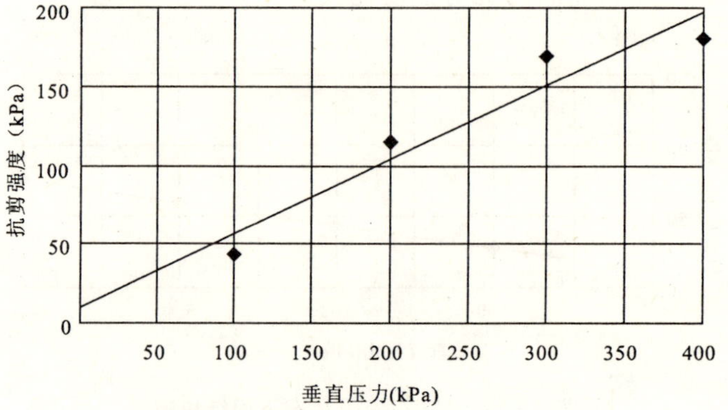

图 4－18　Y2 击实重塑样抽气固结慢剪

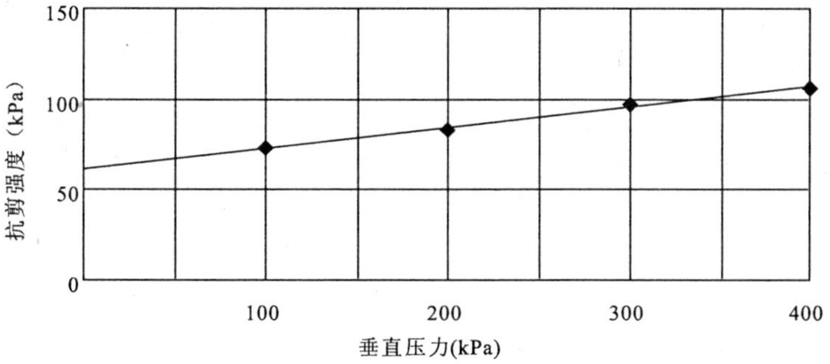

图 4－19　Y2 原状样毛细饱和固结快剪

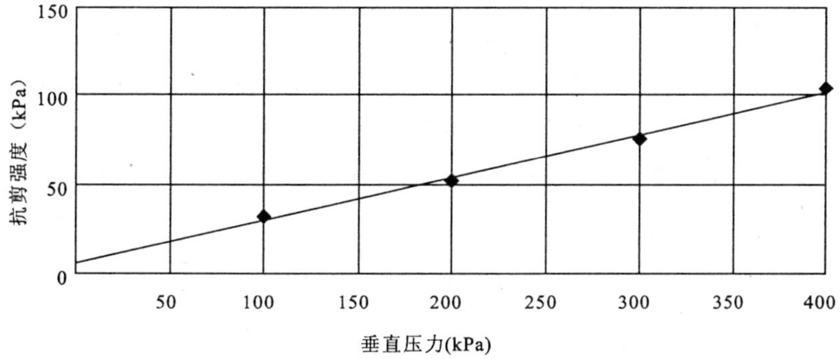

图 4－20　Y2 原状样毛细饱和固结慢剪

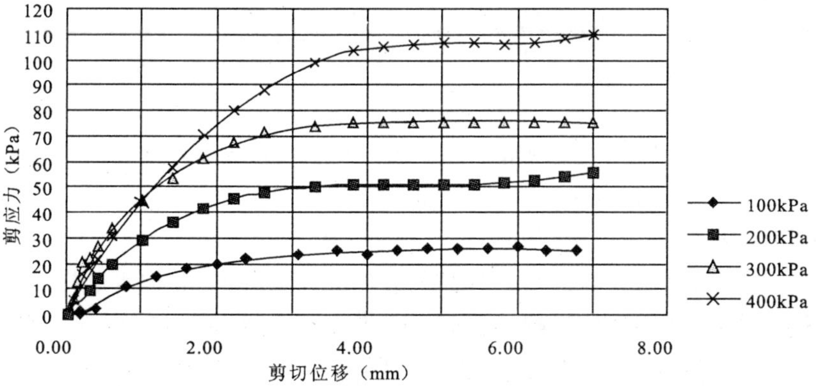

图 4－21　Y2 原状样慢剪过程曲线

表 4-5　直剪试验条件与试验结果

试样	重塑样状态	c(kPa)	φ(°)	图号
Y1	液限状态下固结快剪	11.23	9.18	4-14
Y2	液限状态下固结快剪	10.8	5.47	4-15
	液限状态下固结慢剪	6.29	16.67	4-16
	击实重塑样抽气饱和快剪	49.94	3.01	4-17
	击实重塑样抽气饱和慢剪	10.24	25.05	4-18
	原状样毛细饱和固结快剪	62.03	6.44	4-19
	原状样毛细饱和固结慢剪	5.85	13.51	4-20

由于安乐寺滑坡滑带土具有中等的膨胀性，为了研究滑带土膨胀性与抗剪切强度的关系，特作如图版 4-12 所示实验。

三种不同约束状态下样品的试验条件与抗剪强度参数 c 和 φ 值如表 4-4、图 4-22 所示。结果表明，在两端约束的条件下，Y1 样品的抗剪强度 φ= 10.3°，c = 21.2 kPa；在一端约束的条件下，Y1 样品的抗剪强度：φ= 8.2°，c= 14.2 kPa；在没有约束的条件下，Y1 样品的抗剪强度为 φ= 2.6°，c= 2.6 kPa。Y2 样品也具有同样的特性(图 4-23)。由此说明，由于滑带土具有膨胀性，试样从约束状态到解除约束状态，其抗剪强度参数 c 和 φ 值迅速衰减。

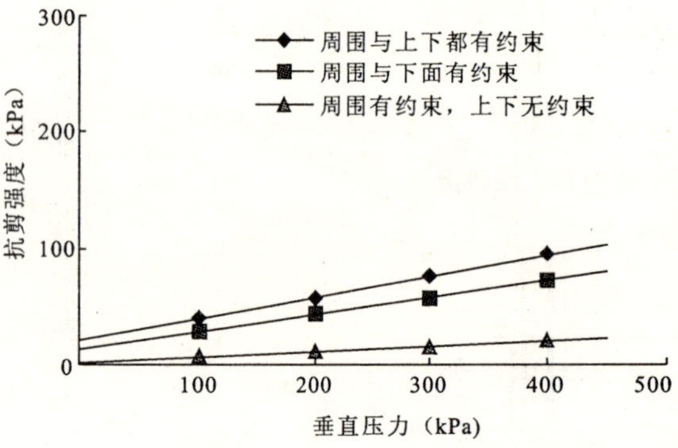

图 4-22　Y1 不同约束状态下的快剪结果

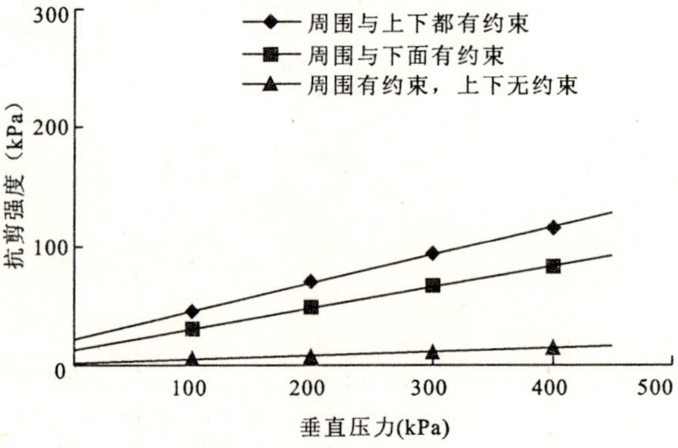

图 4-23　Y2 不同约束状态下的快剪结果

2)三轴剪切实验

试验采用标准三轴试验仪器进行。样品的制作分为两种：①非饱水试样制作：在最优含水量条件下将滑带土样击实，将击实样品毛细吸水 48 h；②饱水试样制备：将击实所制试样装入压力室内进行抽气饱和，试验围压分别为 100kPa、200kPa、300kPa、400kPa。由于时间比较紧，本次试验仅对第一层滑带土 Y1 进行三轴剪切试验。

图 4-24 为抽气饱和样不固结不排水抗剪强度包线。从图 4-24 可知，抽气饱和样在不固结不排水条件下，其抗剪强度参数 c=73.0kPa，φ=3°。

图 4-25 为毛细饱和样不固结不排水抗剪强度包线。从图 4-25 可知，毛细饱和样在不固结不排水条件下，其抗剪强度参数 c=122.5kPa，φ=4°。

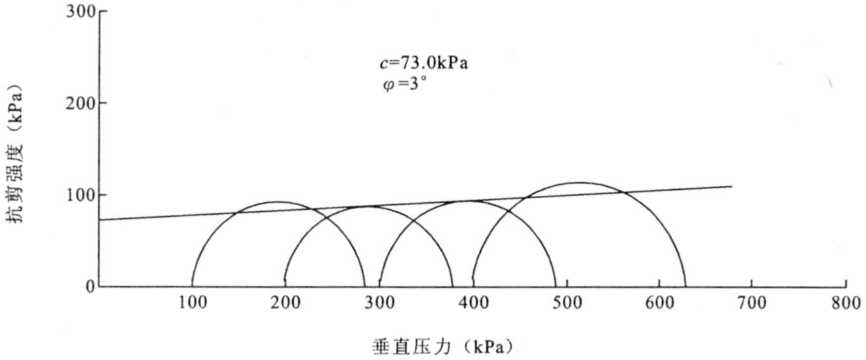

图 4－24　Y1 抽气饱和样不固结不排水抗剪强度包线

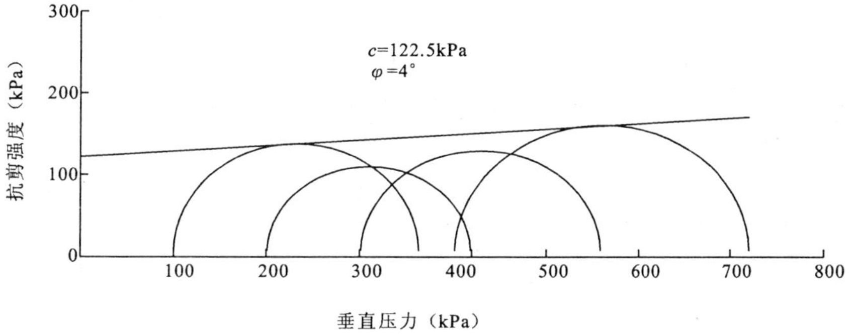

图 4－25　Y1 毛细饱和样不固结不排水抗剪强度包线

图 4－26 为第一组抽气饱和样固结不排水抗剪强度包线。从图 4－26 可知，本组抽气饱和样在固结不排水条件下，总应力抗剪强度参数 $c=75.7$ kPa，$\varphi=14°$；有效应力抗剪强度 $c'=75.7$kPa，$\varphi'=15°$。

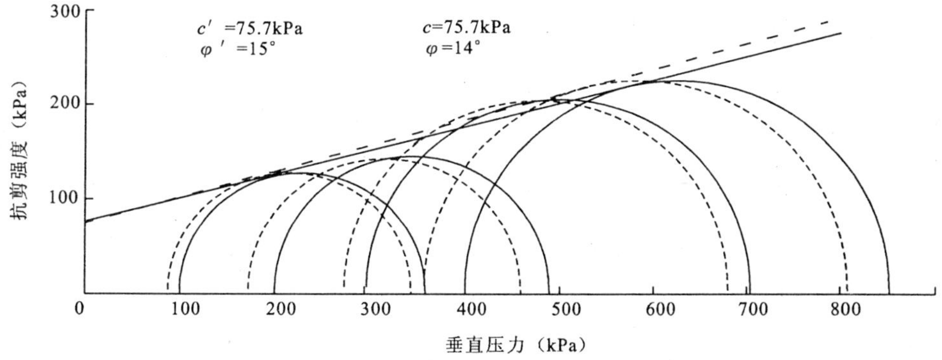

图 4－26　Y1 第一组抽气饱和样固结不排水抗剪强度包线

图 4-27 为第二组抽气饱和样固结不排水抗剪强度包线。从图 4-27 可知，本组抽气饱和样在固结不排水条件下，总应力抗剪强度参数 $c=79.2\text{kPa}$，$\varphi=17°$；有效应力抗剪强度 $c'=70.2\text{kPa}$，$\varphi'=19°$。

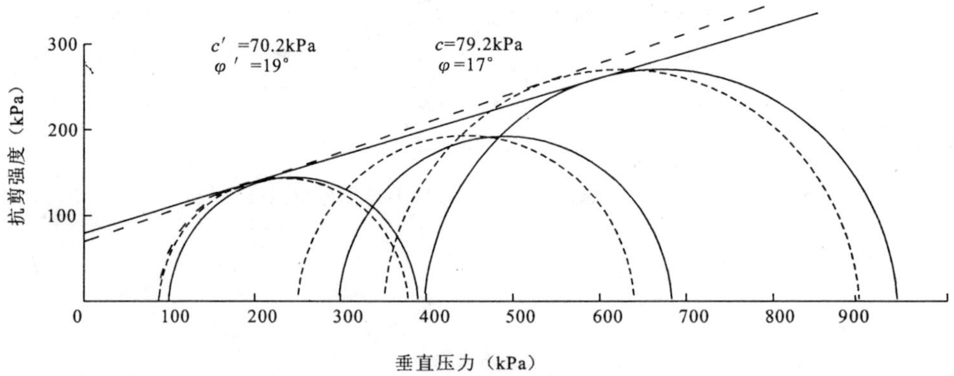

图 4-27　Y1 第二组抽气饱和样固结不排水抗剪强度包线

由上面的试验数据可知，安乐寺滑带土在三轴压缩试验中，在不固结不排水条件及固结排水条件下，所得的抗剪强度参数比直剪试验所得结果偏大。主要原因是，在三轴试验样品的饱和中，样品遇水后体积是不允许增大的。因此，滑带土在没有发生膨胀的条件下，其抗剪强度是比较大的。

(五)滑带土的微观结构

1. 下层滑带(Y1)滑面附近微观结构特征

采用电镜扫描技术进行滑带土微观特征观察，主要是观察滑带土的结构特征、矿物形态及组合特征、滑动擦痕特征、矿物的定向排列特征以及其他可能特征。采用试验设备为 Quanta 200 型环境扫描电子显微镜；试验条件为：工作电压 20kV，工作电流 98μA，温度 20℃，湿度 31%。

在 Y1 滑带土的定向原状样的不同方位分别用小刀轻轻地刻取小立方体状样品，并保证其观察面未扰动。共取样 4 块，编号分别为 75#、62#、98#、57#。其各自取样方位及样品说明如图 4-28 和表 4-6 所示(其中图中所示面即为观察面)。

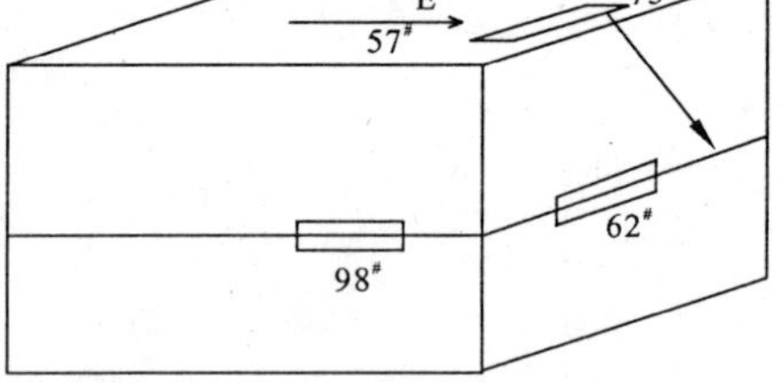

图 4-28　下层滑带(Y1)滑面附近电镜观察取样位置图

表 4-6　样品及观察要点说明表

样品号	方位说明	主要观察内容
75#	观察面平行于物质分界面，其观察面长边垂直于 E 方向	矿物定向排列、擦痕及矿物形态
62#	观察面垂直于物质分界面，其观察面长边垂直于 E 方向	矿物结构、形态
98#	观察面平行于物质分界面，其观察面长边平行于 E 方向	矿物结构、构造及形态
57#	观察面平行于物质分界面，其观察面长边平行于 E 方向	擦痕特征、矿物结构、构造及矿物形态

注：在进行镜下观察时提前进行了抽真空的操作过程。

1）滑动擦痕的观察

在 57# 样品的表面发现了滑动擦痕，主要集中在样品的左上角，在这些部位具有明显的滑动擦痕（图版 4-15、图版 4-16）。通过对滑动擦痕的细部观察，发现该处的滑动擦痕光滑平直，延伸性好，但是局部也发现有短粗的"丁"字头状擦痕。擦痕间距在 0.01～0.1mm 之间，如图版 4-17 至图版 4-20 所示。在观察中发现滑带土表面的擦痕具有期次性，从图版 4-17 至图版 4-20 中分析可知共有三期擦痕，前两期擦痕分别和最后一期擦痕呈大约 30°和 50°夹角，早期擦痕被后期滑动擦痕所截断。

2）矿物定向排列特征

在滑带土的电镜扫描观察中发现了滑带土矿物具有一定的定向排列。从垂直滑动方向的角度来观察，即 62# 样品的观察面上，矿物具有明显的层状定向排列特征，而且片状矿物的定向排列使得滑带土和滑动面近似平行的层面（图版 4-21 至图版 4-26）。在与滑动方向平行的角度来观察，即在 98# 样品的观察面上，发现矿物在与滑动方向呈近 30°夹角的方向上具有定向排列性（图版 4-27 至图版 4-30），说明安乐寺滑带土曾经受过较强的滑动挤压作用。

3）矿物形态结构特征

滑带土的电镜扫描结果表明：Y1 滑带土的粘土矿物形态主要以片状为主。图版 4-31 至图版 4-39 所显示的是不同放大倍数的粘土矿物片状形态图版。在样品中还发现少量长条状矿物（图版 4-37 至图版 4-40）。从滑带土矿物的形态分析，滑带土主要由蒙脱石组成。

2. 下层滑带（Y1）微观结构特征

为了观察安乐寺滑坡下层滑带微观结构，垂直整个滑带取原状滑带土样（Y1）。野外观察该滑带土样没有见到明显的滑动面。在所取定向原状滑带土样的不同部位、不同方位分别用小刀轻轻地刻取小立方体状样品，并保证其观察面未扰动。取样位置及编号如图 4-29 所示。本次共取两组样，第一组观察面垂直于滑动方向（且观察面长边水平），试样编号分别为 22#、51#、82#；第二组观察面平行于滑动方向（且观察面长边水平），试样编号分别为 48#、55#、97#。其各自取样方位及样品说明如图 4-29 和表 4-7 所示（其中图中所示面即为观察面）。

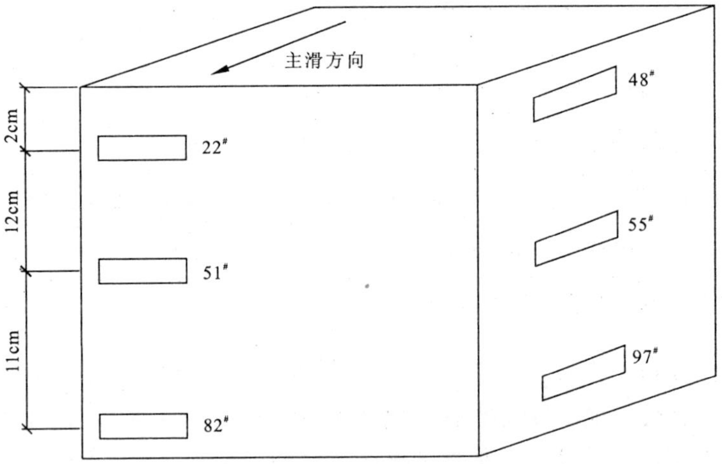

图 4-29　下层滑带（Y1）电镜扫描观察取样位置图

表 4-7　样品及观察要点说明

样品号	方位说明	主要观察内容
22#	观察面垂直于滑动方向，其观察面长边水平，距主滑面 2cm	矿物结构、构造以及矿物形态特征等
51#	观察面垂直于滑动方向，其观察面长边水平，距主滑面 14cm	
82#	观察面垂直于滑动方向，其观察面长边水平，距主滑面 25cm	
48#	观察面平行于滑动方向，其观察面长边水平，距主滑面 2cm	矿物结构、构造以及矿物形态特征
55#	观察面平行于滑动方向，其观察面长边水平，距主滑面 14cm	
97#	观察面平行于滑动方向，其观察面长边水平，距主滑面 25cm	

1）矿物定向排列特征

在滑带土的电镜扫描观察中发现了滑带土矿物具有一定的定向排列。从垂直滑带土的角度来观察，即从样品 22#—51#—82# 进行全面的观察，各个样品中都具有一定的矿物定向排列特征（图版 4-41 至图版 4-44），但矿物的定向性没有滑动面附近明显。

2）矿物形态结构特征

滑带土的电镜扫描结果表明：Y1 滑带土的粘土矿物形态主要以片状为主。图版 4-45 显示的是样品 51# 观察的片状矿物；图版 4-46 所显示的是样品 82# 中观察到的片状矿物。从滑带土矿物的形态分析，滑带土主要由蒙脱石组成。

2. 第二层滑带土（Y2）微观结构特征

在 Y2 滑带土的定向原状样的不同方位分别用小刀轻轻地刻取小立方体状样品，并保证其观察面未扰动，取样位置及编号见图 4-30。主要观察两个内容：一是滑动面上的擦痕，共取样 2 个，编号为 52#、75#。二是观察滑带土内的擦痕，分为两组，第一组观察面垂直于滑动方向（且观察面长边水平），试样编号分别为 58#、76#、70#；第二组观察面平行于滑动方向（且观察面长边水平），试样编号分别为 29#、97#。其各自取样方位及样品说明如图 4-30 和表 4-8 所示（其中图中所示面即为观察面）。

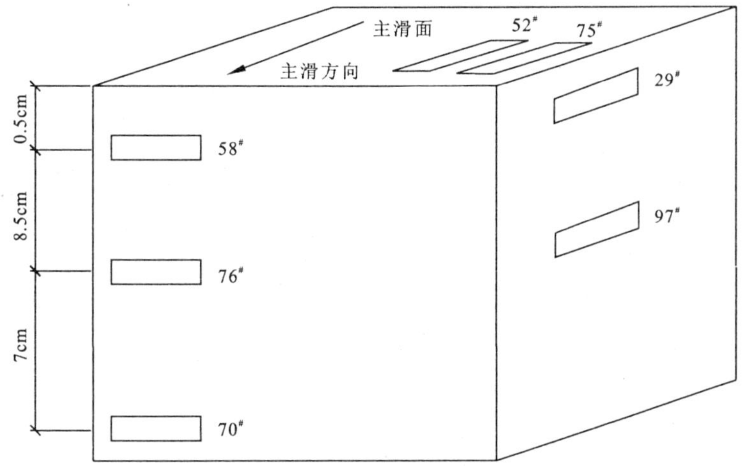

图 4-30　Y2 电镜观察取样位置图

表 4-8　样品及观察要点说明

样品号	方位说明	主要观察内容
52#	观察面为滑动面，其观察面长边平行于滑动方向	粘土矿物结构、形态及擦痕
75#	观察面为滑动面，其观察面长边平行于滑动方向	
58#	观察面垂直于滑动面，其观察面长边水平，距主滑面 0.5cm	粘土矿物结构、形态特征
76#	观察面垂直于滑动面，其观察面长边水平，距主滑面 9cm	粘土矿物结构、形态特征
70#	观察面垂直于滑动面，其观察面长边水平，距主滑面 16cm	粘土矿物结构、形态特征
29#	观察面平行于滑动面，其观察面长边水平，距主滑面 0.5cm	粘土矿物结构、形态特征
97#	观察面平行于滑动面，其观察面长边水平，距主滑面 9cm	粘土矿物结构、形态特征

在滑带土的表面，可以清楚地观察到擦痕的存在，规模有大有小，其特征主要表现为滑带土内小的砂、砾石在滑动过程中在粘土中划出的擦痕光滑平直、排列有序（图版 4-47、图版 4-48）。将擦痕的方向与最后地表宏观观察的方向进行对比，其滑动方向与主滑面之间的夹角为 20°。

二、太白岩古滑坡

太白岩古滑坡位于苎溪河右岸（崔政权，1993），坡纵长 600m，宽 1 800m，地形坡度东缓（10°～15°）西陡（10°～25°），呈横长式分布，面积 1.17km^2（图 4-31、图版 4-49），体积约4 236×10^{4}m^3，后壁砂岩形成高约 100m 的陡壁（图版 4-50），脚下斜坡地带堆积崩塌块石。陡崖裂隙密集，是危岩体的多发地段。剪出口一带多遭人类工程活动，边界不十分清楚。西部后缘有拉裂槽，长约 900m，宽 50～150m，槽内分布大田池塘，为天然游泳池，其环境幽静，为万州市民游乐场之一（图版 4-51）。外侧壁为滑移松动岩体，东部为崩滑堆积体，与西段比较，地貌形态截然不同。

滑床为 J_2s^{3-5} 中上部地层，岩性为紫红色粘土岩夹细粒长石砂岩及粉砂岩，地层产状为

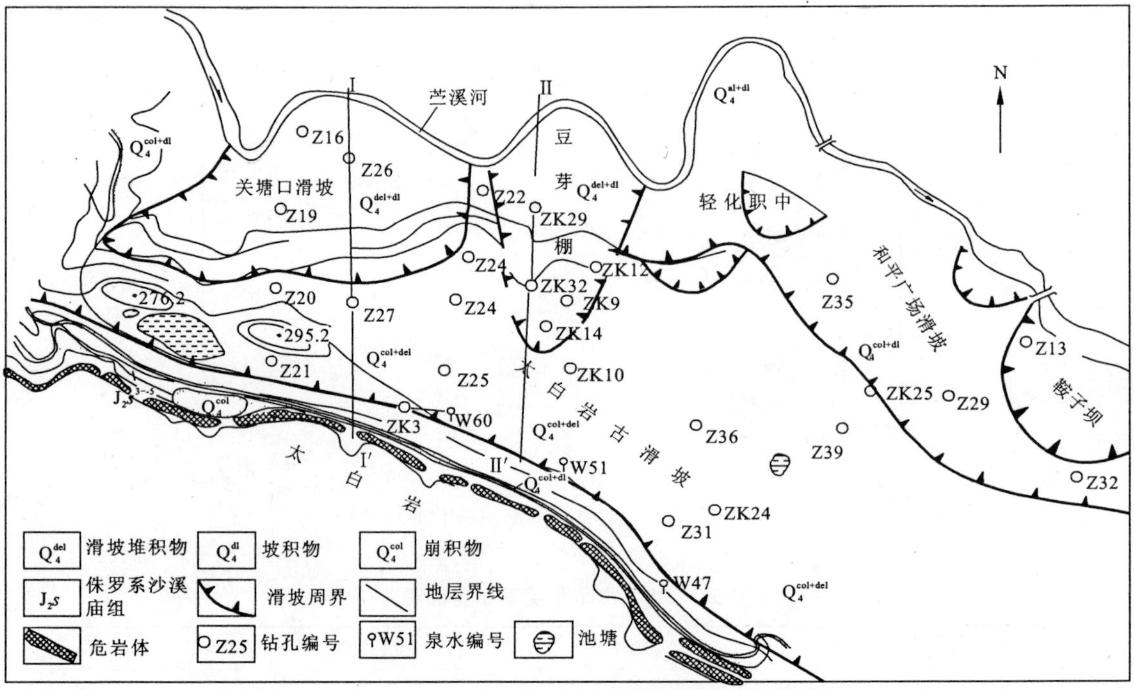

图 4-31 太白岩古滑坡工程地质平面简图（据崔政权修改）

150°∠3°～5°。滑面平直，埋深 30～60m，向北倾斜，倾角小于 2°。从横剖面上分析（图 4-32、图 4-33），豆芽棚以东 ZK11 孔附近滑面向上隆起，反映横向上具有起伏特点，并且相邻的豆芽棚纵向线也处于低槽部位。滑带土在钻孔中揭露为褐红色、灰白色粘土夹砂岩碎块，少数钻孔粘性较强，断口光滑，厚度 0.2～2.7m（表 4-9 及图 4-33）。

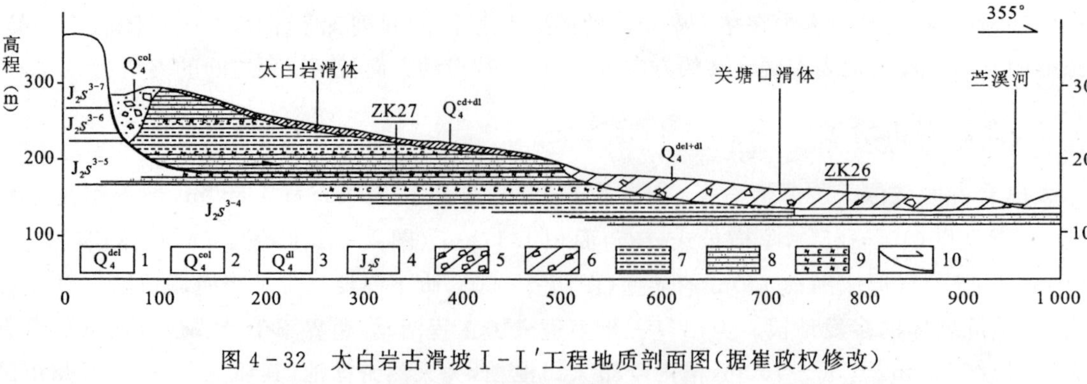

图 4-32 太白岩古滑坡Ⅰ-Ⅰ′工程地质剖面图（据崔政权修改）

1. 滑坡堆积物；2. 崩积物；3. 坡积物；4. 侏罗系沙溪庙组；5. 碎石夹粘土；
6. 粘土夹碎石；7. 泥岩；8. 砂岩；9. 长石砂岩；10. 滑动面

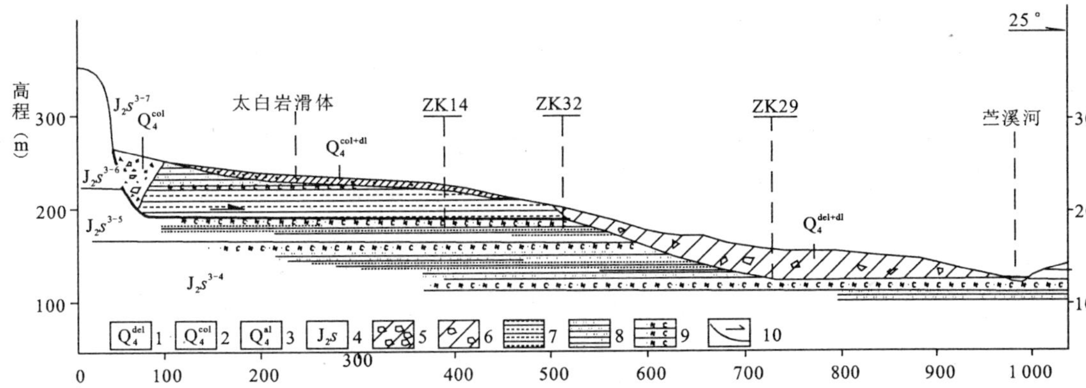

图 4-33　太白岩古滑坡Ⅱ-Ⅱ′工程地质剖面图(据崔政权修改)

1. 滑坡堆积物;2. 崩积物;3. 冲积物;4. 侏罗系沙溪庙组;5. 碎石夹粘土;6. 粘土夹碎石;7. 泥岩;8. 砂岩;9. 长石砂岩;10. 滑动面

表 4-9　太白岩古滑坡钻孔揭示情况一览表

孔号	ZK4	ZK10	ZK11	ZK27	ZK24	ZK25
孔口高程(m)	285.14	241.22	229.48	222.81	267.80	191.90
钻孔深度(m)	115.01	50.82	40.91	50.40	39.15	51.10
滑体厚度(m)	62.27	46.07	32.28	36.25	28.86	32.52
基岩顶板高程(m)	222.87	195.15	197.20	186.56	238.94	159.38
地下水位高程(m)	/	226.13	228.46	220.19	266.24	190.20
水位埋深(m)	/	15.09	1.02	2.62	1.56	1.70
滑带物质	灰褐色粘土夹砂岩碎块	褐灰色亚粘土夹砂岩碎石	褐红色粘土夹细砂岩碎石	褐红色粘土夹细砂岩碎块	灰褐色亚粘土	灰褐色亚粘土
下伏基岩层位及岩性	J_2s^{3-6}褐红色粉砂岩	J_2s^{3-5}褐红色粉砂岩夹细砂岩条带	J_2s^{3-5}紫灰色细砂岩夹褐红色粉砂岩团块	J_2s^{3-5}紫灰色细砂岩	J_2s^{3-5}紫灰色细砂岩	J_2s^{3-5}褐红色粉砂岩夹细砂岩团块

由于古滑坡在横向上具有两端高、中部低的特点,地表水也随之汇集中部向外排泄。豆芽棚冲沟以及龙井沟为主要地表径流排泄通道。地下水位埋探一般为 1～2.5m,ZK10 孔埋深 15.09m,有一定的水力坡降。太白岩古滑坡前缘一带分布有多个滑坡或变形体,其中以和平广场滑坡与关塘口滑坡具有代表性,将在下节堆积体特征及成因中进行介绍。

三、草街子古滑坡

草街子古滑坡位于苎溪河左岸、天子城脚下(崔政权,1993),为一顺层平推式岩质古滑坡,地面高程 190～250m,纵长 500m,宽 1 100m,面积 0.4km^2,体积 1 696×10^{4}m^3。滑床高程 190.88～196.47m。地形坡度多小于 10°,前部基岩地形坡度 10°～25°,局部大于 25°,后壁山体地形坡度大于 45°,由砂岩、泥岩互层组成。下伏基岩倾向 135°,倾角 4°～7°。后缘见拉裂槽,槽宽约 100m,中部五道冲一带有次级拉裂槽(图 4-34、图 4-35)。

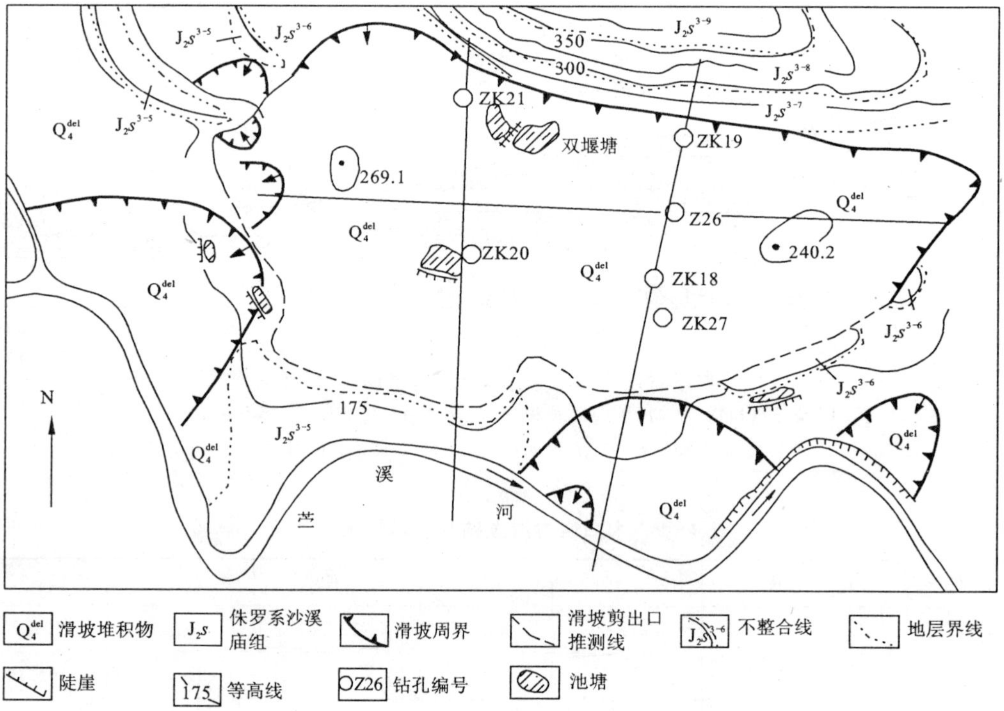

图 4－34　草街子古滑坡工程地质平面图

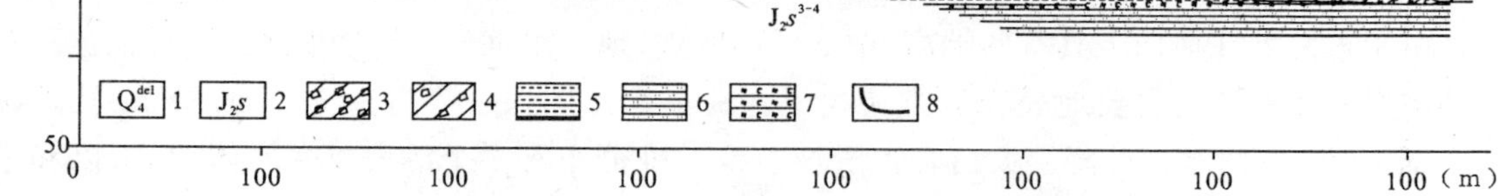

图 4－35　草街子古滑坡工程地质剖面图

1. 滑坡堆积物；2. 侏罗系沙溪庙组；3. 碎石夹粘土；4. 粘土夹碎石；5. 泥岩；6. 砂岩；7. 长石砂岩；8. 滑动面

按滑坡物质组成，分以下几个区：

(1)粘土夹块石区：分布于滑坡前缘大约 100m 宽的平台上，薄厚不均，大体上前薄后厚；

(2)块石夹粘土区：分布于滑坡中部，面积为 200m×500m，地形坡度小于 10°；

(3)块石区：零星分布于滑坡后缘，面积为 50m×200m；

(4)滑移岩体区：分布于主拉裂槽和次一级拉裂槽前部，大体上以五道冲拉裂槽为中心，对称分布。滑移岩体山包与地面高差达30m，岩层倾向与滑带倾向一致。

根据钻孔资料(表4－10)，滑体厚度31.49～53.94m，前部薄、后部厚。滑带物质为灰白色粘土、灰褐色及红褐色粘土、砂岩碎石等。滑坡地下水埋深1.32～2.45m，平均高出滑床30.17～50.49m，前缘出露泉水，流量15～20 l/min。

表4－10　草街子古滑坡钻孔揭示情况一览表

孔　号	ZK12	ZK19	ZK20	ZK21
孔口高程(m)	222.37	241.76	230.22	247.31
钻孔深度(m)	76.44	74.22	61.01	76.44
滑坡厚度(m)	31.49	44.29	38.91	53.94
基岩顶板高程(m)	190.88	196.47	191.37	193.37
地下水位高程(m)	221.05	239.29	238.34	243.86
水位埋深(m)	1.32	2.47	1.88	3.45
滑带物质	褐红色粘土、砂岩碎石	灰褐色粘土	灰白色粘土	灰白色粘土
下伏基岩层位及岩性	J_2s^{3-5}紫灰色长石砂岩	J_2s^{3-5}紫红、紫灰色粉砂岩	J_2s^{3-6}紫灰色长石砂岩	J_2s^{3-5}褐红色粉砂岩

四、枇杷坪古滑坡

枇杷坪古滑坡位于长江左岸(崔政权，1993)，纵长500～700m，宽1 700m，面积0.91km^2，体积5 050×10^{4}m^3。平面上呈横长式，地形坡度10°。北东部分地面起伏较大，滑移松动岩体呈带状分布，展现出洼地与垄丘相间的地貌景观；西部地形较平缓，且地形低于东部。后部为厚层砂岩形成的斜坡，坡度大于25°，坡脚堆积较多的崩塌块石，ZK1、ZK6揭露其厚度10～20m，主要分布在后缘以东，剪出口地形凹凸不平。后缘有两个拉裂槽：一是玉皇观拉裂槽，宽10～100m，槽东端与河水畔冲沟相接，ZK4孔揭露槽内复盖层厚75.94m；二是西部白虎岩下拉裂槽，槽底宽20m，高约15m，长约100m，ZK7孔揭露覆盖层厚69.22m。两槽覆盖层厚度相差不大，可见是同期形成。两槽之间约1 000m长地段为平台，微凹陷呈负地形，分布较多水塘(图4－36、图4－37)。

滑坡物质可以分为：

(1)粘土夹块石：分布于滑坡前部靠东一侧，厚度0～20m。粘土一般呈黄褐色、紫红及棕红色，结构属中密可塑性粘土。

(2)块石夹粘土：分布在滑坡西部靠前缘一带，厚度0～13m，后缘块石含量增多。

(3)块石：分布于滑坡后缘及冲沟两侧，块石来源除古滑坡外，有后缘山体的崩塌物，但厚度不均。块石成分主要为紫灰色细砂岩、褐红色粉砂岩，粒径一般几米左右。

(4)滑移岩体：分布于玉皇观山包和主滑坡中部。玉皇观山包原岩层序保留比较完整，层理清晰。中部滑移岩体面积为500m×200m，经后期人为改造和风化作用，现大部呈砂土状。

滑坡厚度由后缘向前缘逐渐变薄，地下水位埋深自后缘向前缘逐渐加深，水位变幅0.4～16.3m。滑床为J_2s^{3-5}、J_2s^{3-6}褐红色粉砂岩、紫红色砂岩。滑带物质为灰白色、紫红色粘土(表4－11)。

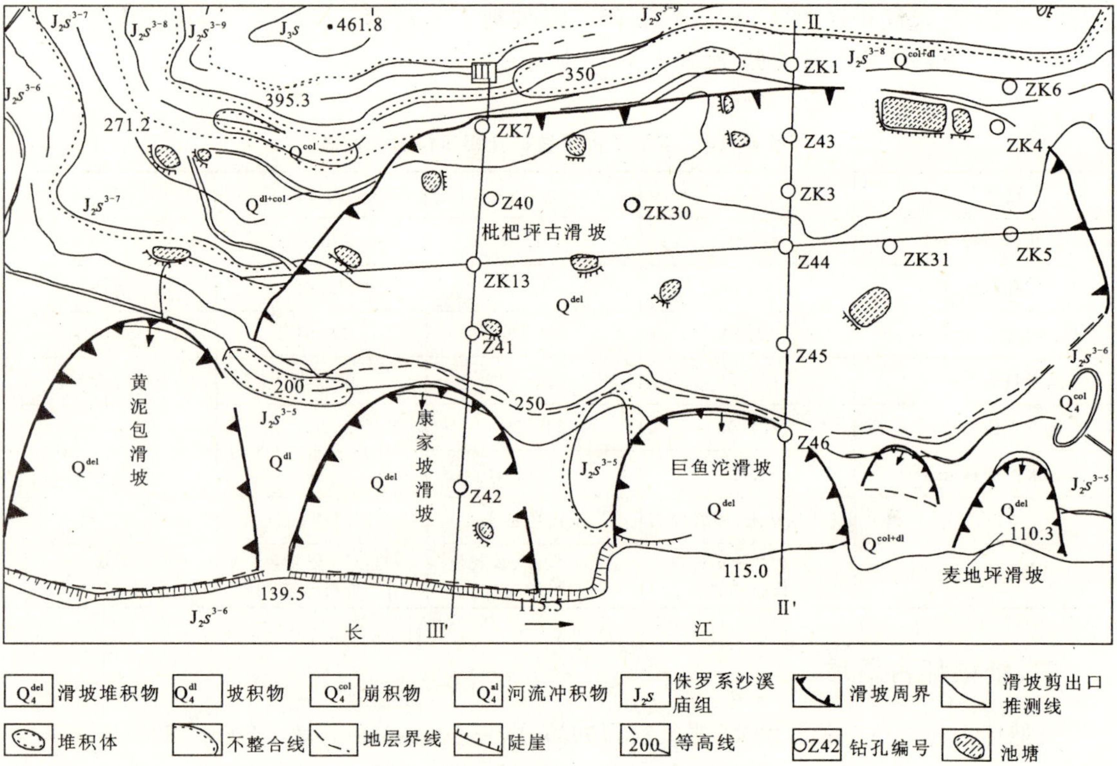

图 4-36　枇杷坪古滑坡工程地质平面图

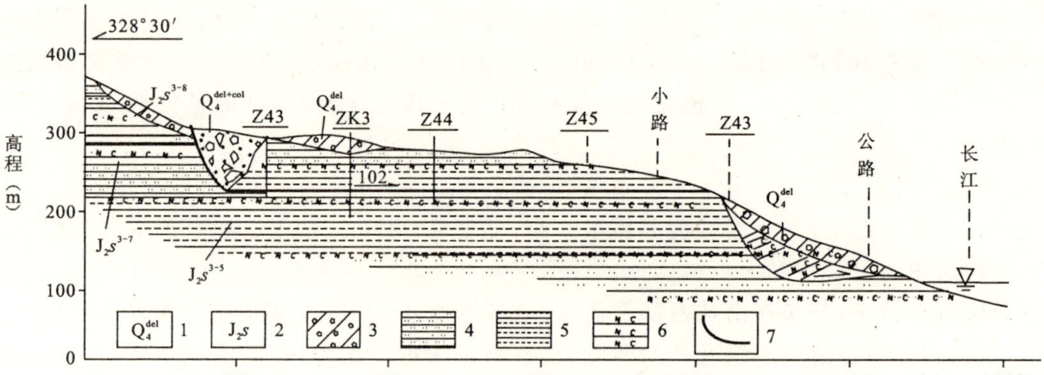

图 4-37　枇杷坪古滑坡工程地质平面图

1. 滑坡堆积物；2. 侏罗系沙溪庙组；3. 碎石夹粘土；4. 砂岩；5. 泥岩；6. 长石砂岩；7. 滑动面

表 4-11　枇杷坪古滑坡钻孔揭示情况一览表

孔号	ZK1	ZK3	ZK4	ZK5	ZK7	ZK 13	ZK 30	ZK 31
孔口高程(m)	287.13	295.88	290.76	261.60	287.07	259.07	264.34	256.88
钻孔深度(m)	100.13	97.80	97.02	71.64	71.82	63.46	58.66	40.37
滑坡厚度(m)	69.18	66.20	75.94	40.72	69.22	40.52	44.04	38.12
基岩顶板高程(m)	217.95	219.68	214.82	220.88	217.98	218.55	221.30	218.76
地下水位高程(m)	277.06	271.32	290.36	252.30	274.65	242.80	263.84	256.35
水位埋深(m)	10.07	14.65	0.40	9.2	12.42	16.27	1.50	0.53
滑带物质	紫红色粘土含砂质团块，具镜面	紫红色粘土	灰紫色粘土，具摩擦镜面	黄褐色粘土，具镜面	紫红色粘土	灰紫色粘土	褐红色粘土夹砂岩块石	灰白色粘土
下伏基岩层位及岩性	J_2s^{3-5} 褐红色粉砂岩	J_2s^{3-6} 紫红色粉砂岩	J_2s^{3-5} 褐红色粉砂岩	J_2s^{3-6} 灰白色细粒长石砂岩	J_2s^{3-5} 褐红色粉砂岩	J_2s^{3-6} 褐红色粉砂岩	J_2s^{3-6} 褐红色粉砂岩	J_2s^{3-6} 褐红色粉砂岩

五、驸马古滑坡

驸马古滑坡位于天城区枇杷坪办事处驸马居委会境内，在平面上总体呈不规则“弧形状”，而前缘次级小型滑坡为“U”形，该滑坡东侧以万家院子为界，北西侧边缘为一冲沟，后缘位于一岩质陡崖底部(图 4-38)。

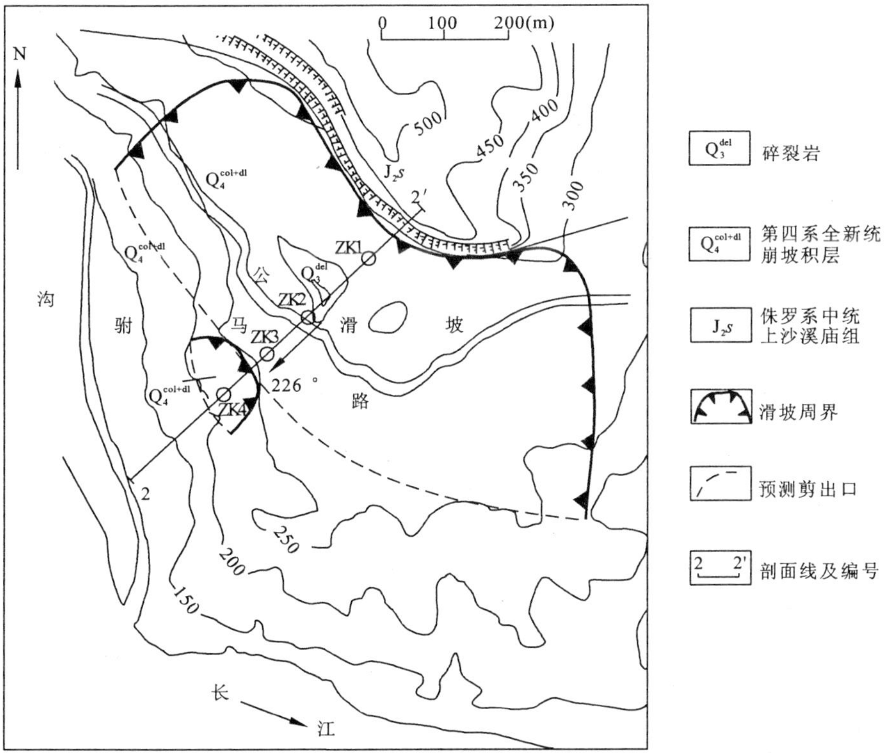

图 4-38　驸马古滑坡工程地质平面图

驸马古滑坡纵长大约800m，横宽大约1 400m，高差约95m。滑坡体厚度一般为20.5～59.80m，平均厚度约40m，面积约84.0×10^{4}m^2，体积约3 360×10^{4}m^3。前缘次级小型滑坡体厚度一般为9.05～11.80m，平均10.0m，沿滑动方向总体呈中部厚、两端薄分布。滑坡物质成分主要为灰褐—紫红色粉质粘土夹砂泥岩碎块石、滑动岩体、表层第四系人工素填土。块石成分多为长石砂岩，直径一般为0.05～0.35m，最大直径2.80m，总体土石比8∶2～5∶5。滑动岩体多为紫红色泥岩、砂岩，主要分布在滑坡中部即6910油库南侧一带，局部夹薄层灰白色粉砂岩，岩质较软，表面风化严重，层理构造，岩体中裂隙较发育，风化程度不一，整体性较好，但岩层产状与不动基岩产状有差异，倾向和倾角均不一致。

滑面倾角变化较大，后缘侧壁倾角较陡约52°，中部侧壁倾角约9°，在前缘剪出口附近倾角平缓，一般为2°～5°。驸马滑坡中后缘为基岩滑坡，滑动面光滑，具擦痕，分布高程为240～250m。前缘次级小型滑坡滑面倾角变化较大，后缘侧壁倾角约33°，中部侧壁倾角10°左右，前缘剪出口附近倾角约5°。滑动面为土层与基岩接触面，滑面分布高程为205～230m(图4-39)。

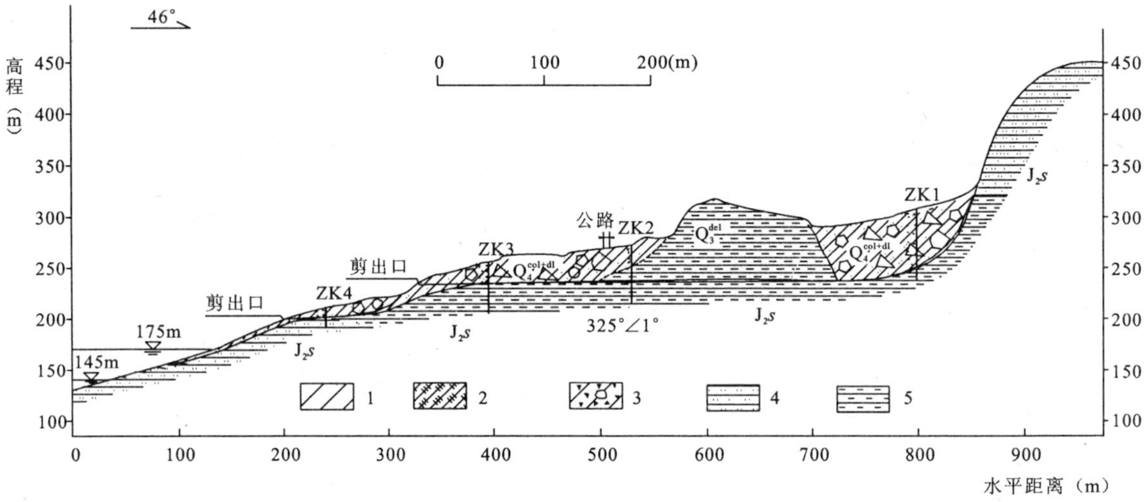

图4-39　驸马古滑坡工程地质剖面图

1. 粉质粘土；2. 杂填土；3. 粉质粘土夹碎石；4. 砂岩；5. 泥岩

据野外钻探和井探揭示，驸马古滑坡滑床主要由侏罗系中统上沙溪庙组砂、泥岩(J_2s)组成，岩层连续性较好，倾角较平缓。

地表水系主要有鱼塘(蓄水量较大，雨季易漫)、农田及部分小冲沟。大气降雨均顺坡向大致由北向南排泄，居民区的生活污水未集中排放，仍有大量地表水向土层中入渗。地下水主要为上层滞水，在空间上不连续分布，主要通过大气降雨及居民区生活污水下渗补给。土层渗透系数为0.018m/d，属弱透水层，地下水主要沿填土与粉质粘土接触面、覆盖层与强风化层接触面向斜坡下部运动，从坡体前缘土岩界面以浸润状方式排泄。由于粉质粘土中块碎石分布不均，具有透水性、含水性不均的特点，故滑坡区地下水较贫乏，且富水性极不均一。

第三节　近水平地层滑坡成因探讨

一、降雨诱发滑坡变形破坏机理探讨

水压力对滑坡作用的研究一直是学术界关注的难点之一，目前一般研究滑坡的水压力与滑坡稳定性的关系。事实上滑坡从开始变形到整体滑动中间经历了多次蠕滑，而蠕滑的结果导致斜坡后缘开裂，开裂后由于水进入裂隙，产生很大的静水压力，导致滑坡重新滑动（芮勇勤、唐春安，2001）。

（一）缓倾角滑面滑坡裂隙水压力力学模型的建立

三峡库区发育许多缓倾角滑面滑坡，滑坡倾角平缓，如万州的关塘口滑坡、和平广场滑坡等，倾角约 5°～10°，近乎水平。滑坡后缘发育横向裂隙，暴雨时雨水进入到裂隙内，形成很大的静水压力，形成平推式滑坡。

将裂隙水压力视为静水压力，三角形斜坡体按平面应变问题考虑。设滑坡后缘积水深度为 H，斜坡坡角为 α，倾角为 β，斜坡后缘倾角（与水平面的夹角）为 γ（图 4－40）。以滑动面后缘点为原点，滑动面延伸方向为 x 轴建立直角坐标系。

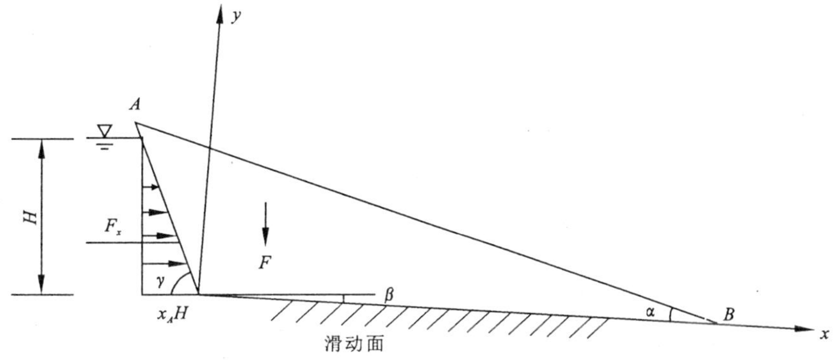

图 4－40　近水平地层滑坡裂隙水压力力学模型

几点假设：①斜坡体渗透系数很小，裂隙水不渗入斜坡体，只沿滑动面渗透；②斜坡体的应力、应变和位移都是连续的；③土中渗流阻力很大，不计流速；④土体为弹塑性。

（二）滑动面应力分量的求解

1. 应力函数的选取

在三角形斜坡体内任意一点的应力分量必定由两部分组成：其一由斜坡体重量引起，它与斜坡体重度 γ_t 成正比；其二由裂隙水压力引起，与水的重度 γ_w 成正比。此外，这两部分还与点的坐标 x、y、坡角 α 和倾角 β 有关。根据各应力分量的量纲可以确定应力分量的表达式只能是 $A\gamma_t x$，$B\gamma_\tau y$，$C\gamma_w y$，$D\gamma_w y$ 四项的组合（徐芝纶，1982；李同林，1994），其中 A、B、C、D 是常数。所以，该应力函数 ϕ 为：

$$\phi = Ax^3 + Bx^2 y + Cxy^2 + Dy^3 \tag{4-1}$$

2. 应力分量的求解

在平面应变问题中，沿 x 方向的正应力 σ_x、y 方向的正应力 σ_y 和剪应力 τ_{xy} 与应力函数 ϕ 的关系如下：

$$\sigma_x = \frac{\partial^2 \phi}{\partial^2 y} - F_x x \tag{4-2}$$

$$\sigma_y = \frac{\partial^2 \phi}{\partial^2 x} - F_y y \tag{4-3}$$

$$\tau_{xy} = -\frac{\partial^2 \phi}{\partial y \partial x} \tag{4-4}$$

式中：F_x 为斜坡体沿 x 方向的体力分量，$F_x=\gamma_\omega(y-H)\mathrm{tg}\beta+\gamma_t S_{OAB}\sin\beta$；

F_y 为斜坡体沿 y 方向的体力分量，$F_y=\gamma_\tau S_{OAB}\cos\beta-\gamma_w(y-H)\mathrm{ctg}\beta$

将应力分量 σ_x、σ_y 和 τ_{xy} 代入到静力边界条件中：

$$\sigma_x n_x + \tau_{xy} n_y = F_x \tag{4-5}$$

$$\tau_{xy} n_x + \sigma_y n_y = F_y \tag{4-6}$$

式中：n_x 为边界的外法线方向与 x 轴夹角的余弦；

n_y 为边界的外法线方向与 y 轴夹角的余弦。

这样，就可以求得 A、B、C 和 D 四个待定常数，进而求得滑坡体上任意一点的应力分量为：

$$\sigma_x = -\gamma_w(y-H)\mathrm{tg}\beta - \gamma_t \sin\beta \tag{4-7}$$

$$\sigma_y = -\gamma_t x\,\mathrm{tg}\alpha + [\gamma_i \sin^2\gamma\cos\beta - \gamma_w \mathrm{tg}\alpha(1-\mathrm{tg}^2\beta)](y-H) \tag{4-8}$$

$$\tau_{xy} = \gamma_w x(1 - y\gamma_t \sin\gamma\sin^2\beta)\mathrm{tg}^2\alpha \tag{4-9}$$

（三）土体强度破坏准则和近水平地层滑坡临滑时临界水深的确定

当斜坡体后缘裂隙内积水时，随着水深的不断增加，在水压力的作用下，斜坡内任意一点都将产生应力，当滑坡滑动面上某点的实际剪应力等于该点土的抗剪强度时，即 $\tau=\tau_f$ 时，该点就处于极限平衡状态。τ 表示土的实际剪应力；τ_f 表示土的抗剪强度。根据 Mohr-Coulomb 理论：

$$\tau_f = c + \sigma\mathrm{tg}\varphi \tag{4-10}$$

式中：c 为土的粘聚力；φ 为土的内摩擦角；σ 为土的正应力。于是，求土的抗剪强度可转化为求土的最大、最小主应力 σ_1 和 σ_3。

由于平面上任意一点的最大主应力 σ_1 和最小主应力 σ_3 与该点的应力分量有如下关系

$$\sigma_1 = \frac{\sigma_x + \sigma_y}{2} + \sqrt{\left(\frac{\sigma_x - \sigma_y}{2}\right)^2 + \tau_{xy}^2} \tag{4-11}$$

$$\sigma_3 = \frac{\sigma_x + \sigma_y}{2} - \sqrt{\left(\frac{\sigma_x - \sigma_y}{2}\right)^2 + \tau_{xy}^2} \tag{4-12}$$

当 σ_1 与 σ_3 满足如下关系时，该点就处于极限平衡状态，即

$$\sigma_1 = \sigma_3 \mathrm{tg}^2\left(45^\circ + \frac{\varphi}{2}\right) + 2c \cdot \mathrm{tg}\left(45^\circ + \frac{\varphi}{2}\right) \tag{4-13}$$

所以，处于极限平衡状态的最大主应力 σ_{1m} 应满足如下关系：

$$\sigma_{1m} = \sigma_3 \mathrm{tg}^2\left(45^\circ + \frac{\varphi}{2}\right) + 2c \cdot \mathrm{tg}\left(45^\circ + \frac{\varphi}{2}\right) \tag{4-14}$$

当斜坡体内某点的实际最大主应力 $\sigma_1 < \sigma_{1m}$ 时，该点就处于弹性平衡状态；当 $\sigma_1 > \sigma_{1m}$ 时，该点破坏。

当斜坡体后缘裂隙积水后，随着水深的不断增加，在水压力的作用下，当滑动面上某一点的 $\sigma_1 > \sigma_{1m}$ 时，该点就发生破坏（陈洪凯，2000），当水深继续增加，水压力进一步增大，滑动面上破坏的点就越来越多，当滑动面上所有点都发生破坏时的积水深度，就是滑坡临滑时的临界水深 H_{cr}（贺跃龙，2000）。

(四)实例分析——以重庆市万州区关塘口滑坡为例

1. 关塘口滑坡基本特征

关塘口滑坡位于重庆市万州区太白岩老滑坡西部碎裂岩体前缘，出露的地层主要为上沙溪庙组第三段（J_2s^3）的砂岩、泥岩以及第四系松散堆积层，岩层倾角平缓，约 5°左右（图 4 - 41）。

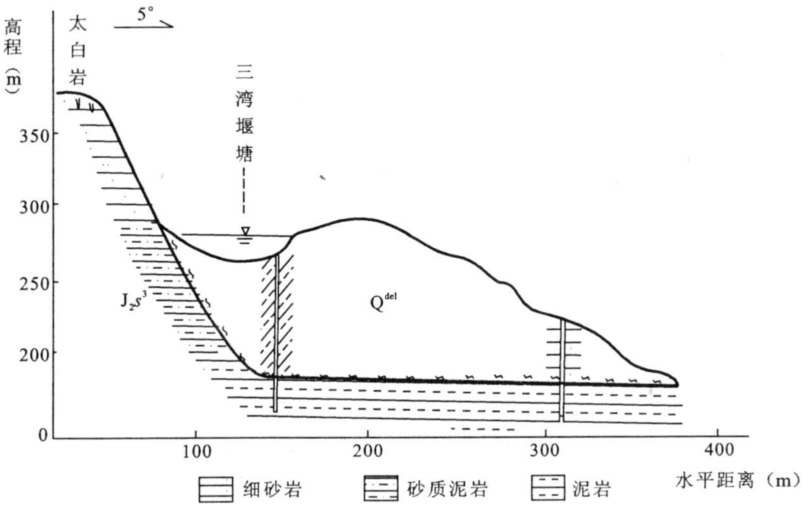

图 4 - 41　关塘口滑坡剖面图

关塘口滑坡体表面大部分被建筑物及砼地面覆盖，组成滑坡体的物质透水性很差，渗透系数仅为 0.005～0.230m/d。滑坡体后部坡顶存在太白岩老滑坡形成的拉裂槽，槽内经后期坡积作用充填有厚达 70m 的透水性差的粘性土，现已集水成堆积湖——山湾堰塘。山湾堰塘南北宽约 150m，东西长约 250m，水深 10～20m，且常年集水。虽然山湾堰塘底部为弱透水的粘性土层，但塘水顺着基岩陡壁沿老滑面缓慢下渗，而滑床主要由相对隔水的泥岩组成，遇大暴雨时，拉裂缝易充水而在基岩顶面富集，形成很深的地下水位。

2. 坐标系的建立和数据的计算

如图 4 - 42 所示，以 O 点为坐标原点，以滑动面 OA 方向为 x 轴，建立直角坐标系。通过勘查中对钻孔及竖井中取的土样进行的试验，可得有关计算所需的物理力学参数（表 4 - 12）。经计算，当斜坡体后缘裂隙水深度 $H<13.71$m 时，滑动面上所有点的 $\sigma_1 < \sigma_{1m}$，没有点破坏；当 $H=13.71$m 时，滑动面最后缘的 O 点和滑动面最前缘的 A 点（图 4 - 42）开始破坏（图 4 - 43），随着水深进一步增大，滑动面后缘和前缘的一些点相继破坏（图 4 - 44），当裂隙水深度 $H=$

24.04m时，滑动面上所有点的$\sigma_1 > \sigma_{1m}$（图4-45），滑坡开始滑动，所以，临界水深$H_{cr}=$24.04m。

表4-12　关塘口滑坡滑带土物理力学参数

物理力学参数	值(单位)
水容重(γ_w)	9.8(kN/m^3)
土容重(γ_t)	22(kN/m^3)
粘聚力(c)	27(kPa)
内摩擦角(φ)	13°
坡角(α)	16°
倾角(β)	5°
后缘倾角(γ)	64°

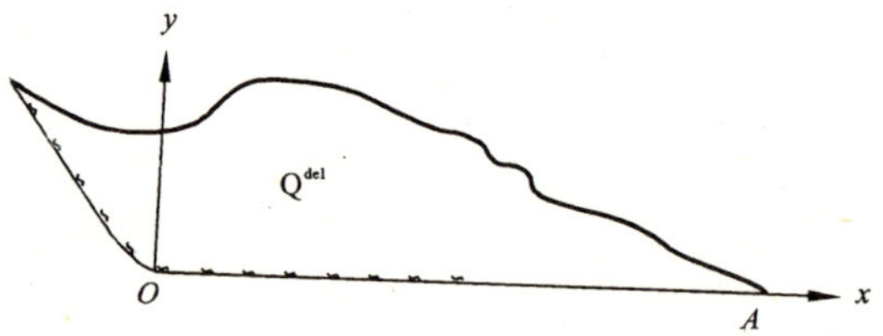

图4-42　关塘口滑坡计算坐标图

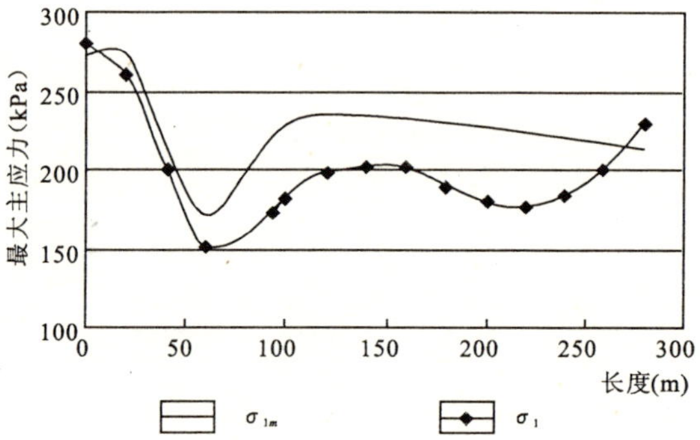

图4-43　水位$H=13.71$m时滑动面各点σ_{1m}与σ_1关系曲线图

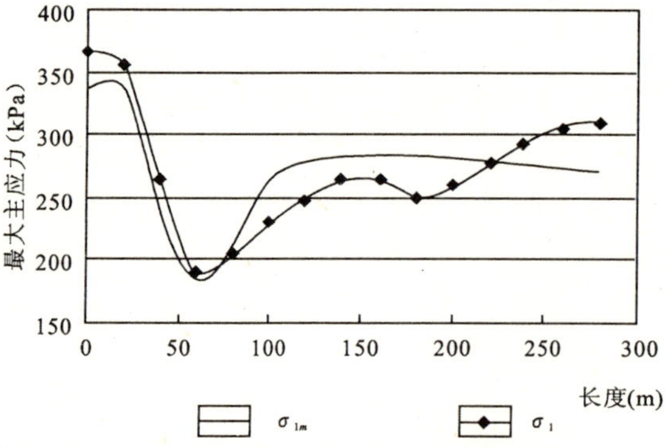

图4-44　水位$H=19$m时滑动面各点σ_{1m}与σ_1关系曲线图

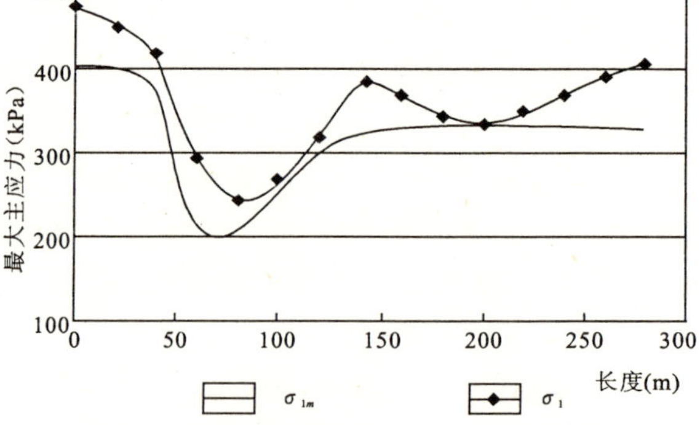

图4-45　水位$H=24.04$m时滑动面各点σ_{1m}与σ_1分布曲线图

随着裂隙水位的升高，滑动面上点破坏的总体先后顺序是先两端后中间，即滑动面前端和后端的点先破坏，破坏点从滑动面前后两个方向逐渐向滑动面中部转移，至全部点破坏为止。

滑坡启动并滑移一段距离后，滑坡后缘的裂隙水压力迅速消散，滑坡又立刻制动；当后缘积水深度又达到临界水深时，滑坡又重新启动。这样，经过多次的启动、滑移和制动后，在滑坡后缘就形成了目前的三湾堰塘（图 4－41）。

二、新构造活动与近水平地层滑坡形成作用分析

根据前文对水平地层滑坡与前缘堆积体特征的论述，其成因与地壳新构造活动紧密相关。从中更新世时期开始至今，地壳运动在万州一带主要表现为 5 次间歇性上升。在第一次地壳上升阶段，长江河道下切，形成深切峡谷；然后地壳停止上升，长江河道以侧蚀作用为主，从而形成宽广的第五级侵蚀阶地（T_5），高程大致在 280～300m，主要分布在长江两岸 300m 以上陡崖前。地壳在停歇了一段时间以后，第二次上升活动开始，长江河道下切，形成更窄更深的峡谷。然后地壳上升运动停止，河流又以侧蚀作用为主，从而形成第四级侵蚀阶地（T_4）。与此同时，T_5 阶地之上的陡崖，由于存在构造裂隙与岩层软弱面，在风化、降雨等作用下，局部地段发生崩塌、剥离，在 T_5 阶地上堆积。堆积作用主要发生在山前（图 4－46）。地壳第三次间歇性上升，形成第三级基座阶地（T_3）。与 T_4、T_5 侵蚀阶地不同，在 T_3 阶地上沉积有河流冲积物，表明在此时期地壳有微弱的下降或者发生了规模较大的侧向沉积。在 T_3 阶地形成的过程中，原来掩埋在地下的软弱夹层被长江河道侵蚀而临空。在水平向构造应力及卸荷作用下，软弱夹层发生剪切位移，从而使软弱夹层的完整性受到破坏（图 4－47）。从第三章的论述中可知，万州一带软弱夹层主要由蒙脱石组成，具有中等膨胀性，且遇水后，强度急剧下降，从而给水平岩层滑坡的形成创造了物质条件。在风化及降雨等作用下，T_4 阶地后缘的岩体沿构造裂隙或岩层软弱面发生崩塌、滑动，在 T_4 阶地后缘堆积；而风化剥落的细粒物质在雨水作用下，被带到 T_3 阶地前缘坡积，形成一套后缘颗粒粗、前缘颗粒细的堆积物，从而导致地下水在堆积体中排泄困难。在大雨或久雨作用下，由于雨水在后缘容易渗入，而在前缘难以排泄，地下水排泄不畅，堆积体中地下水位很高。地下水沿构造裂隙渗入到软弱夹层，对软弱夹层产生了两种作用：一是渗入到软弱夹层中，使软弱夹层的抗剪强度降低；二是产生了较大的静水压力。在水的这两种作用及后缘加载作用下，岩层便沿软弱夹层发生蠕滑，在后缘形成规模较

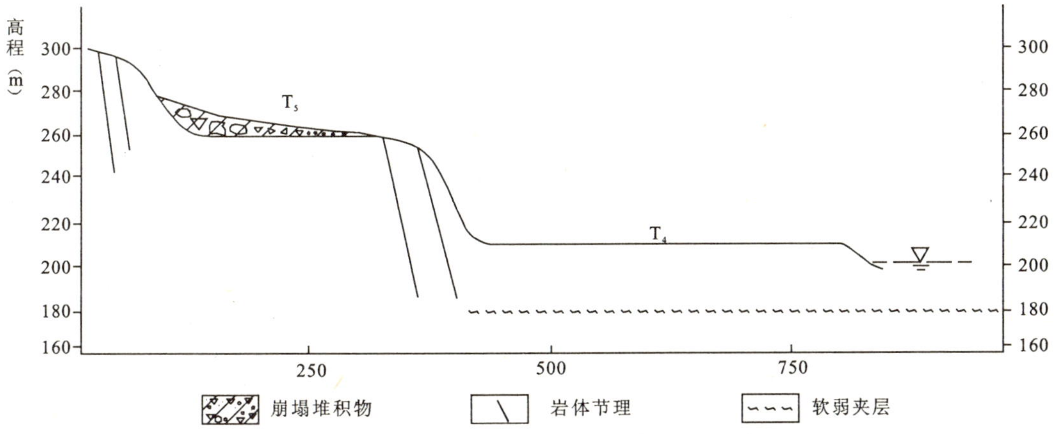

图 4－46　苎溪河 T_4、T_5 侵蚀阶地形成阶段示意图

大的拉裂槽，在前缘滑坡物质堆积在 T_3 基座阶地之上（图 4－48），并将大部分河流沉积物覆盖或者推走，从而在 T_2 阶地之上河流沉积物分布较少。

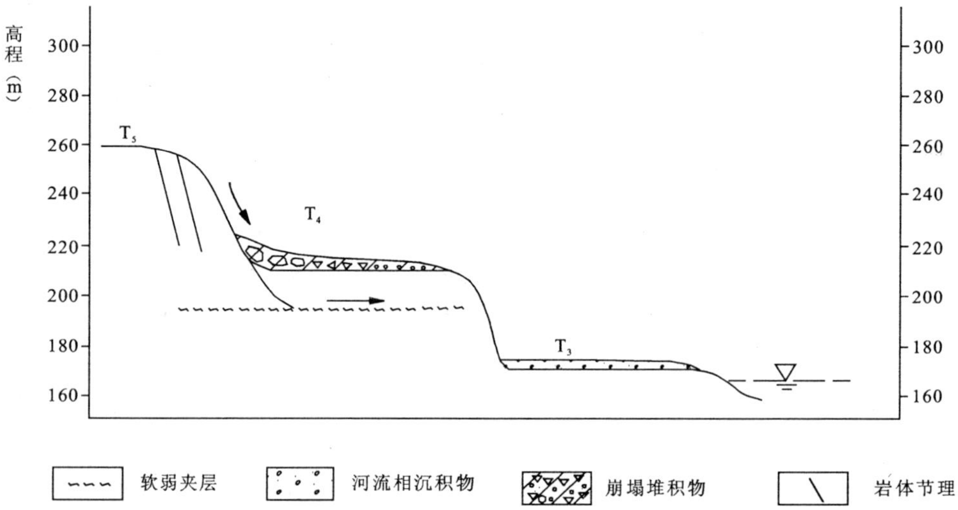

图 4－47 软弱夹层出露及苎溪河三级基座阶地形成阶段示意图

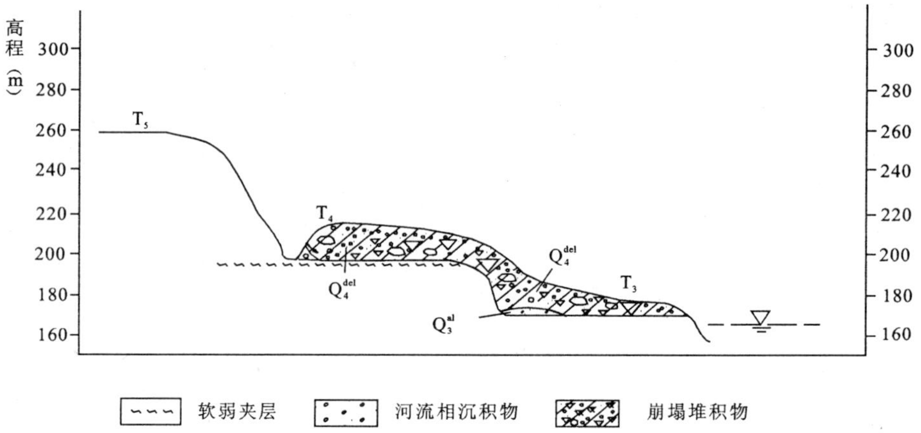

图 4－48 太白岩古滑坡形成阶段示意图

地壳发生第四次间歇性上升。在上升阶段，长江河道下切，形成深切峡谷。然后，地壳停止上升，发生侧蚀作用，形成第二级基座阶地（T_2）。在 T_2 阶地形成过程中，由于侧向侵蚀作用，河流对古滑坡的前缘不断地进行侵蚀、淘挖，导致古滑坡前缘发生变形，并且形成滑坡，从而在 T_2 阶地上形成了河流沉积物与滑坡堆积物相间出现的现象（图 4－49）。其分布高程主要在 140～160m 之间。分布在和平广场二马路附近的河流沉积物与碎石夹粘土、粘土夹碎石等便是此时期由于河流作用与古滑坡前缘产生滑坡相互作用形成的。

地壳发生第五次间歇性上升，形成第一级基座阶地（T_1），T_1 阶地物质主要为砂卵石，沿河流两侧分布，分布高程大约在 120～140m 之间（图 4－50）。T_1 阶地在形成过程中，早期形

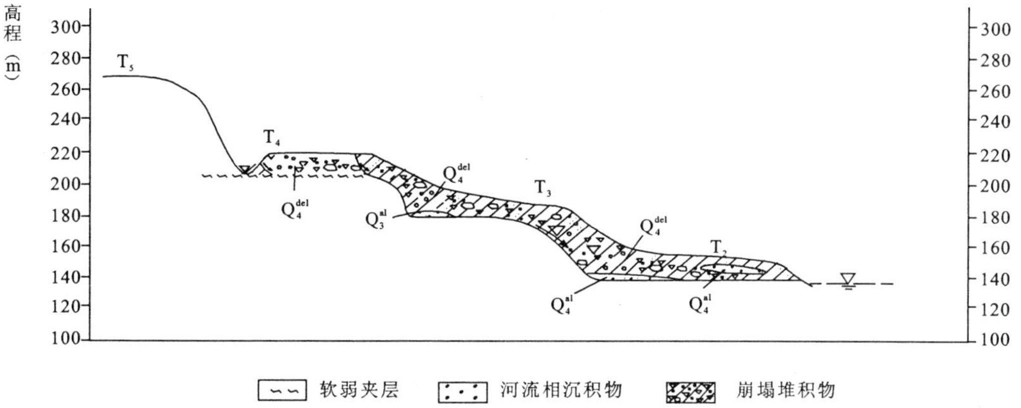

图 4-49　古滑坡前缘解体与河流沉积交互作用阶段示意图

成的岸坡发生崩塌、滑坡，崩滑堆积物覆盖在河流冲积物之上。然后河流对这些滑坡堆积产生冲刷、淘蚀作用，在滑坡堆积物上沉积砂卵石，从而形成砂卵石与滑坡堆积物相间出现。如关塘口滑坡前缘松散堆积物与砂卵石互层，便是这种作用形成的。T_1 阶地形成以后，河道再次发生下切作用，形成了现今的河流格局。早期形成的岸坡发生滑坡、崩塌，崩滑堆积物直接覆盖于 T_1 阶地砂卵石之上(图 4-51)。安乐寺古滑坡前缘万州中学堆积体、农机技校堆积体以及鱼鳅洞堆积体等均发生过多次滑动，滑坡物质直接覆盖在河流冲积物上，并迫使河流改道。

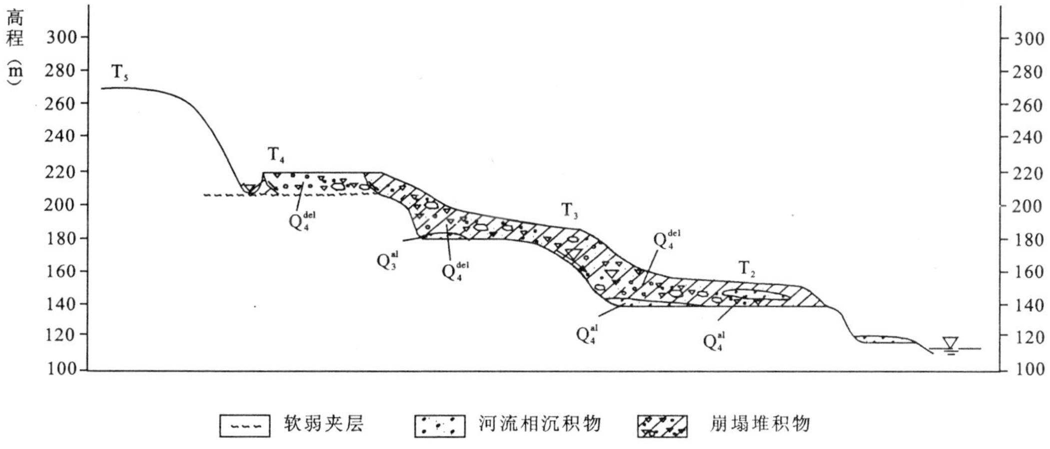

图 4-50　苎溪河一级阶地形成阶段示意图

三、近水平地层滑坡启动机制数值模拟

从前面的论述中可知，影响近水平地层滑坡的因素主要有软弱夹层、新构造作用引起的卸荷作用以及降雨等。下面将以安乐寺滑坡为例，综合考虑以上因素，对万州近水平地层滑坡的启动机制进行数值模拟。

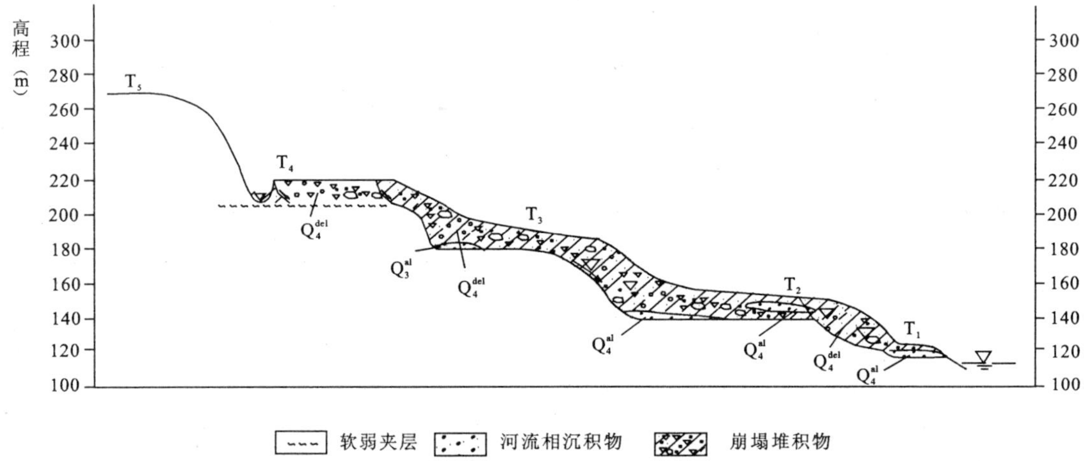

图 4-51 现代河流斜坡失稳与现代河流冲积物被后缘堆积体覆盖阶段示意图

(一)岩土体渗流和弹塑性分析的基本原理

一般地,岩土体赋存于其自身的应力场和地下水的渗流场中,应力场与渗流场之间相互作用、相互影响。它们共存同一个时间及空间内,处于一种动态平衡状态,如果一方发生变化,另一方必将随之变化,以建立新的平衡。如果渗流场发生变化,就会影响岩土体的受力状态,使应力场发生变化,岩土体就会随着应力场的变化发生变形,而岩土体的变形反过来也会改变其渗流特性,又使渗流场发生变化,它们之间相互影响,直到达到新的平衡状态。所以说,岩土体的特性受应力场和渗流场共同作用的影响。

1. 地下水渗流的数学模型

地下水的渗流场常以水头在时间与空间的分布来表示,对于稳定流,流场内任一点的水头由两部分组成:一部分是位置水头,另一部分是压力水头。它可用 式(4-15)表达:

$$h(x,y,z,t) = z + \frac{p}{\gamma_w} \tag{4-15}$$

式中:h 为总水头;x,y,z 为空间坐标;t 为时间;p 为流体压力;γ_w 为水的容重。

1)地下水的运动方程

不可压缩流体在不变形多孔介质纳维一托克斯方程为:

$$\frac{1}{ng}\frac{\partial v}{\partial t} = -J - \frac{v}{k} \tag{4-16}$$

式中:n 为孔隙度;g 为重力加速度;v 为流体在介质中的流速;J 为水力梯度;k 为介质饱和渗透系数。

根据试验$\frac{\partial v}{\partial t}$与方程式右边数量级相比可忽略,则式(4-16)可简化为达西定律:

$$v = -kJ \tag{4-17}$$

2)地下水运动的连续性方程

可压缩饱和土体渗流的连续性方程:

$$-\frac{\partial v_i}{\partial t_i} = \gamma_w(\alpha + n\beta)\frac{\partial h}{\partial t} \tag{4-18}$$

式中：α 为固体颗粒压缩模量；β 为水的压缩性。

3)非稳定渗流基本微分方程

将达西定律代入连续性方程，可得非稳定渗流的基本微分方程式：

$$\frac{\partial}{\partial x_i}\left(k_{ij}\frac{\partial h}{\partial x_i}\right)=\gamma_w(\alpha+n\beta)\frac{\partial h}{\partial t}=s_s\frac{\partial h}{\partial t} \tag{4-19}$$

式中：s_s 为单位存贮量；k_{ij} 为渗透系数张量。

此方程既适用于承压水流，也适用于无压水流，水头 h 必须同时满足初始条件和一定的边界条件，工程上经常对实际问题概化为两种边界条件，即第一类边界条件(定水头问题)和第二类边界条件(流量边界问题)。

2. 岩土体弹塑性本构模型

1)屈服准则

屈服准则是用来确定物体中某一点的材料由弹性状态转变为塑性状态时的应力的大小。目前，在岩体工程领域大量使用的屈服准则是莫尔-库仑准则和德鲁克-普拉格准则，它们对岩、土介质都有较好的适用性。下面简要地介绍一下莫尔-库仑准则。

莫尔-库仑准则认为，材料的屈服不仅与破坏面上的剪应力有关，而且与该面上的法向正应力有关。岩土体的屈服准则为：

$$\tau_n=\sigma_n\mathrm{tg}\varphi+c \tag{4-20}$$

式中：τ_n 为破坏面上的法向剪应力；σ_n 为破坏面上的法向正应力；φ 为材料的内摩擦角；c 为材料的粘聚力。材料的性质可以通过一系列材料破坏时的应力圆的包络线来确定。

将式(4-20)用主应力表达，则有：

$$\frac{1}{2}(\sigma_1-\sigma_3)=-\frac{1}{2}(\sigma_1-\sigma_3)\sin\varphi+c\cdot\cos\varphi \tag{4-21}$$

将式(4-21)改写成屈服函数的表达形式则有：

$$F=\frac{1}{2}(\sigma_1-\sigma_3)+\frac{1}{2}(\sigma_1-\sigma_3)\sin\varphi-c\cdot\cos\varphi=0 \tag{4-22}$$

或

$$F(I_1,J_2,\theta)=\frac{1}{3}I_1\sin\theta+\sqrt{J_2}\sin\left(\theta+\frac{\pi}{3}\right)+\frac{\sqrt{J_2}}{\sqrt{3}}\cos\left(\theta+\frac{\pi}{3}\right)\sin\varphi-c\cdot\cos\varphi=0 \tag{4-23}$$

2)弹塑性应力-应变关系

根据弹塑性理论，当材料进入屈服后，总应变可以认为由弹性应变和塑性应变两部分组成，其增量的表达形式为：

$$\mathrm{d}\varepsilon_{ij}=\mathrm{d}\varepsilon_{ij}^{e}+\mathrm{d}\varepsilon_{ij}^{p} \tag{4-24}$$

其中弹性应变可以应用广义虎克定律计算，塑性应变可以应用塑性增量理论计算。则弹塑性的本构方程可以表示为：

$$\{\mathrm{d}\sigma\}=[D]^{ep}\{\mathrm{d}\varepsilon\}=([D]-[D]^{p})\{\mathrm{d}\varepsilon\} \tag{4-25}$$

式中：$[D]^{ep}=[D]-[D]^{p}$ 为弹塑性矩阵；$[D]$为弹性矩阵，由弹性模量 E 和泊松比 ν 求得。$[D]^{p}$ 为塑性矩阵，其表达式为：

$$[D]^{p}=\frac{[D]\left\{\frac{\partial Q}{\partial\sigma}\right\}\left\{\frac{\partial F}{\partial\sigma}\right\}^{T}[D]}{\left\{\frac{\partial F}{\partial\sigma}\right\}^{T}[D]\left\{\frac{\partial Q}{\partial\sigma}\right\}-A} \tag{4-26}$$

式中：Q 为塑性流动势，当满足相关联的流动法则时，$Q \equiv F$（屈服准则）；对于最理想塑性材料 $A=0$。

本书认为岩土体为满足相关联流动法则的理想弹塑性材料，且服从莫尔-库仑屈服准则，则式（4-26）可以改写为：

$$[D]^p = \frac{[D]\left\{\frac{\partial F}{\partial \sigma}\right\}\left\{\frac{\partial F}{\partial \sigma}\right\}^T[D]}{\left\{\frac{\partial F}{\partial \sigma}\right\}^T[D]\left\{\frac{\partial F}{\partial \sigma}\right\}} \tag{4-27}$$

$$\left\{\frac{\partial F}{\partial \sigma}\right\} = \frac{\partial F}{\partial I_1}\left\{\frac{\partial I_1}{\partial \sigma}\right\} + \frac{\partial F}{\partial J_2}\left\{\frac{\partial J_2}{\partial \sigma}\right\} + \frac{\partial F}{\partial J_3}\left\{\frac{\partial J_3}{\partial \sigma}\right\} \tag{4-28}$$

式中：

$$\left\{\frac{\partial I_1}{\partial \sigma}\right\}^T = [1 \quad 1 \quad 1 \quad 0 \quad 0 \quad 0] \tag{4-29}$$

$$\left\{\frac{\partial J_2}{\partial \sigma}\right\}^T = [S_x \quad S_y \quad S_z \quad 2\tau_{xy} \quad 2\tau_{yz} \quad 2\tau_{zx}] \tag{4-30}$$

$$\left\{\frac{\partial J_3}{\partial \sigma}\right\}^T = [\frac{1}{3}J_2 + S_y S_z - \tau_{yz}^2 \quad \frac{1}{3}J_2 + S_x S_z - \tau_{zx}^2 \quad \frac{1}{3}J_2 + S_x S_y - \tau_{xy}^2 \quad 2(\tau_{yz}\tau_{zx} - s_z\tau_{xy}) \quad 2(\tau_{xy}\tau_{zx} - s_x\tau_{yz}) \quad 2(\tau_{xy}\tau_{yz} - s_y\tau_{zx})] \tag{4-31}$$

$$\left\{\frac{\partial F}{\partial I_1}\right\} = \sin\varphi \tag{4-32}$$

$$\left\{\frac{\partial F}{\partial J_2}\right\} = \frac{\sqrt{3}}{4\sqrt{J_2}}[\sqrt{3}(1-\sin\varphi)(\sin\theta + \cos\theta\, c\text{tg}3\theta) + (3+\sin\varphi)(\cos\theta - \sin\theta\, c\text{tg}3\theta)] \tag{4-33}$$

$$\left\{\frac{\partial F}{\partial J_3}\right\} = \frac{\sqrt{3}}{4J_2\sin3\theta}[(3+\sin\varphi)\sin\theta - \sqrt{3}(1-\sin\varphi)\cos\theta] \tag{4-34}$$

式中：J_1 为应力偏张量第一不变量；J_2 为应力偏张量第二不变量；J_3 为应力偏张量第三不变量。

（3）水流对岩土体的力学作用

1）连续介质中水流对介质的力学作用

连续介质中的水有体积力作用在介质上，它等于：

$$\vec{f} = -\nabla p \tag{4-35}$$

式中：$\vec{f}$ 为地下水对岩土体作用的体积力；∇ 为哈尔密顿算子。

由式（4-15）可知：

$$p = \gamma_w(h-z) \tag{4-36}$$

把式（4-35）代入式（4-36）得：

$$\vec{f} = -\gamma_w \nabla h + \gamma_w \nabla z \tag{4-37}$$

所以，地下水对岩土体的体积力可以分解为两个力，即：

静水压力或浮托力 $\vec{A} = \gamma_w \nabla z = -\gamma_w \vec{k}$

动水压力或渗流力 $\vec{S} = -\gamma_w \nabla h = \gamma_w \vec{J}$

式中：$\vec{k}$ 为 z 方向单位矢量；$\vec{J}$ 为空间水力坡度。

3)有效应力原理

对饱水的岩土体来说，其变形和稳定性由有效应力控制，有效应力的表达式为：

$$\sigma = \sigma' + p \tag{4-38}$$

式中：σ 为总应力；σ' 为有效应力；p 为孔隙水压力。

(二)Geoslope 软件简介

Geoslope 是加拿大 Geoslope 公司生产的岩土工程计算软件，包括 SLOPE、SEEP、CTRAN、SIGMA、TEMP、QUAKE 六个子程序，每个子程序都有着不同的计算功能。SLOPE 子程序的功能为斜坡稳定性计算，SEEP 子程序的功能为渗流二维有限元计算，CTRAN 子程序的功能为污染物运移分析，SIGMA 的功能为应力和应变的二维有限元计算，TEMP 的功能为地热分析，QUAKE 的功能为地震动力学分析。

本书应用的是 SEEP 和 SIGMA 子程序。

SEEP 既可以进行饱和渗流分析，也可以进行非饱和渗流分析。在渗流分析中可以根据实验结果定义渗透系数或含水量为空隙水压力的函数，从而可以使渗流分析更为符合实际。SEEP 子程序可以解决以下几种类型的渗流问题：自由渗流、降雨入渗、水库渗漏、超空隙水压力、瞬时渗流。

SIGMA 提供了 7 种本构模型：线弹性本构模型、各向异性线弹性本构模型、非线性弹性本构模型、理想弹塑性本构模型、应变松弛模型、剑桥模型、改进的剑桥模型。SIGMA 子程序可以进行以下几种岩土工程问题的有限元分析：应力应变分析、堆载和卸荷分析、超空隙水压力分析、岩土体和结构的相互作用分析、地基加固分析。

SIGMA 可以导入 SEEP 渗流分析的结果，从而进行岩土体应力场和渗流场的耦合分析。选择不同的本构模型，利用 SIGMA 和 SEEP 进行应力场和渗流场的耦合分析可以解决很多比较复杂的岩土工程问题。本书就利用 SIGMA 和 SEEP 对安乐寺滑坡进行卸荷和降雨的耦合分析。

(三)模型建立、荷载组合与参数取值

1. 模型建立

模拟过程中考虑河流切割卸荷和降雨作用两种作用机制。

1)地质模型

由于古滑坡体地质结构比较复杂，为了简化计算，对模拟范围内的地质结构进行概化。古滑坡体地层均为侏罗系上沙溪庙组地层，岩性为紫红色泥岩、泥质砂岩和砂质泥岩等，多为中厚层状构造，因此把它们当作一种均质的各向同性材料处理。探槽所揭露的两层软弱夹层单独作为另外一种各向同性材料。对这两层软弱夹层也进行简化，模型建立过程中只考虑第一层(Y1)(图 4-52)。在古滑坡启动前，软弱夹层应该是完全固结成岩的岩石，滑动后才破坏成为土。

岩土体的本构方程计算模型采用服从 Mohr-Coulomb 屈服准则的理想弹塑性模型。力学模型为平面应变问题。

然后进行边界条件确定和单元网格划分。

2)卸荷分析几何边界条件和位移边界条件

卸荷变形的基本思想根据《工程地质模拟的理论与方法》(唐辉明、晏鄂川、胡新丽，2001)

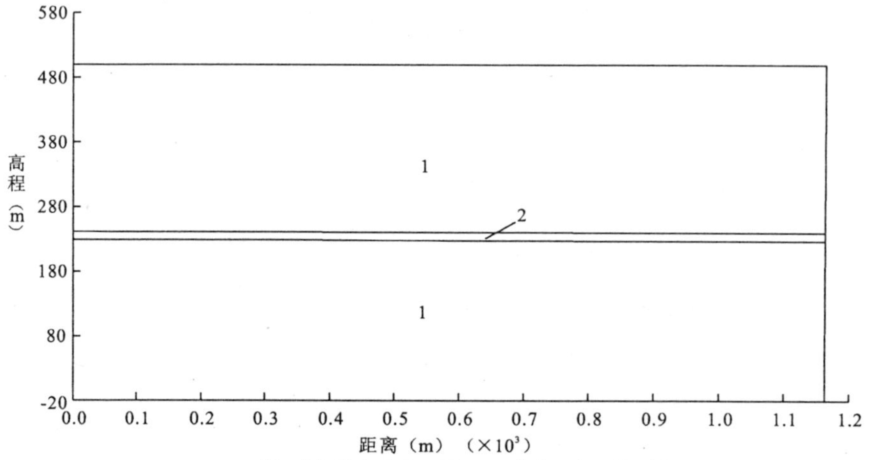

1—紫红色泥岩和砂岩互层；2—蒙脱石岩（软弱夹层）

图 4－52 有限单元模拟地质模型

确定，卸荷分析的几何边界条件根据夷平面和各次河流下切所形成的阶地形态确定。安乐寺古滑坡河流切割卸荷模拟的各次卸荷分别对应于各级阶地的形成。模拟初始状态时的地形为云梦期夷平面，第一次卸荷后对应的河床为长江干流的Ⅴ级阶地，第二次卸荷后对应的河床为长江干流的Ⅳ级阶地，第三次卸荷后对应的河床为长江干流的Ⅲ级阶地，第四次卸荷后对应长江支流长生河的Ⅰ级阶地，高程 147.2m。万州区长江干流阶地高程见表 4－13。

表 4－13 万州区长江干流阶地高程表

阶地级序	T_1	T_2	T_3	T_4	T_5
万州地区阶地高程	120～140m	140～160m	175～190m	220～250m	280～300m

首先恢复古地貌，地面为云梦期夷平面，高程为 500m，如图 4－52 所示。然后根据现今滑坡地貌恢复每次河流切割后的地貌。在此过程中，地貌的改变除了河流切割以外，还受到风化剥蚀和地表水作用等因素的影响，但河流切割是最主要的因素，因此在模拟和计算过程中对其他因素不予考虑。各次卸荷后的几何边界如图 4－53 所示。

安乐寺滑坡形成过程中，随着几何边界条件的变化，位移边界条件和应力边界条件也随之发生变化。在云梦期夷平面形成以后，Ⅴ级阶地形成以前，岩体水平方向受到位移约束，所以左右边界均为水平方向零位移边界条件。埋深两倍坡高以下的岩体受卸荷影响很小，其垂直方向的位移也可以视为零，因此底边界也为垂直方向的零位移边界，顶边界为自由边界，如图 4－54 所示。边界条件为：

左右边界　$u_x^i=0$

底边界　$u_y^i=0$

顶边界　自由边界

在河流切割卸荷过程中，靠近河谷的一侧位移约束也就逐渐解除。

3）渗流分析边界条件

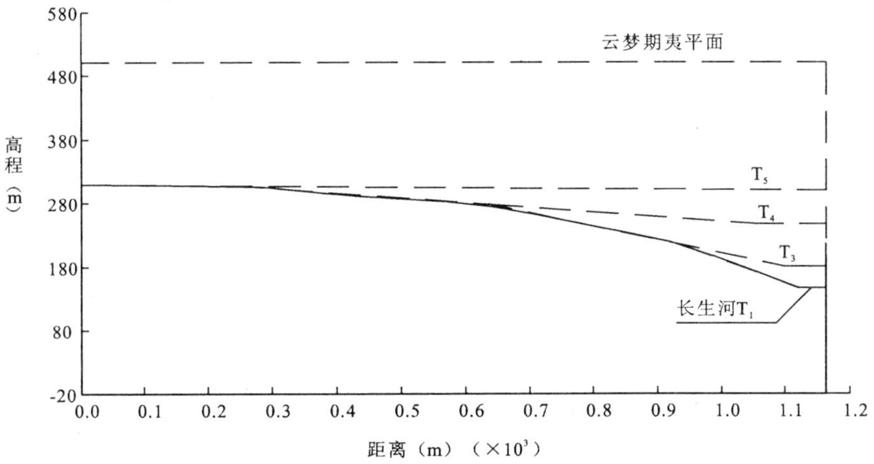

图 4－53　安乐寺古滑坡卸荷模拟几何边界条件

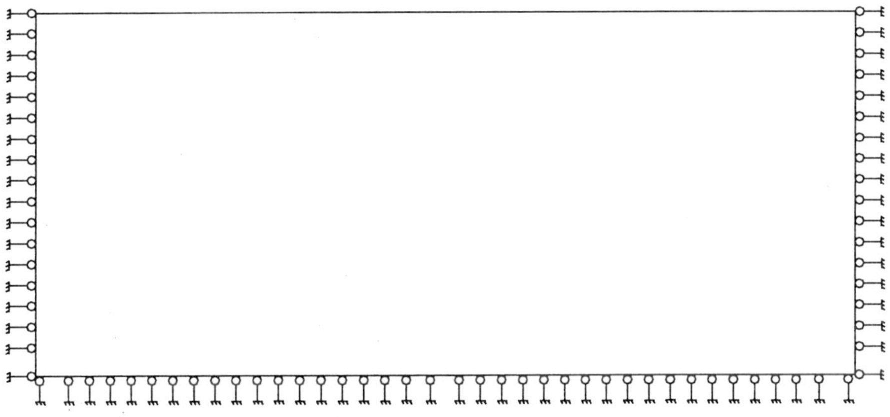

图 4－54　卸荷有限元模拟的位移边界条件

渗流分析的几何边界条件和卸荷分析的几何边界条件相同，即分别对应于各次河流切割和阶地形成的地形。

地下水流动模型概化为具有同一水力联系的孔隙介质水，为剖面上的二维流。

在连续降雨情况下，斜坡后缘裂隙充水，地下水在斜坡的前缘渗出。因此后缘和前缘均为定水头边界条件。后缘水头高度根据现今滑坡后缘水塘的水位确定，前缘渗出点的水头高度为渗出点的高程，如图 4－55 所示。在河流切割过程中地下水渗出点逐渐后移，但水头不变，在此过程中假设后移的裂隙水水头也不变。

4）网格划分

有限元模型以四边形单元为主，有少量三角形过渡单元，模拟范围内共划分 3 991 个单元、11 006 个节点，如图 4－56 所示。

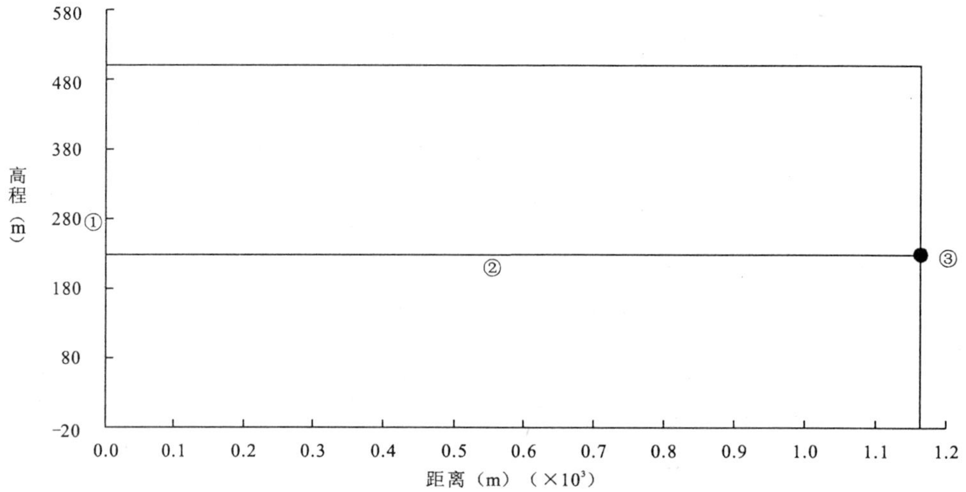

①、③为定水头边界，边界①水头为280m，边界③水头为229m，②为零流量边界

图 4-55　渗流边界条件

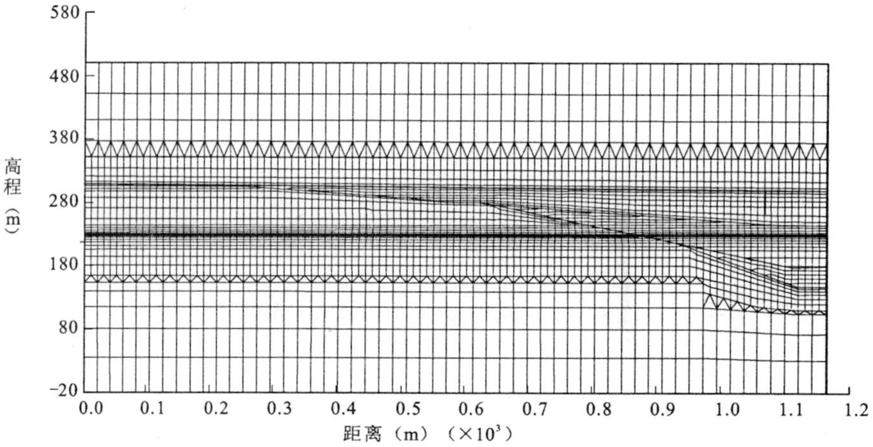

图 4-56　安乐寺古滑坡卸荷模拟网格划分

2. 荷载组合

分别按以下两种荷载组合进行模拟计算：

(1)自重＋卸荷

(2)自重＋卸荷＋连续降雨

3. 参数取值

岩体力学参数根据软弱夹层重塑样的力学实验和万州相邻滑坡的勘察资料综合取值。

万州区滑坡侏罗系上沙溪庙组岩石力学参数试验值如表 4-14 所示，万州滑坡岩石力学性质统计值如表 4-15 所示。

表 4-14　万州区滑坡体岩石力学参数统计表

序号	滑坡名称	岩层岩性	天然重度 (kN/m³)	渗透系数 (cm/s)	抗剪强度		弹性模量 (10⁴MPa)	泊松比
					c(MPa)	φ(°)		
1	草街子滑坡	泥岩	24.2		2.39	37.0	0.32	0.24
2	关塘口滑坡	砂质泥岩			1.5	36.9	0.145	0.34
		砂岩			7.1	44.4	0.554	0.16
		泥质砂岩			1.6	37.5	0.652	0.3
3	和平广场堆积体	长石砂岩		10e-4～10e-7	9.6	46.5		
		粘土岩		10e-4～10e-6				
4	实验小学滑坡	泥岩	24.3		0.52	36.0	0.11	0.25
		砂岩	25.5		0.85	42.0	0.32	0.13
5	红溪沟滑坡	砂质泥岩	24.9		0.24	23.6	0.37	0.37
		砂岩	27.3		0.46	27.3	0.14	0.28
6	桑树坪滑坡	粉砂质泥岩	24.7		2	30.6	0.265	0.35
		砂岩	26		6.23	37.4	0.633	0.127
7	枇杷坪滑坡	泥岩	24		0.52	35.0	0.7	0.13
		砂岩	24.3		0.86	45.0	0.86	0.12
8	大石包	砂质泥岩			2.4	37.9	0.8	0.09
		泥质砂岩			10.4	44.2	1.5	0.09
9	万海饮料厂滑坡	泥岩			2.2	37.0		
		砂岩			10.2	44.7		
10	南山滑坡	泥岩			1.6	34.3		
		砂岩			9.5	44.3		
11	游泳池变形体	砂质泥岩		1.824m/d	0.73	35.5		
12	石包嘴滑坡	泥岩		0.035m/d	2.625	36.9	0.275	0.25
		砂岩		0.057m/d	7.1	41.8	0.442	0.16
13	北山观滑坡	砂岩			4.73	41.0	0.385	0.22
		泥岩			2.77	37.4	0.318	0.26
14	长堰塘滑坡	砂质泥岩					0.65	0.13
		泥质砂岩					0.65	0.13
		砂岩					2.57	0.09
15	戴家岩危岩体	砂岩			0.978	33.7	3.71	0.22
		泥岩			0.38	30.5	2.94	0.25
16	青草背滑坡	泥岩			6.2	43.3	0.35	
17	安乐寺滑坡	泥岩	25.06		0.54	27.0	1.188	0.35
18	天生城危岩	砂岩	25.8		7.8	40.0		
19	太白岩危岩	砂岩	25		1.97	34.2		
20	梦娜化妆品厂	砂岩			4.43	41	0.385	0.22
		泥岩			4.3	38.8	0.343	0.24
21	南山(宝剑楼)滑坡	泥岩			2.67	37.7		
		砂岩			8.6	44.7		
22	农机技校滑坡	粉砂质泥岩	24.3		0.92	36.8	0.09	0.28
		砂岩	25.7		5.46	42.6	0.449	0.18
23	武陵镇外石梁—团包滑坡	泥岩			3.95	38.1		
		粉砂质泥岩			3.925	39.0		
24	关塘口堆积体	泥质砂岩			1.6	37.8	0.652	0.3
		砂质泥岩			1.5	36.9	0.145	0.34
		砂岩			7.1	44.7	0.554	0.16
25	明镜滩滑坡滑体	泥岩			2.28	37.3		

表 4-15 万州侏罗系上沙溪庙组岩石力学参数均值表

岩石名称	重度 (kN/m³)	渗透系数 (m/s)	抗剪强度		弹性模量 (GPa)	泊松比
			c(MPa)	φ(°)		
泥岩	24.9	1.00E-06	2.1	35.6	5.6	0.26
砂岩	25.8	1.00E-06	5.6	41.0	9.4	0.18

各勘察单位根据以上岩石力学参数试验值，结合当地岩体结构面发育情况等因素，提出了如表 4-16 所示的岩体力学参数建议值。

表 4-16 万州侏罗系上沙溪庙组岩体力学参数建议值统计表

序号	滑坡名称	岩层岩性	天然重度 (kN/m³)	抗剪强度		弹性模量 (GPa)	泊松比
				c(MPa)	φ(°)		
1	二丝厂滑坡	泥岩	24.2	0.36	28	1.1	0.34
2	农机技校滑坡	粉砂质泥岩	24.3	0.92	36.8	0.9	0.28
3	红溪沟滑坡	砂质泥岩	24.9	0.244	23.6	0.998	0.37
4		砂岩	24.9	0.46	27.3	4.28	0.28
5	实验小学滑坡	泥岩	24.3	0.52	36	1.1	0.25
		砂岩	25.5	0.85	42	3.2	0.13
6	万州中学滑坡	泥岩	25.06	0.54	27	1.188	0.35
7	戴家岩危岩	砂岩	25.4	0.978	33.7	3.71	0.22
		泥岩	25.9	0.38	30.5	2.94	0.25

对万州滑坡勘察岩体力学参数综合统计，结果如表 4-17 所示。

表 4-17 万州侏罗系上沙溪庙组建议岩体力学参数均值表

岩性	重度 (kN/m³)	抗剪强度		弹性模量 (GPa)	泊松比
		c(MPa)	φ(°)		
泥岩	24.3	0.54	27	1.19	0.35
砂岩	24.3	0.763	34.3	3.7	0.21

模拟计算中的岩体力学参数根据实验值和万州其他近水平地层勘察资料中的岩体力学参数平均值取值，并考虑到卸荷前和现今状态下岩体的结构面发育程度不同，完整性有差异，取值时对试验和建议参数略加调整。

因为对泥岩和砂岩互层岩体进行了概化，在岩体的抗剪强度取值时取不同岩体抗剪强度的较小值，即取泥岩的抗剪强度。在安乐寺滑坡体中泥岩总厚度和砂岩总厚度大致相等，因此对泥岩和砂岩进行综合取值时，弹性模量、泊松比和重度就取二者的平均值。根据岩石的渗透系数实验结果，泥岩和砂岩的渗透系数在 $1\times10^{-5}\sim1\times10^{-7}$ m/s 之间。根据不同渗透系数岩土体的等效渗透系数计算方法（陈仲颐、周景星、王洪瑾，1994），计算得泥岩和砂岩的等效渗透

系数为 0.9×10^{-6} m/s，模拟过程中取 1×10^{-6}。天然状态下，由于蒙脱石泥岩遇水膨胀并软化，因此饱和状态下的粘聚力和弹性模量取值时比天然状态大为减小，取万州区泥岩的较小值。由于岩土体的内摩擦角在不同状态下变化都比较小，因此蒙脱石泥岩在饱和状态下的内摩擦角根据滑带土体在标准击实抽气饱和状态下的三轴固结不排水剪切试验参数取值，粘聚力根据万州区泥岩粘聚力的较小值取值。天然和饱和状态下蒙脱石泥岩的泊松比均取万州区泥岩实验参数的较大值。蒙脱石泥岩的渗透系数根据重塑样的实验结果取值。

卸荷模拟过程中，各种岩体在天然和饱和状态下的力学参数取值如表 4－18 所示。

表 4－18　岩体力学参数取值表

岩性	状态	重度 (kN/m³)	抗剪强度		弹性模量 (GPa)	泊松比	渗透系数 (m/s)
			c(kPa)	φ(°)			
紫红色泥岩和砂岩互层	天然	24.3	500	32	2.6	0.30	1.0×10^{-6}
	饱和	26.0	450	30	2.0	0.33	
蒙脱石泥岩	天然	24.0	540	27	1.0	0.35	1.0×10^{-10}
	饱和	24.5	200	25	0.5	0.39	

4. 计算结果及分析

图 4－57 至图 4－74 显示了在自重应力与卸荷作用下各次卸荷后最大主应力、最小主应力及剪应力分布结果。图 4－75 至图 4－100 显示了在自重应力＋卸荷＋连续降雨作用下滑坡的应力、应变结果。斜坡岩体在自重、卸荷和地下水作用下，渗流场和应力场表现出以下特点：

(1)在初始状态下，岩体最大、最小主应力和最大剪应力都随深度增大而增大，其等值线平行于地形线(图 4－57 至图 4－59)。

(2)在第一次卸荷之后，各点的最大、最小主应力和最大剪应力都比初始状态减小；在以后各次卸荷过程中，岩体各点的最大、最小主应力和最大剪应力逐渐减小，其等值线近似平行于坡面(图 4－60 至图 4－62)。随着切割深度的增大，在坡脚处逐渐出现剪应力集中(图 4－66 至图 4－74)。

(3)在卸荷过程中，由于不同岩体力学性质的差异，在蒙脱石泥岩层与泥岩和砂岩层面附近出现应力集中，最大、最小主应力和最大剪应力变化较快(图 4－63 至图 4－74)。

(4)随着河流切割深度的增大，斜坡岩体内各点水头逐渐减小，孔隙水压力也逐渐减小(图 4－75 和图 4－88)。

(5)由于降雨的作用，在河流切割卸荷过程中，使得在岩体饱和区靠近河谷区域的最大有效应力增大(图 4－57、图 4－79、图 4－85、图 4－92、图 4－98)，饱和区各点最小有效应力减小(图 4－58、图 4－80、图 4－86、图 4－93、图 4－99)，以致在离坡面一定深度范围内最小有效应力出现负值(拉应力)，并且随着切割深度的增加，范围不断扩大。连续降雨的作用使得饱和区内各点的最大剪应力增大(图 4－59、图 4－78、图 4－84、图 4－91、图 4－97)。

(6)在天然状态下，在河流切割卸荷过程中，岩体内各点均处于弹性变形状态，在降雨情况下，后缘裂隙充满水，地下水位上升，部分岩体处于饱和状态，岩体(特别是含蒙脱石的泥岩)抗剪强度降低，又由于地下水的存在使得岩体内最大、最小有效应力差值增大，由岩土体屈服准则式(4-7)可知,各点逐渐趋向屈服。在第一次卸荷后,前缘的蒙脱石泥岩层中首先出现塑性区,并逐渐向后缘扩展(图4-81),第二次卸荷后,塑性区在蒙脱石泥岩层中贯通至后缘裂隙(图4-87),滑坡启动,随后又在后缘裂缝附近的砂岩和泥岩中出现塑性区。随着切割深度的增大,后缘塑性区不断扩大(图4-94,图4-100)。由此可知,安乐寺古滑坡的启动时间与第Ⅳ级阶地的形成时间相对应,这与同位素方法测定的滑坡年龄相当。

通过以上模拟分析可知,安乐寺古滑坡是在Ⅳ级阶地形成过程中启动的,是在构造运动、河流切割和降雨共同作用下沿软弱夹层滑动形成的。

1)初始(自重)状态

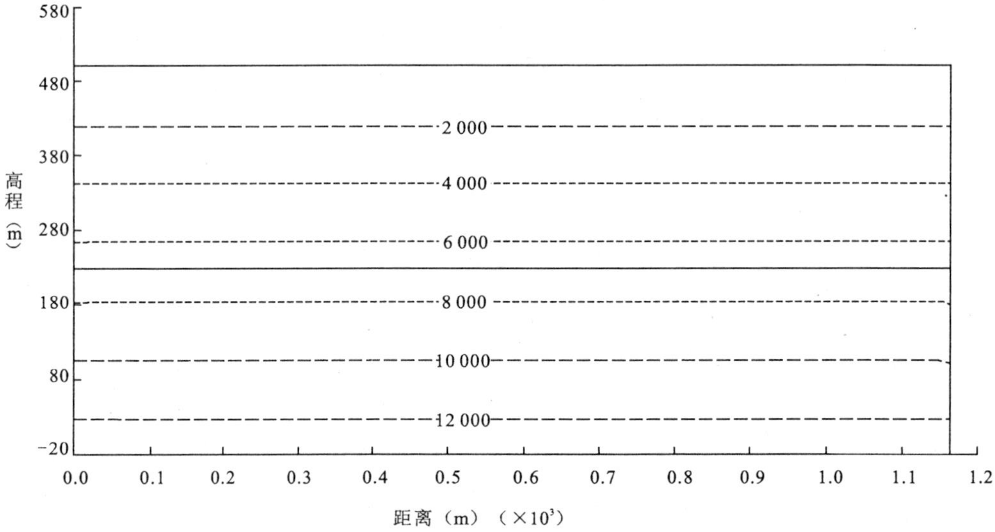

图4-57　初始状态最大主应力等值线图

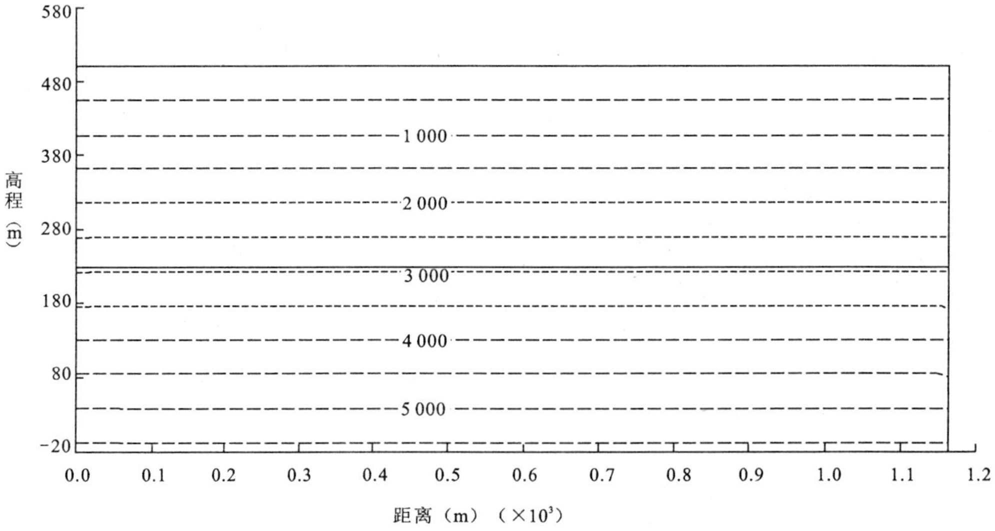

图4-58　初始状态最小主应力等值线图

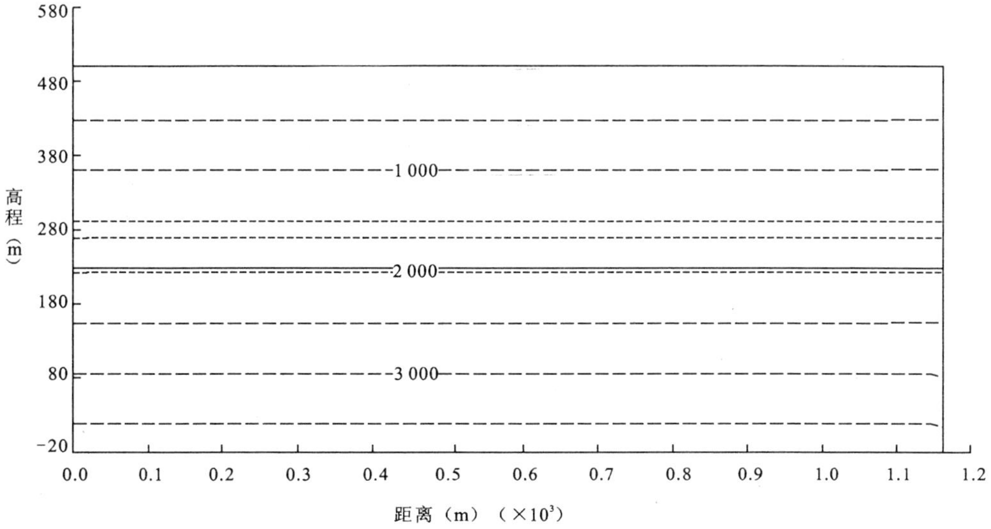

图 4-59　初始状态最大剪应力等值线图

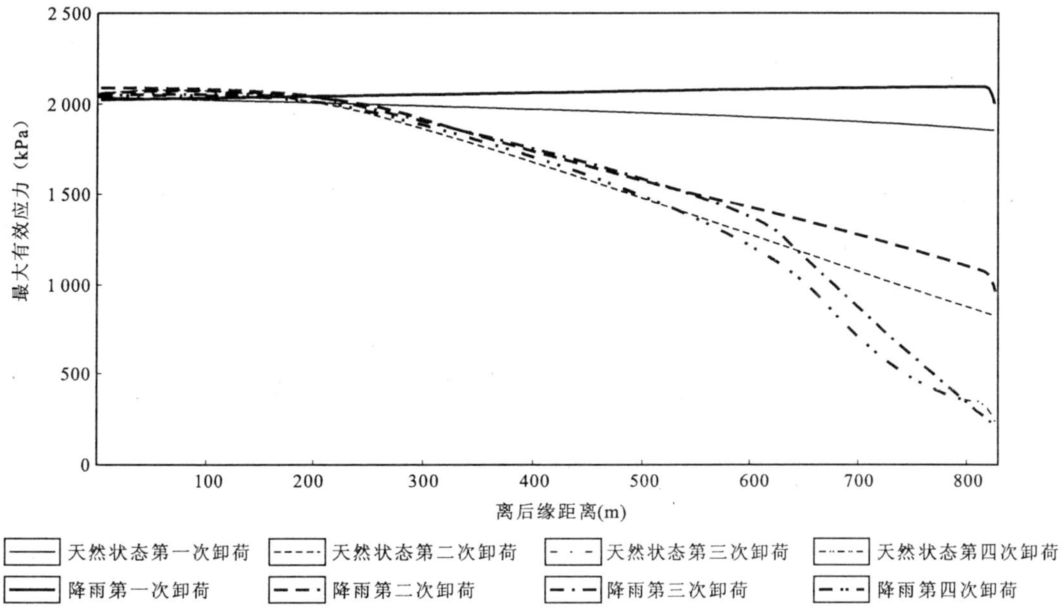

图 4-60　各次卸荷后蒙脱石泥岩层顶面各点最大有效应力

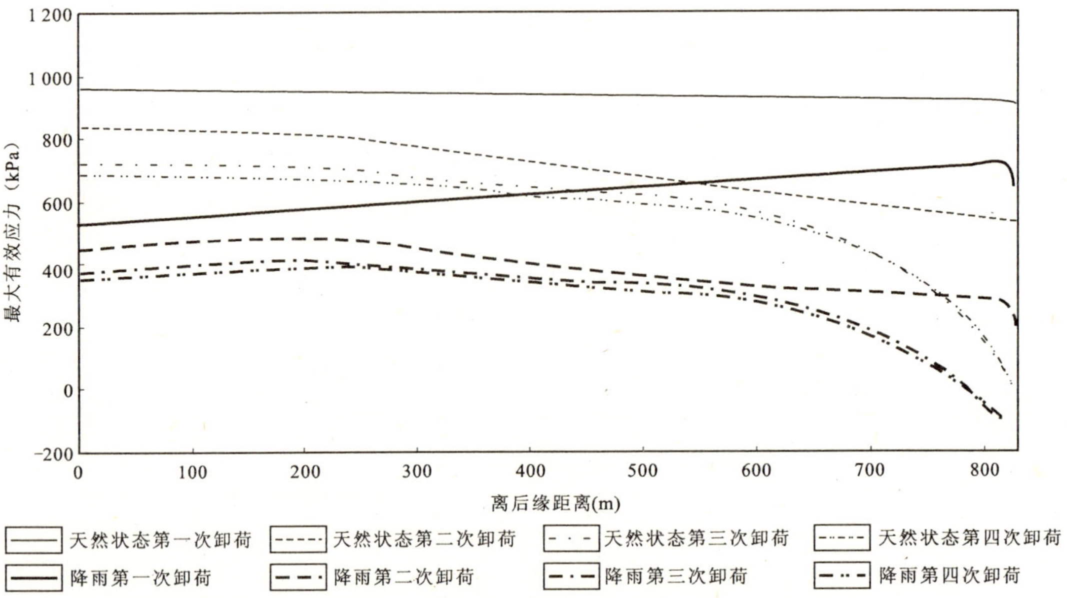

图 4－61　各次卸荷后蒙脱石泥岩层顶面各点最小有效应力

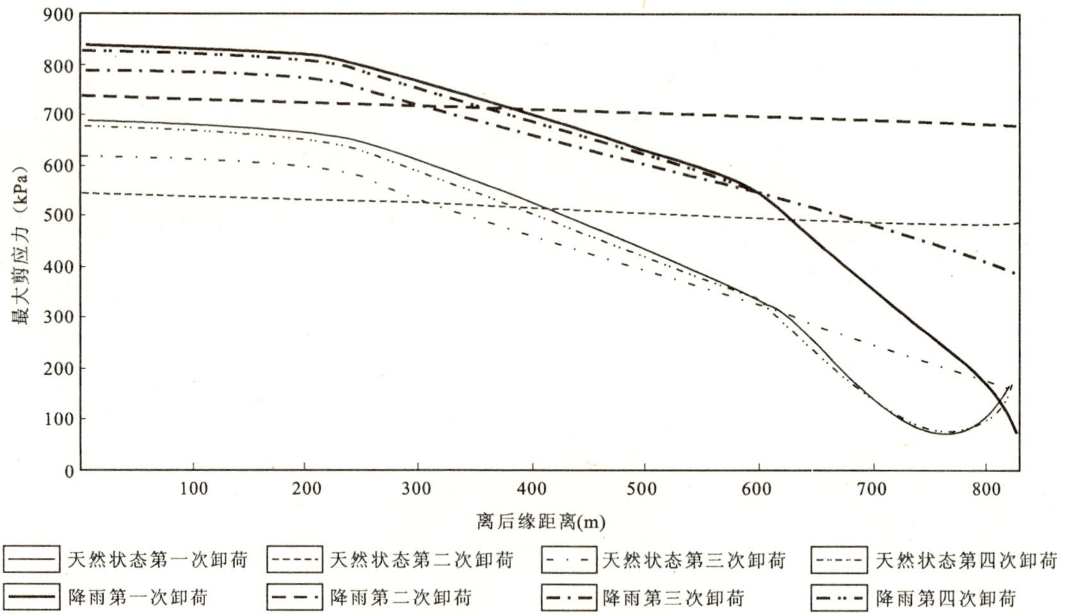

图 4－62　各次卸荷后蒙脱石泥岩层顶面各点最大剪应力

2)自重＋卸荷

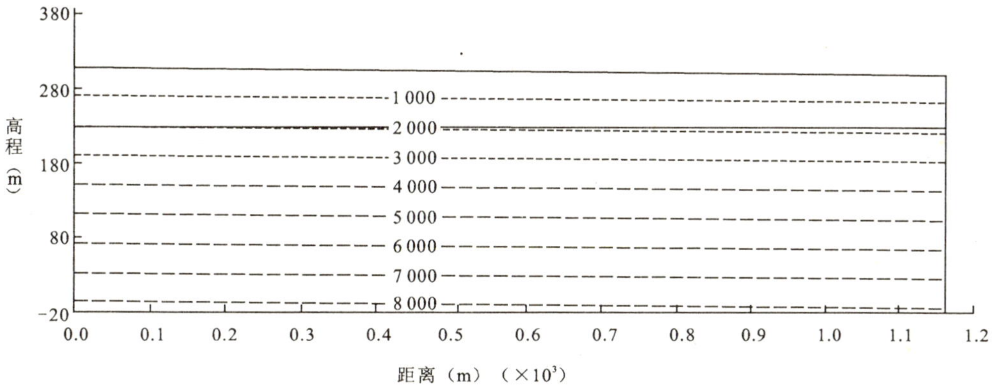

图 4-63　第一次卸荷后最大主应力等值线图

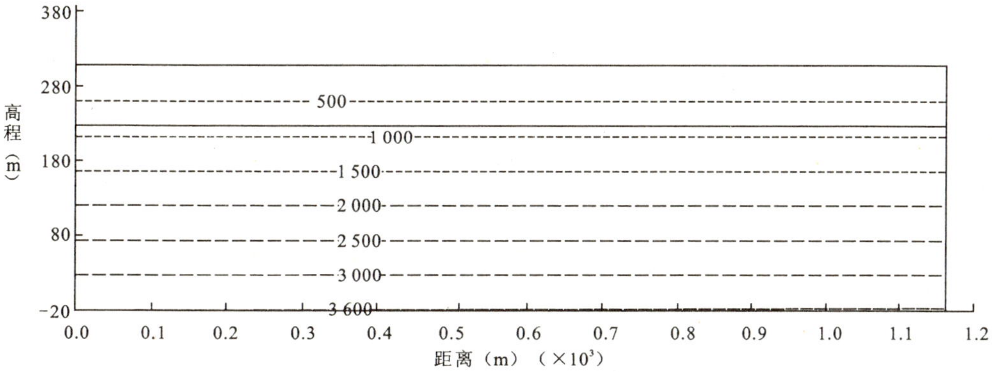

图 4-64　第一次卸荷后最小主应力等值线图

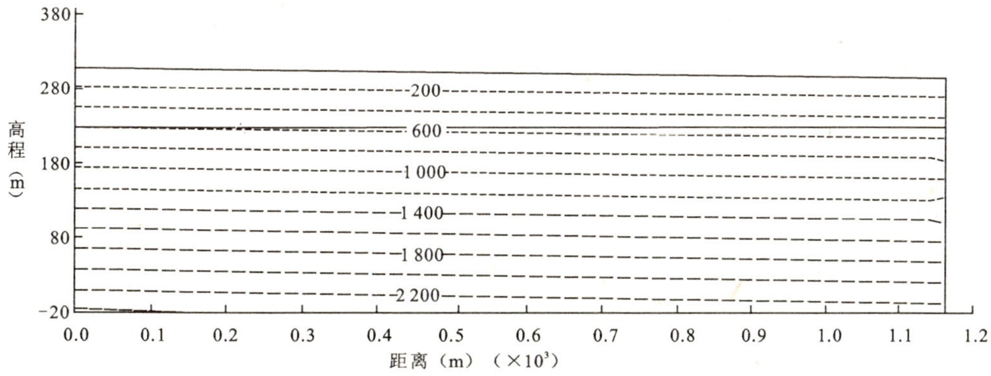

图 4-65　第一次卸荷后最大剪应力等值线图

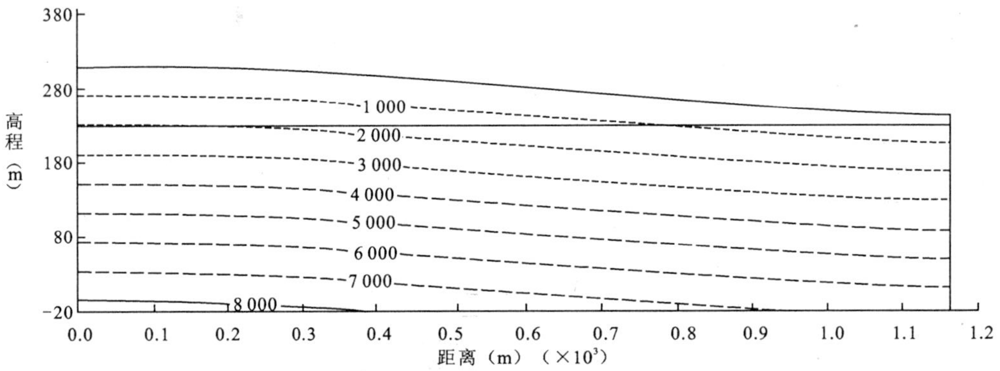

图 4-66　第二次卸荷后最大主应力等值线图

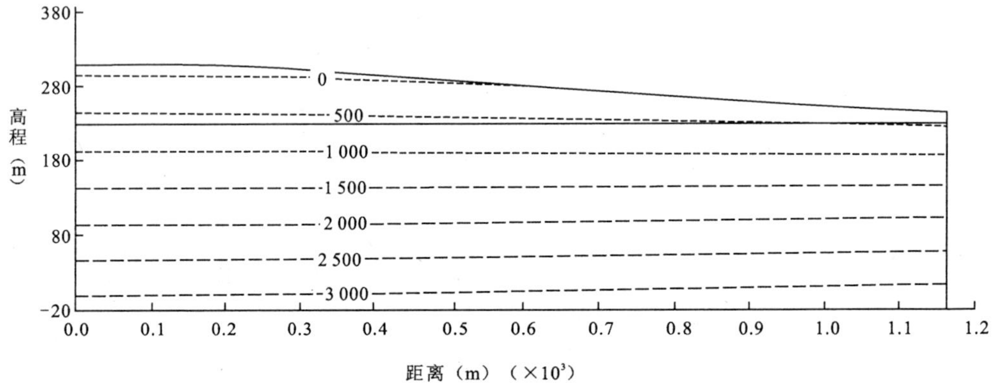

图 4-67　第二次卸荷后最小主应力等值线图

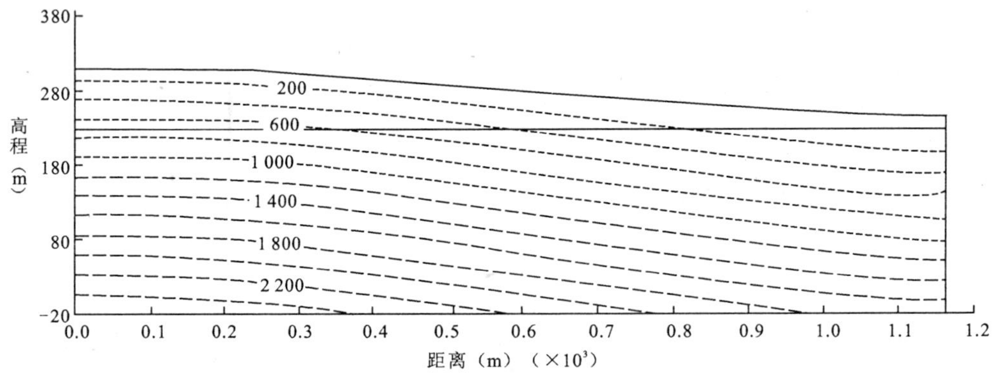

图 4-68　第二次卸荷后最大剪应力等值线图

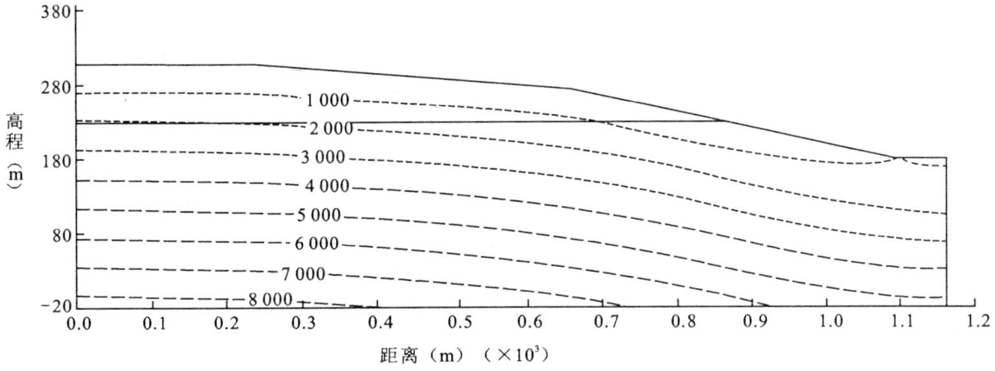

图 4-69　第三次卸荷后最大主应力等值线图

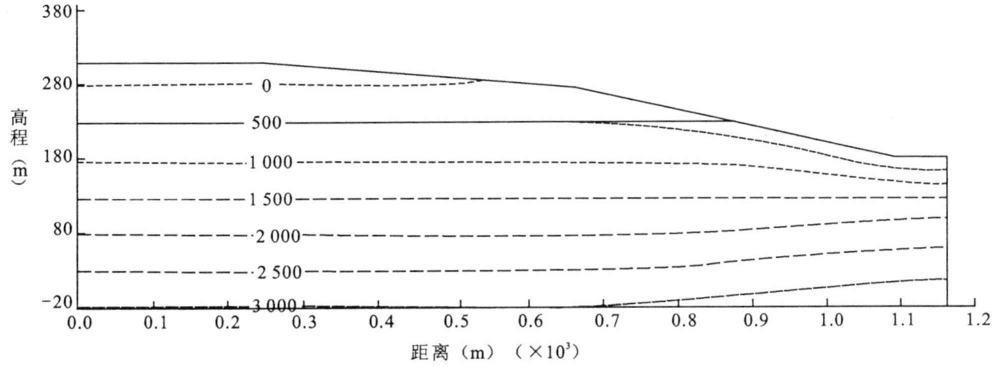

图 4-70　第三次卸荷后最小主应力等值线图

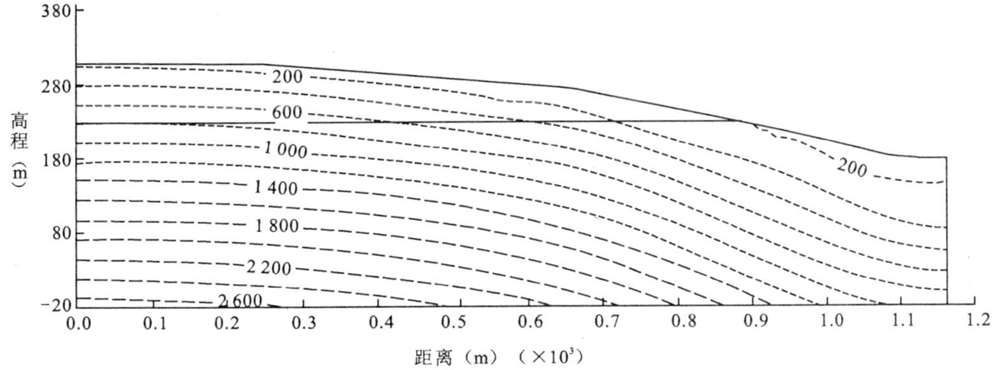

图 4-71　第三次卸荷后最大剪应力等值线图

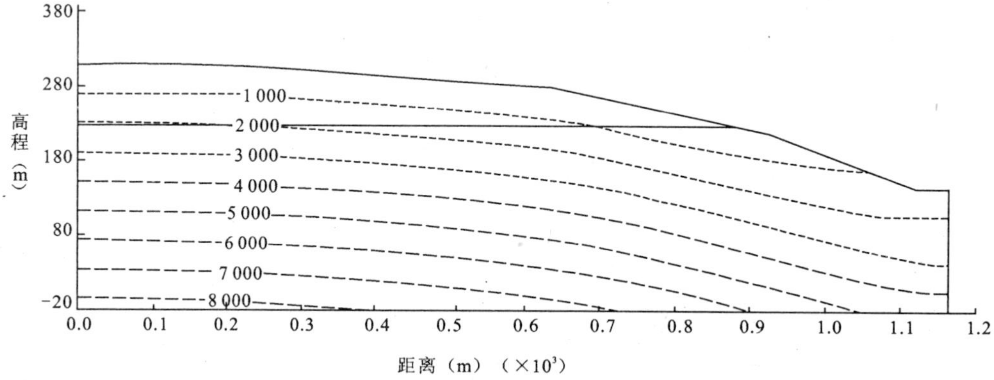

图 4-72　第四次卸荷后最大主应力等值线图

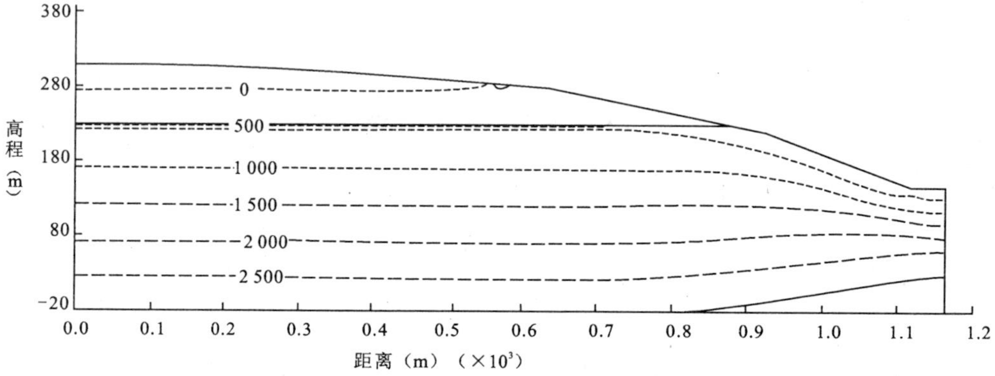

图 4-73　第四次卸荷后最小主应力等值线图

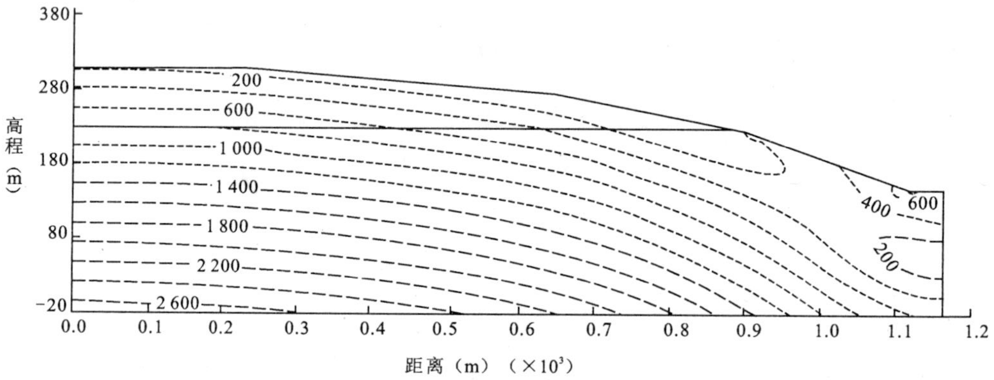

图 4-74　第四次卸荷后最大剪应力等值线图

3）自重＋卸荷＋连续降雨

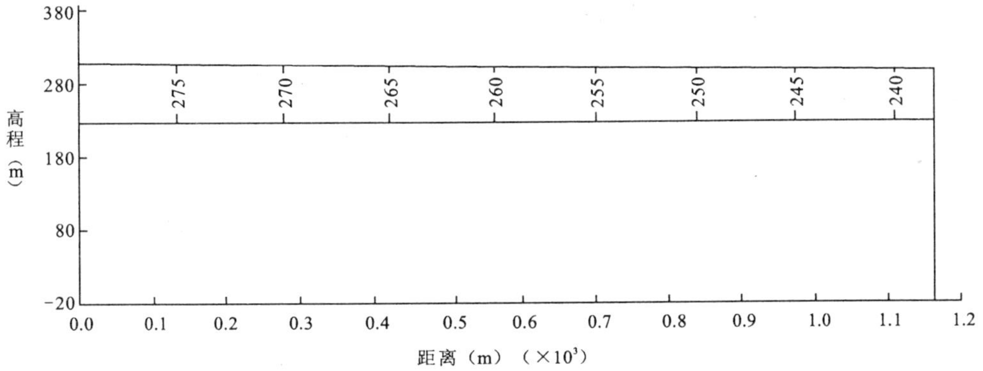

图 4－75　第一次卸荷后水头等值线图

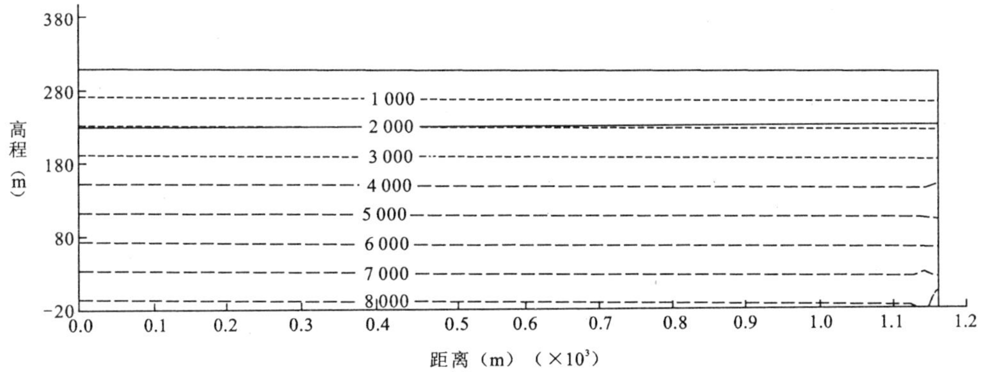

图 4－76　第一次卸荷后最大主应力等值线图

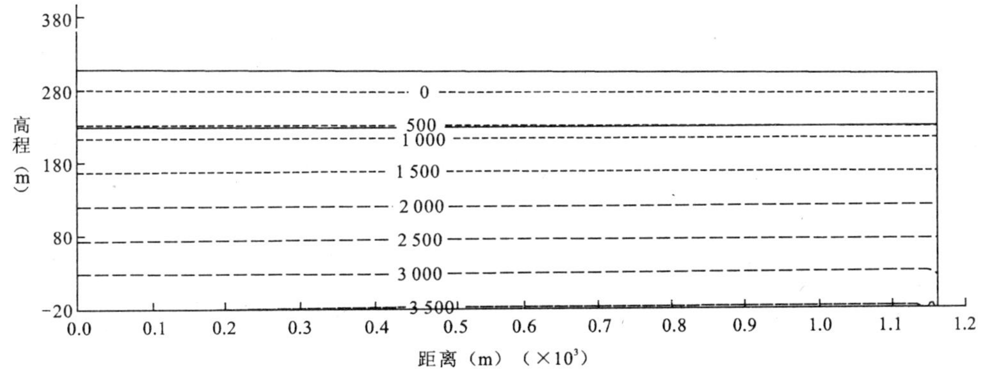

图 4－77　第一次卸荷后最小主应力等值线图

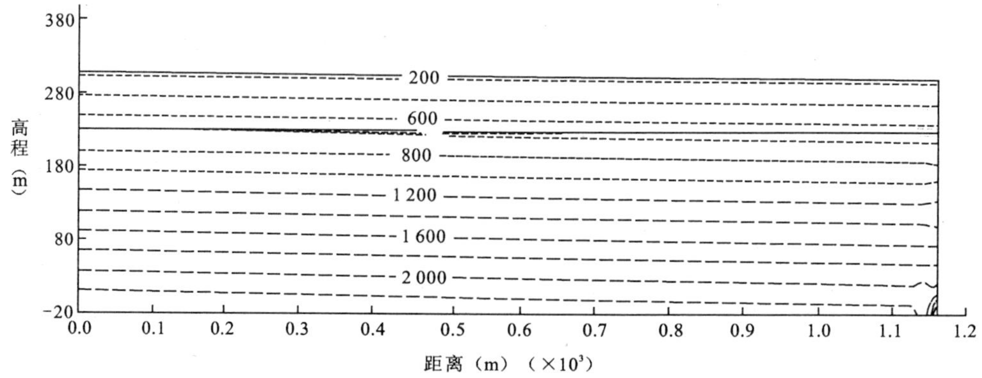

图 4-78　第一次卸荷后最大剪应力等值线图

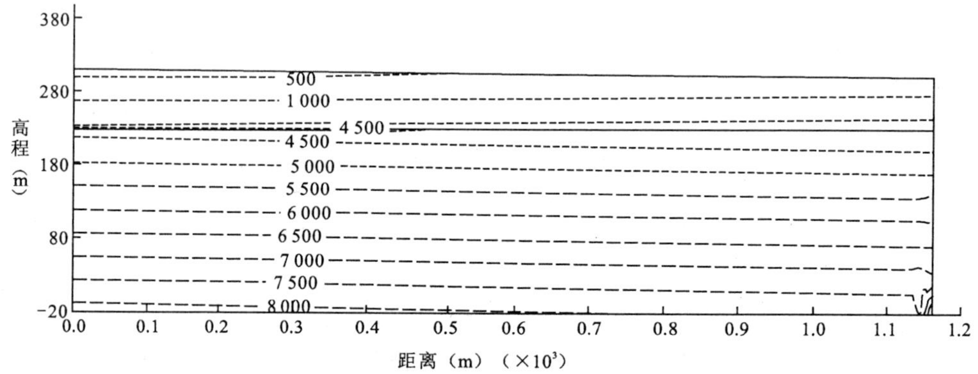

图 4-79　第一次卸荷后最大有效应力等值线图

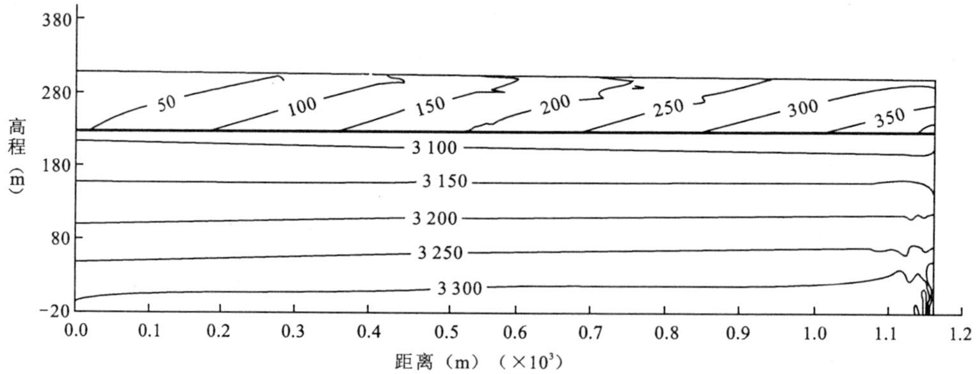

图 4-80　第一次卸荷后最小有效应力等值线图

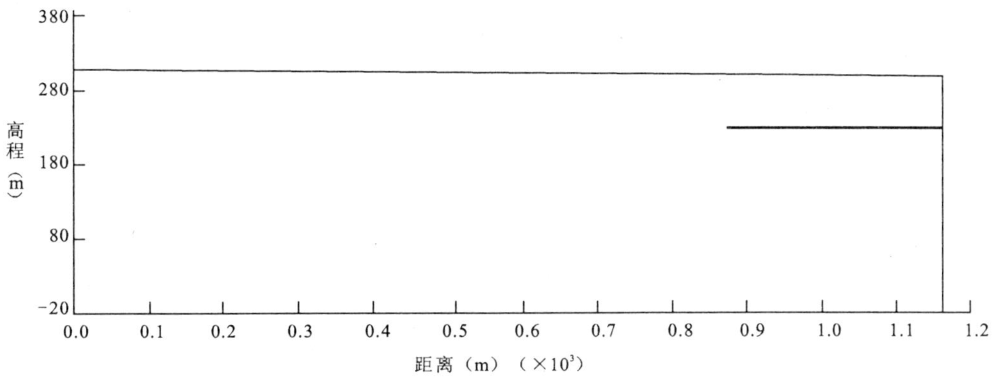

图 4-81　第一次卸荷后塑性区分布图

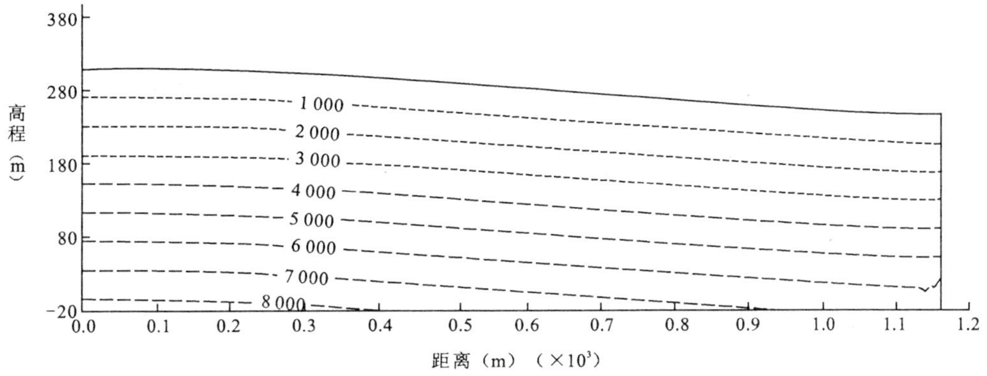

图 4-82　第二次卸荷后最大主应力等值线图

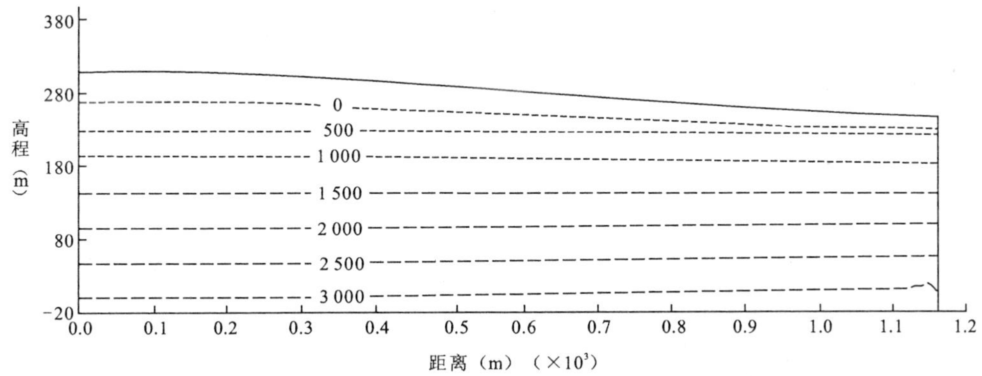

图 4-83　第二次卸荷后最小主应力等值线图

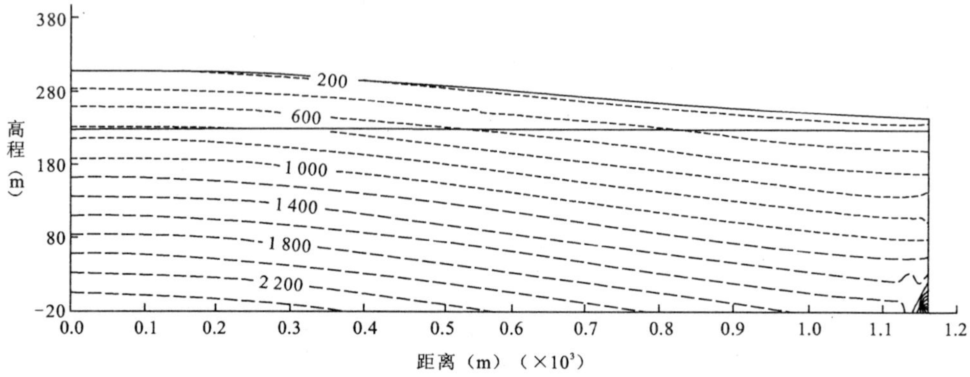

图 4-84　第二次卸荷后最大剪应力等值线图

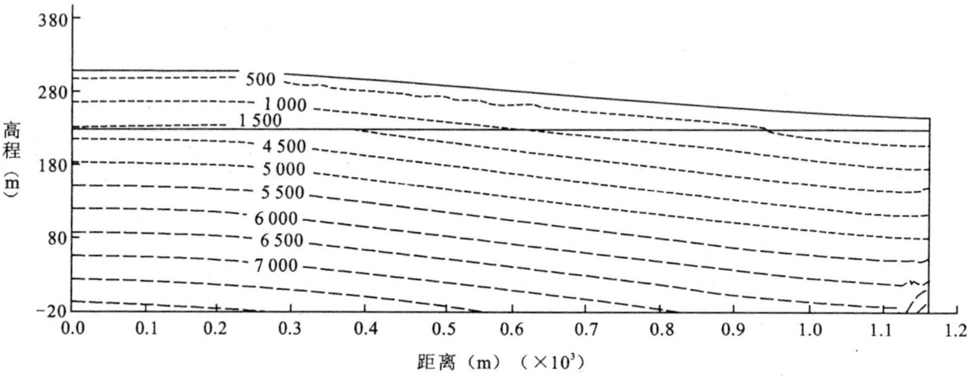

图 4-85　第二次卸荷后最大有效应力等值线图

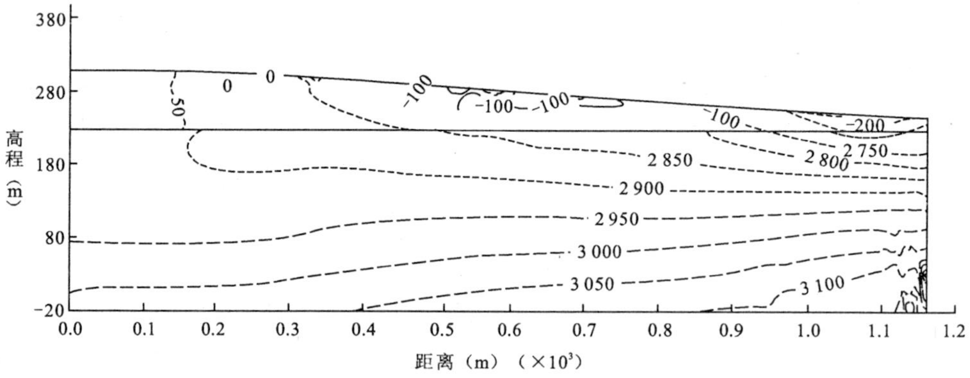

图 4-86　第二次卸荷后最小有效应力等值线图

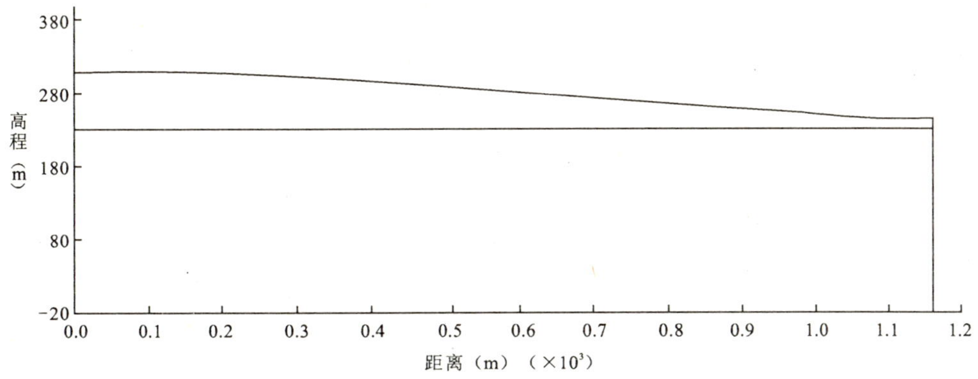

图 4-87　第二次卸荷后塑性区分布图

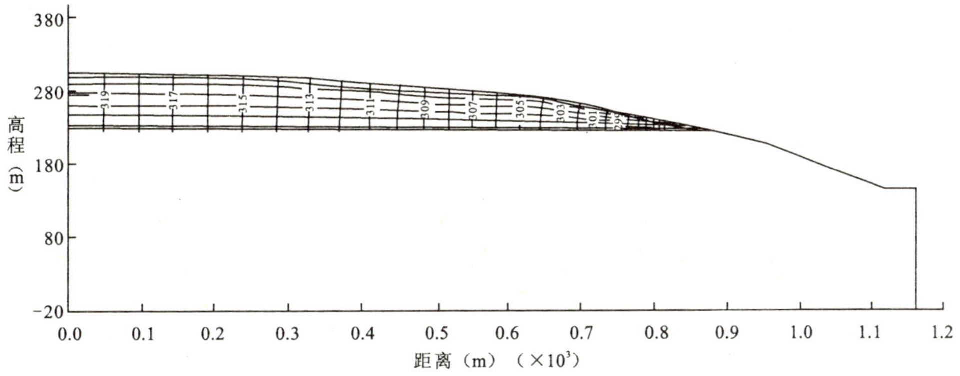

图 4-88　第三次卸荷后渗流区水头等值线图

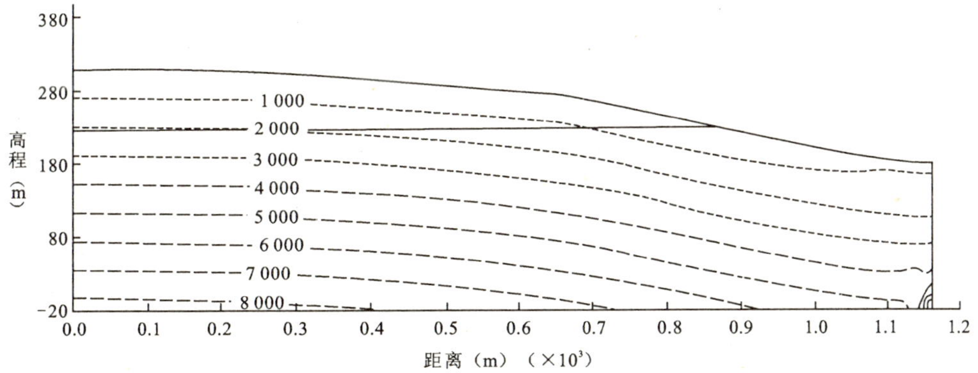

图 4-89　第三次卸荷后最大主应力等值线图

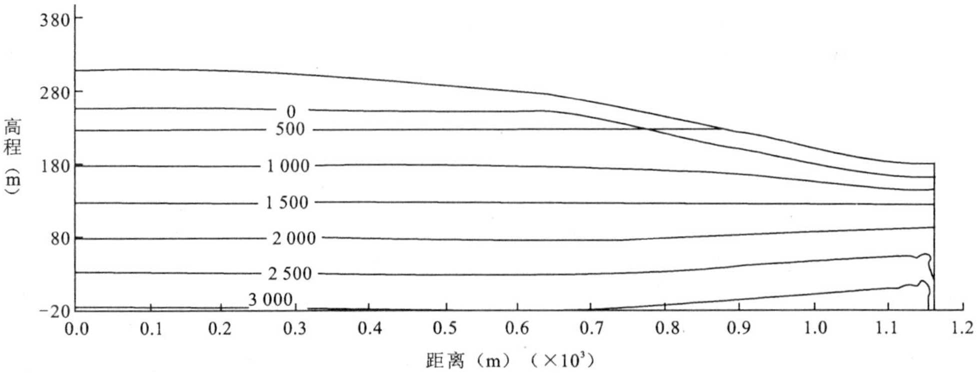

图 4-90　第三次卸荷后最小主应力等值线图

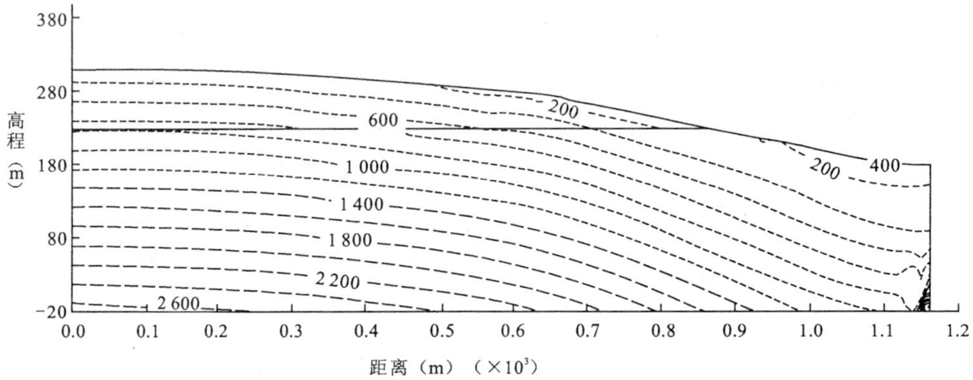

图 4-91　第三次卸荷后最大剪应力等值线图

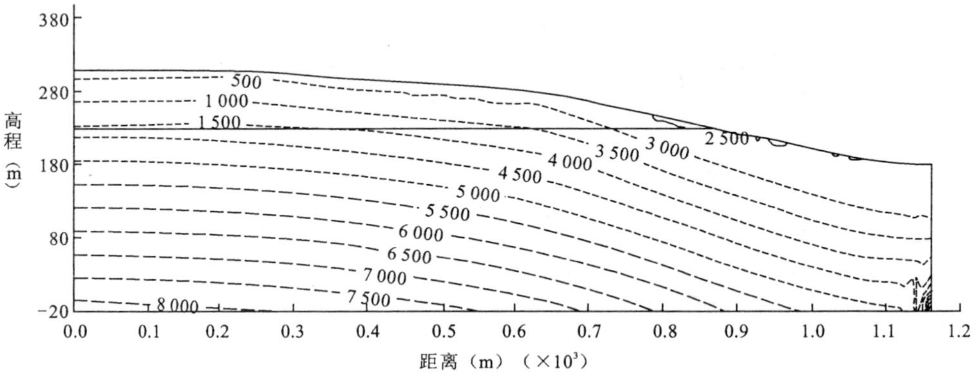

图 4-92　第三次卸荷后最大有效应力等值线图

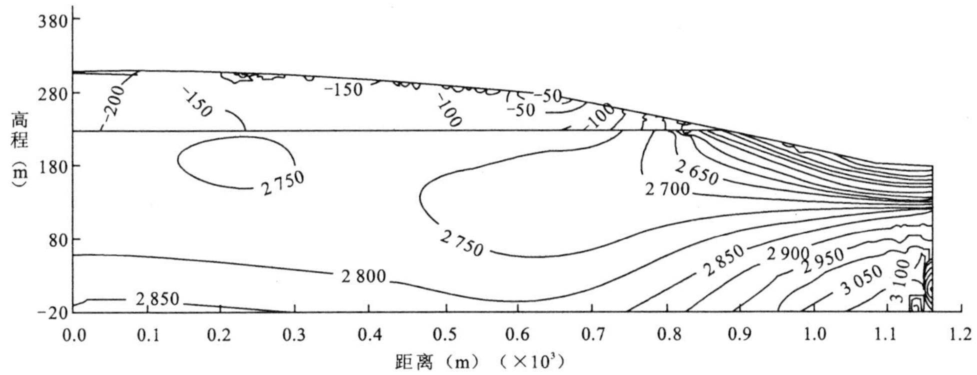

图 4-93　第三次卸荷后最小有效应力等值线图

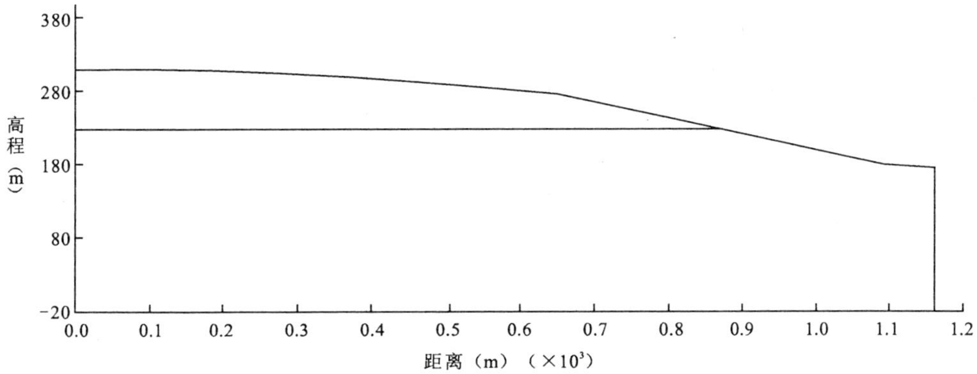

图 4-94　第三次卸荷后塑性区分布图

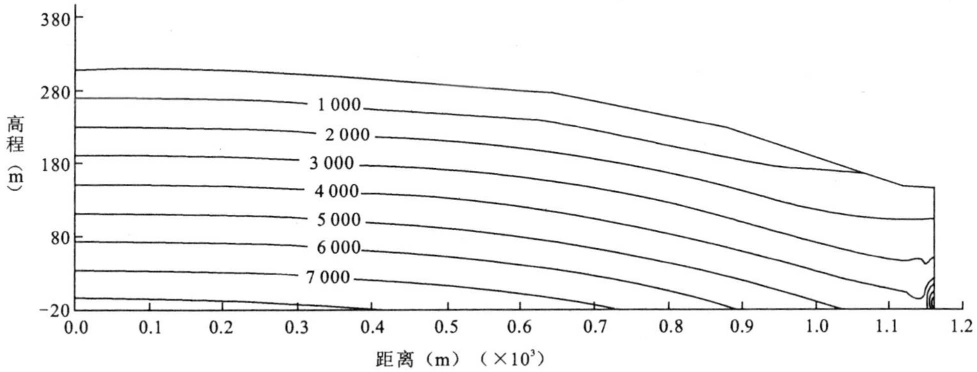

图 4-95　第四次卸荷后最大主应力等值线图

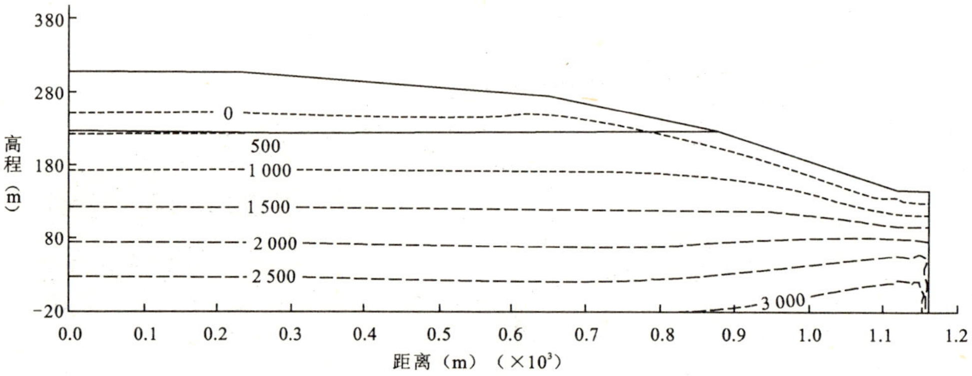

图 4-96　第四次卸荷后最小主应力等值线图

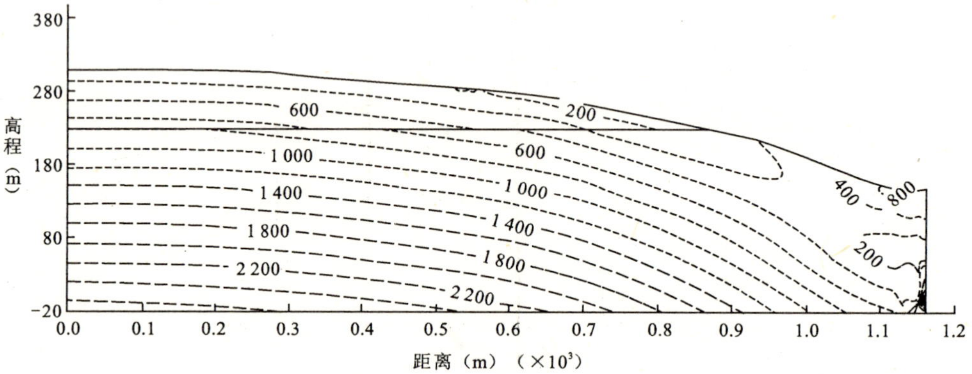

图 4-97　第四次卸荷后最大剪应力等值线图

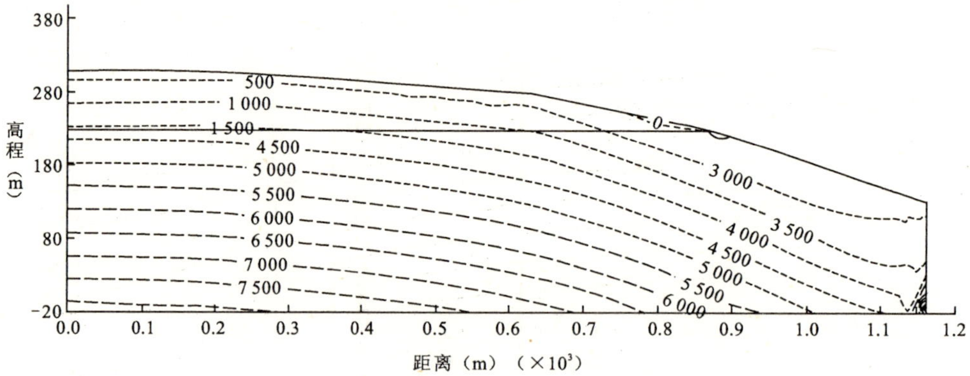

图 4-98　第四次卸荷后最大有效应力等值线图

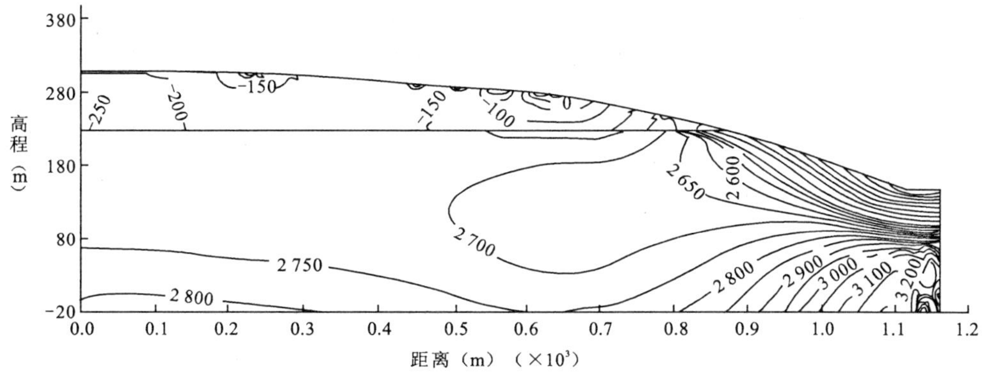

图 4-99 第四次卸荷后最小有效应力等值线图

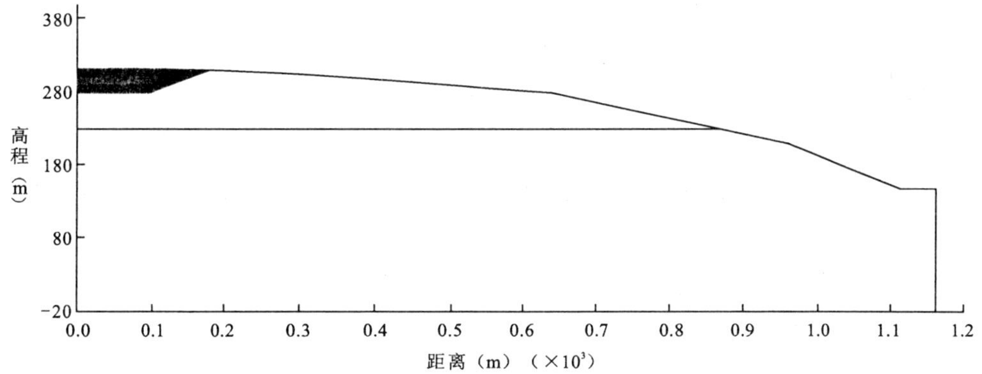

图 4-100 第四次卸荷后塑性区分布图

第五章 近水平地层滑坡前缘堆积体成因与稳定性分析

第一节 前缘松散堆积体特征与成因

一、关塘口松散堆积体特征及成因

(一)关塘口松散堆积体基本特征

关塘口松散堆积体位于万州龙宝区，东起国本路—大地房地产公司锦绣苑一线，西至拦池沟，南起沙龙路，北抵苎溪河，与天城区隔河相望(图 5-1)。堆积体横宽约 800m，纵长约 500m，高差约 80m，厚度 17.0～49.1m，体积约 1 280×10⁴m³。地形呈台阶状，表面坡度上陡下缓。上部坡度 25°～35°；下部以龙井路为界呈两级台阶状，地面坡度很平缓，坡度角 5°～10°，呈舌状伸入苎溪河。

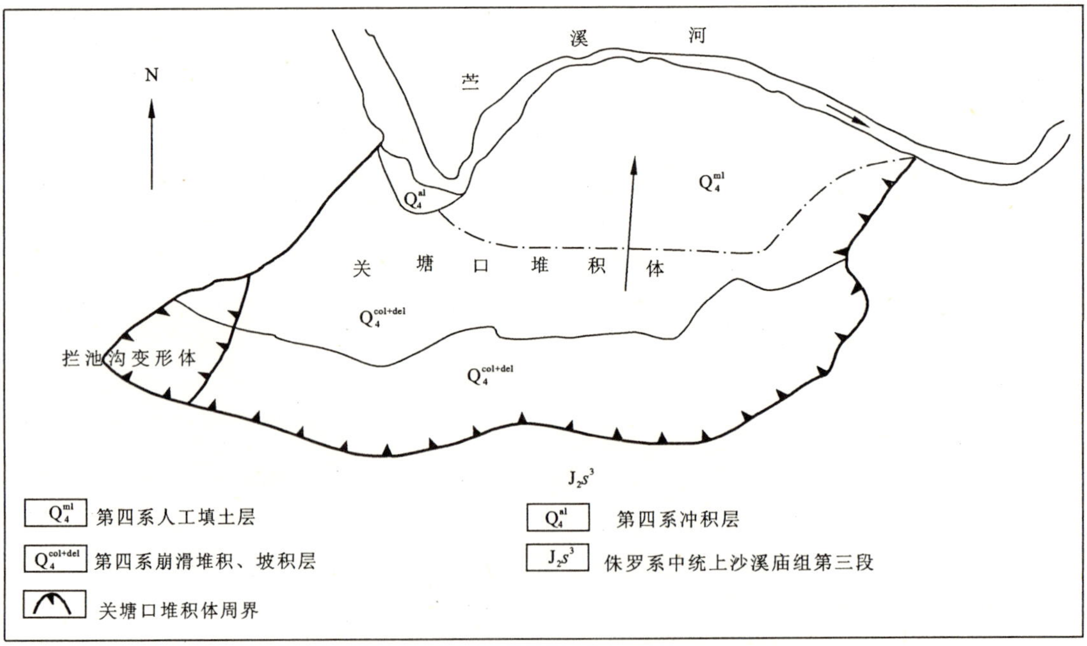

图 5-1 关塘口堆积体平面图

关塘口松散堆积体的主要物质成分为粉质粘土、块碎石土($Q_4^{col+del+dl}$)及砂土，主要为太白岩古崩滑体前缘堆积物。块碎石土以泥岩碎石、砂岩块石出现，小者粒径仅几毫米至数厘米，大者多达10m。土石比悬殊较大，无规律性，部分地段块碎石含量较少，为较纯的粉质粘土；部分地段块碎石含量可高达80%～90%；部分地段砂岩块石风化严重，呈粉细砂土状。前缘沿苎溪河一带，受流水冲刷，堆积物以砂、卵石为主。下伏基岩主要为J_2s^3的紫红色砂质泥岩，夹青灰色中厚层状泥钙质胶结长石石英砂岩(图5-2)。

根据钻孔资料，发育在关塘口堆积体中的滑动面较多，滑动擦痕的倾角可分为三类：①缓倾角，剪裂面倾角2°～10°；②中倾角，剪裂面倾角10°～30°；③陡倾角，剪裂面倾角30°～65°。这些滑动带分布较紊乱，不同深度、不同部位均有，且产状各异，具有随机性特点。

根据堆积区出露的地层岩性及地下水在含水介质中的赋存特征，地下水类型可分为基岩裂隙水与松散岩类孔隙水两类。堆积体西区中后部出露泉水，流量达0.25L/s，泉水水量较大，且水量、水温季节性变化不明显，说明中后部堆积体地下水有固定的补给源。

(二)关塘口松散堆积体成因

关塘口松散堆积体在地质历史上受到了重力、风化以及河流等多种营力的作用，致使现今该地段的第四纪松散堆积体在形态特征和物质组分上都存在着不均一性和复杂性。为了准确地把握其形态特征、分布规律以及合理地分析其形成原因，对关塘口一带松散堆积体按照物质成分进行了分层，并对每层松散堆积体的成分、厚度及分布进行了详细的研究。

1. 松散堆积体分层

1)分层思路

松散堆积体的分层思路可以简单地概括为“钻孔—剖面—成层”。其步骤为：①对关塘口滑坡勘查的50个钻孔进行逐一的分析，依据各个层位的岩土体的物质组分的不同进行初步的分层，并同时对各层岩土体进行成因的初步判断。②以钻孔为依据，沿主滑方作工程地质剖面。在每一条剖面上对各个钻孔进行综合对比分析，对每个钻孔的分层进行比较验证，在各剖面上进行分层，绘制出各条地质剖面图，共绘制9条剖面(图5-2显示了4条剖面)。③将9条地质剖面图放在一起重新进行综合对比研究，找出相邻各剖面之间的联系和差异，分析每一土层的连续性、延伸性，再次进行局部调整处理，将整个土层划分为规模大、连续性强、延展性好的关键几层。

2)分层原则

在土层划分过程中，在进行每一层的确定以及局部调整的时候，主要是遵循了以下几条原则：

(1)土层连续性原则。在地层划分的时候，对相邻的钻孔和剖面进行详细的对比观察及分析，将连续性强、展布好的土层确定为一层。

(2)高程一致性原则。在土层划分的时候，对各钻孔及各个剖面上初步划分的每一层顶底面标高进行考察，在土层划分时确保了各土层的高程相对一致性。对于物质成分相同或相近，但是高程差异悬殊的物质，按照不同土层进行处理。

(3)局部忽略原则。由于该地第四纪土层十分复杂，为便于分析研究，在地层划分的时候，对于那些厚度薄、范围小、连续性差的局部性土层进行忽略和简化。

(4)成因差异原则。在地层划分时，同时也考虑了其成因，以指导土层的划分。由于成因的差异造成相应土层的物质组成、分布范围以及形态特征都有很大的差异。例如崩积物的范围较小，冲积物可能出现透镜体状等。借助不同成因造成的堆积物的各方面的差异来更好地进行土层的划分。

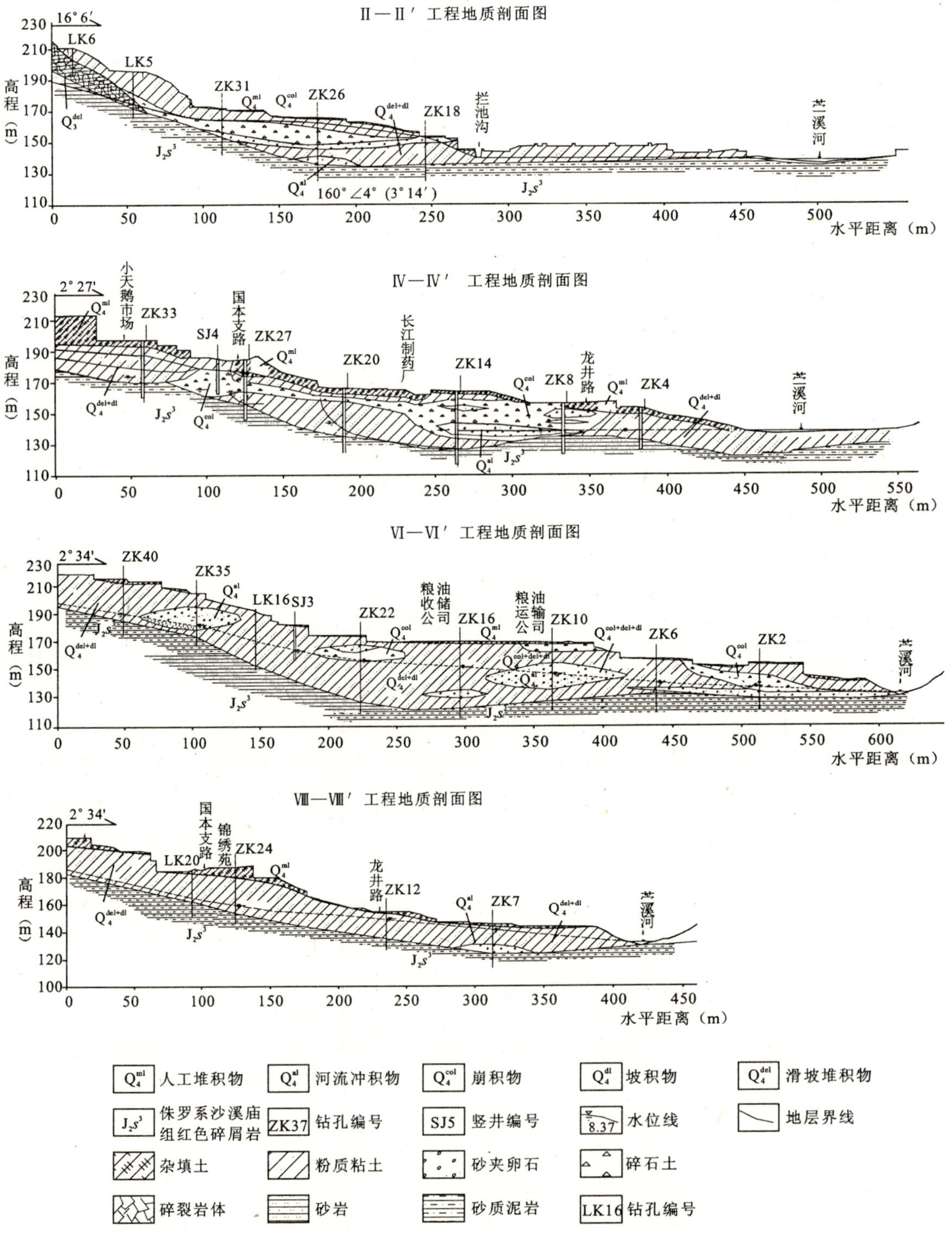

图 5-2 关塘口松散堆积体工程地质联合剖面图

(5)分区性原则。由于土层的不连续性和空间的差异性，造成该地区的土层在东西两侧存在着很大的差异，所以在某些土层的划分上进行了东西两侧分区考虑。

按照以上的思路与原则，将该地区的松散堆积物划分为以下几层：

①砂土层

(a)上层砂土

(b)中间层砂土

(c)下层砂土

②碎石土层

东侧　碎石土层

西侧　(a)上层碎石土

　　　(b)下层碎石土

③粉质粘土层

(a)上层粉质粘土

(b)下层粉质粘土

2. 土层形态特征及成因探讨

对每一土层的形态特征及可能的成因分析如下。

(1)砂土层。该地区砂土主要为中细砂，松散—稍密状，夹杂有碎石块。砂土层在该地区分布比较广泛，在统计的 50 个钻孔中有 38 个钻孔出现了砂土层。集中分布在该地段的中部和拦池沟东侧一带。从高程上，砂土地层总体上可以分为三个层位，即 140m 以下、140～160m 之间以及 160m 高程以上。

①下层砂土

高程在 140m 以下的砂土层比较集中、连续性好，单独划分为一层。主要分布在中前缘地段和沿拦池沟东侧一带。厚度变化大，厚度最大为 9.6m，最小为 0.8m，呈透镜体状(图 5-3)。

该地区的砂土除了分布在拦池沟一带的砂土外，主要分布在关塘口滑坡的中前缘地段。结合基岩面的起伏形态可以发现，砂土集中分布的地方就是基岩面低洼的地方，由此可以推测该地段为苎溪河古河道的位置，中前缘的砂土主要为苎溪河冲积形成，而拦池沟东侧分布的砂土很可能是受拦池沟的影响，由拦池沟冲积形成的。

②中间层砂土

高程在 140～160m 之间的砂土层也比较集中，连续性好，单独划分为一层。中间砂土层也集中分布在关塘口滑坡中前缘地段和沿拦池沟东侧一带。在中前缘，砂土厚度变化非常大，厚度最大值在 11m 左右，最小为 0.5m，主要呈透镜体状分布，如图 5-4 所示。在拦池沟东侧一带，砂土基本上呈薄的条带状分布，厚度在 1.4～3.6m 之间。

中间层砂土的分布范围，除了分布在拦池沟一带的砂土外，与下层砂土的分布一样，即主要分布在关塘口滑坡中前缘、基岩面低洼的地带，由苎溪河冲积形成。拦池沟东侧的砂土层由拦池沟冲积形成。

③上层砂土

高程在 160m 以上的砂土层相对较集中，连续性较好，而且在高程上和其他两层砂土之间差距较大，因此单独划分为一层。这层砂土主要是分布在关塘口滑坡后缘，砂土厚度变化非常

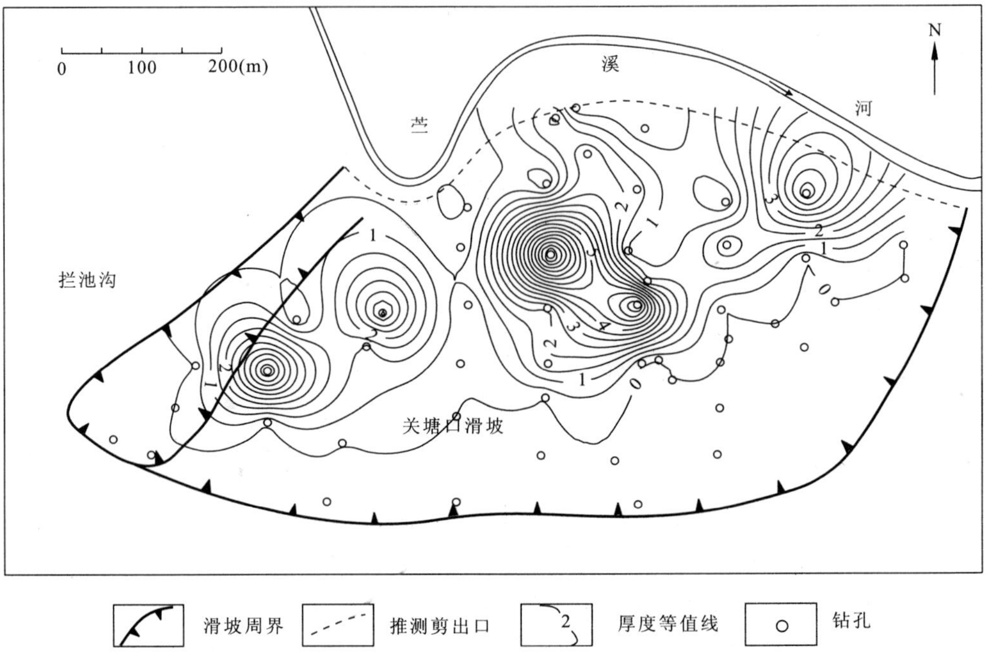

图 5-3　下砂土层厚度等值线图

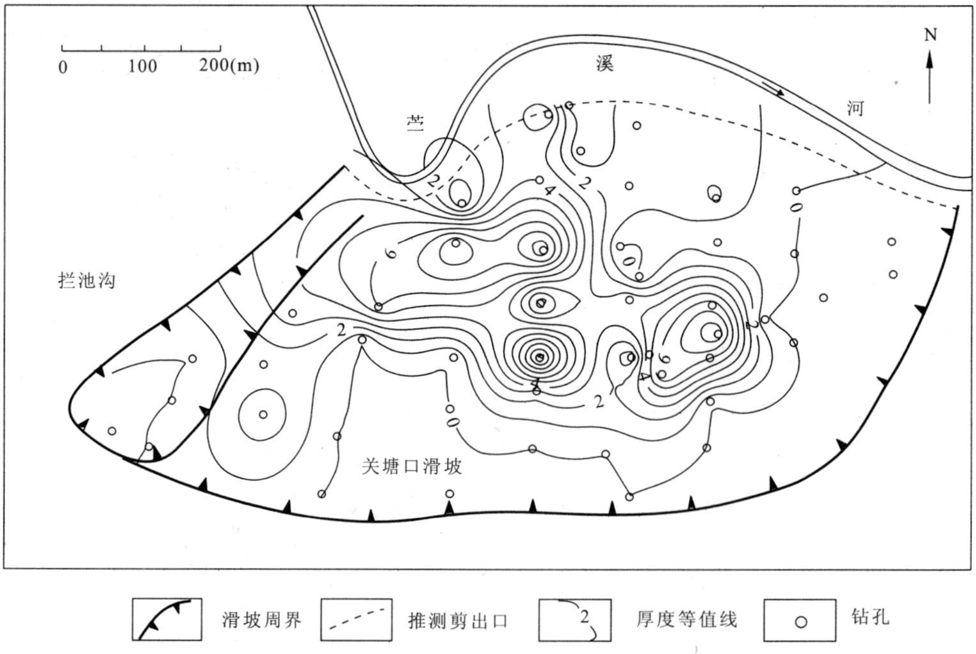

图 5-4　中间层砂土厚度等值线图

大，厚度最大值为 11m 左右，最小为 0.5m，主要呈透镜体状分布，如图 5－5 所示。

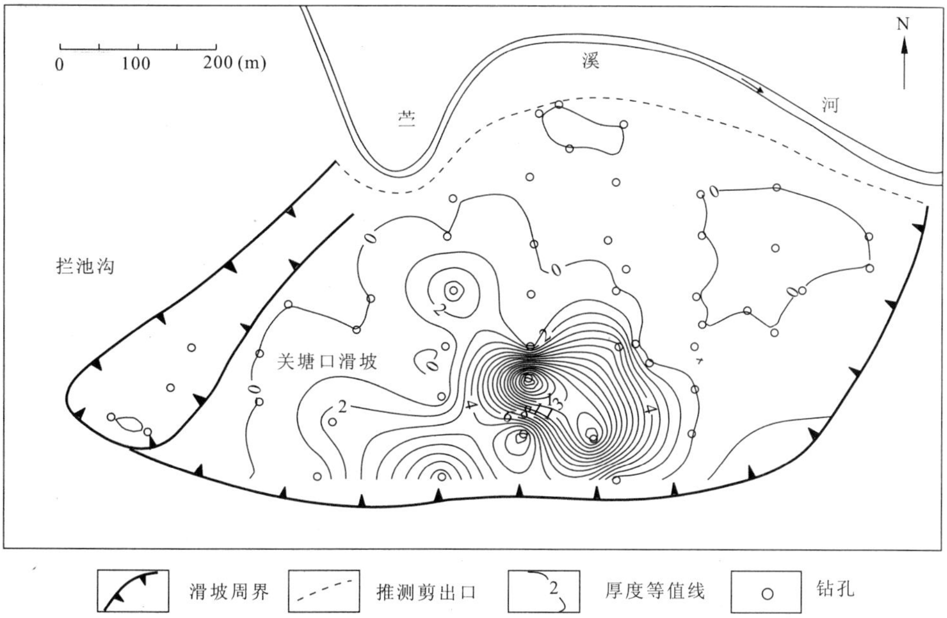

图 5－5　上层砂土厚度等值线图

该层砂土主要分布在关塘口滑坡后缘，厚度变化大，后缘厚度很大，向前缘快速尖灭，可以断定后缘的砂土为芒溪河不同时期冲积形成的产物。根据砂土层分布的高程范围，可以推测该层砂土为芒溪河 T_3 时期形成的冲积物。

(2)碎石土。碎石土的分布特征在东西两侧有着显著的差别，在西侧分布广，在东部仅在个别地方出现。考虑到其空间上的差异性，分东西两区进行描述。

①东侧：在关塘口滑坡东部分布三个范围较小、厚度较大的碎石土体。其中一个碎石土体分布在关塘口滑坡的前缘，高程在 130～140m 之间，即在基岩面附近，厚度在 1.5～12.2m 左右。另外两个碎石土体分布在关塘口滑坡中后缘，一个呈带状分布，厚度随基岩面的起伏有所变化。另外一个厚度在 12m 左右，底面高程在 137～141m 之间，如图 5－6 所示。

从这三处的碎石土分布范围和形态分析，其范围窄、规模小，可以推测为局部的小型崩塌或滑坡所造成。从其分布位置分析，中后缘的两处碎石土堆积体出现在基岩面较陡的地方和低洼平缓转换部位，由此可以判断，这两处的碎石土为芒溪河右岸发生崩塌或滑坡堆积形成的，而前缘的碎石堆积体为芒溪河左岸形成的崩塌或滑坡。

②西侧：碎石土在西侧可以分为两层。上下两层的分布如下。

(a)下层碎石土：下层碎石土分布的范围很广，其形态为 SN 走向的长舌形，底面高程随着基岩面高程的下降而下降，堆积厚度也随着坡度的变化而变化。

关塘口滑坡西侧上层碎石土大量集中出现，而且厚度颇大。下层的碎石土也在该地区广泛分布，且范围更广，厚度更大。说明该地区经常发生崩塌现象，这里的碎石土均为崩塌堆积形成。13、14、15、16 所在一线同附近两侧地区构成的舌状地区，其形态上分析为上部的岩体崩塌堆积或经过后来的滑坡改造形成的崩积物或滑坡堆积物，如图 5－7 所示。

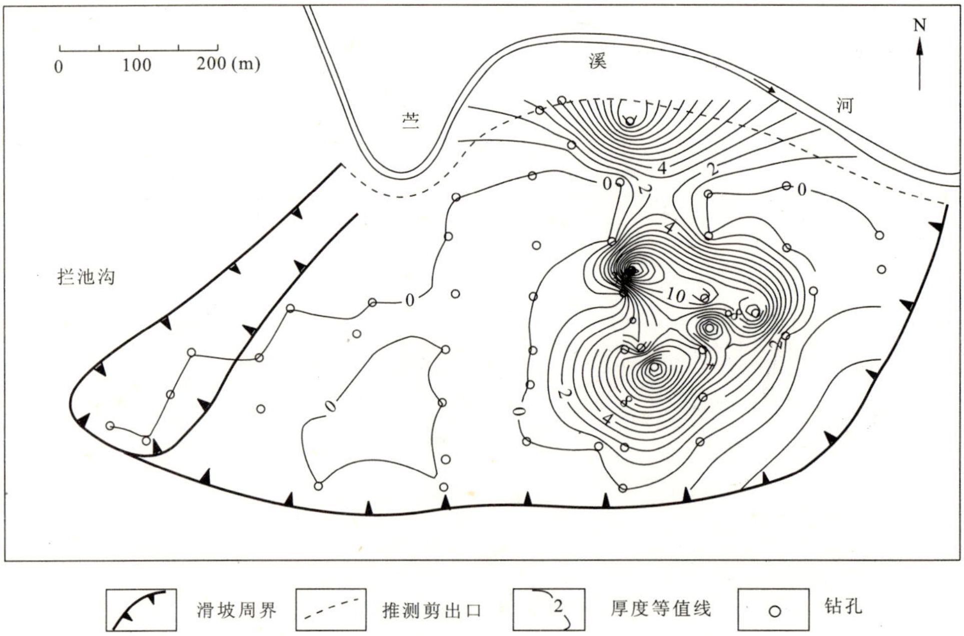

图 5－6　东侧碎石土厚度等值线图

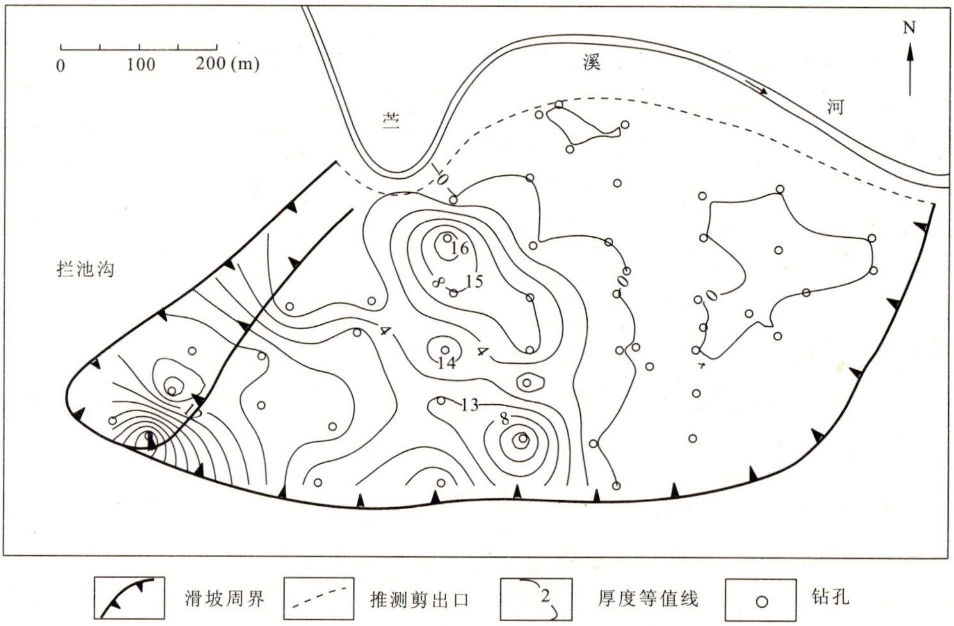

图 5－7　西侧下层砂土厚度等值线图

(b)上层碎石土:上层碎石土呈两个集中区分布。一个集中分布区在拦池沟后缘,碎石土厚度大约 8m 左右,仅仅在后缘附近出现,规模小。另一个集中分布区从南向北呈条带分布,底面高程随着基岩面高程的变化而变化,堆积体的厚度不大,一般在 2.8～4.5m 之间,且在坡度陡的地方较薄,在坡度由陡变缓的地方最厚,如图 5－8 所示。从其形态上分析,上层碎石土是由上部岩体崩塌造成的。

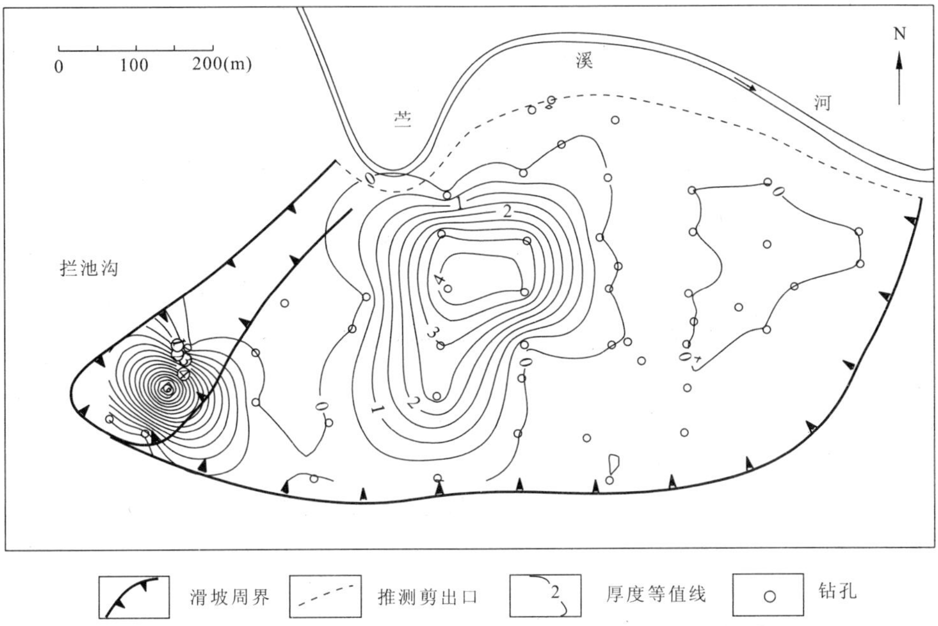

图 5－8　西侧上层碎石土厚度等值线图

(3)粉质粘土。该区粉质粘土中多夹杂有碎石块。粉质粘土在该区分布比较广泛,在统计的 50 个钻孔中共有 43 个钻孔中出现了粉质粘土地层。除了后缘的几个钻孔外,几乎所有钻孔均有出现。该区粉质粘土厚度大、连续性好,是松散堆积体的主要组成部分。由于砂土和碎石土的分隔作用,粉质粘土可以大致分为两个层位。

①下层粉质粘土

下层粉质粘土分布很广,但是厚度在空间上变化很大。大致是东南侧的后缘地区粉质粘土厚度很大,厚度在 20m 以上,呈舌形分布。另外,在中东部基岩面低洼的地区也分布比较广,且厚度相对也比较大,与后缘的粉质粘土呈扇状分布。在拦池沟附近和前缘地带粉质粘土厚度相对较小(图 5－9)。由此形态特征可以确定东侧以粉质粘土为主,基本上呈扇形分布,可以判断为上部坡体上的岩体风化后经过坡积形成的。

②上层粉质粘土

上层粉质粘土分布也比较广,但厚度比较小,一般为 5m 左右或小于 5m。局部地段粉质粘土形态上呈带状,厚度在 13～27m 之间,如图 5－10 所示。从其分布及物质成分分析,粉质粘土为坡积作用形成。该地区东部的粉质粘土之所以分为两层,主要是由于河流冲积作用形成的砂土和局部崩塌造成的碎石土破坏了其整体性。

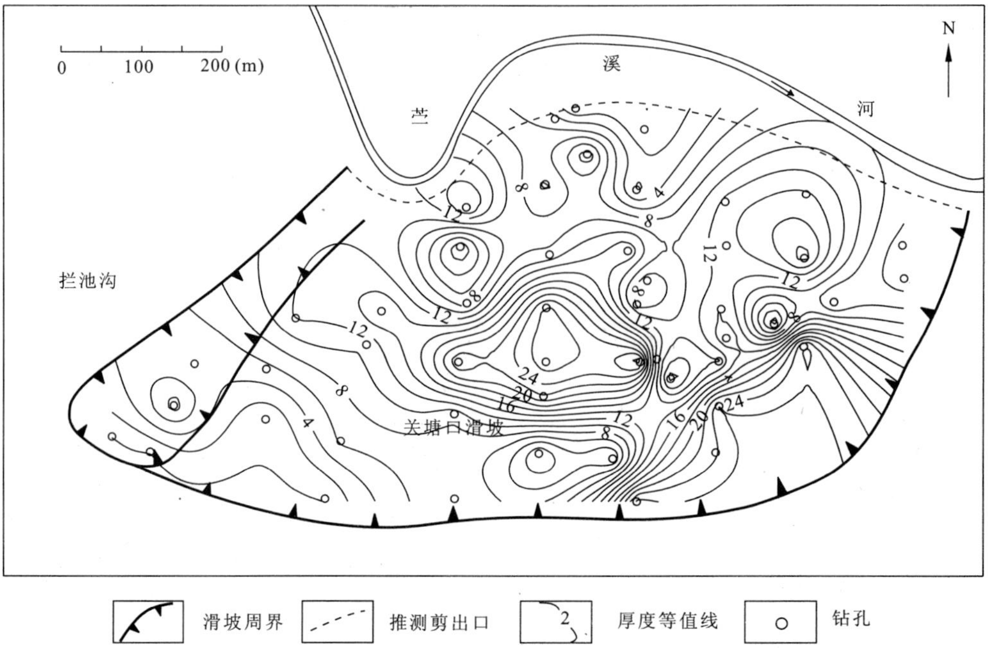

图 5-9　下层粉质粘土厚度等值线图

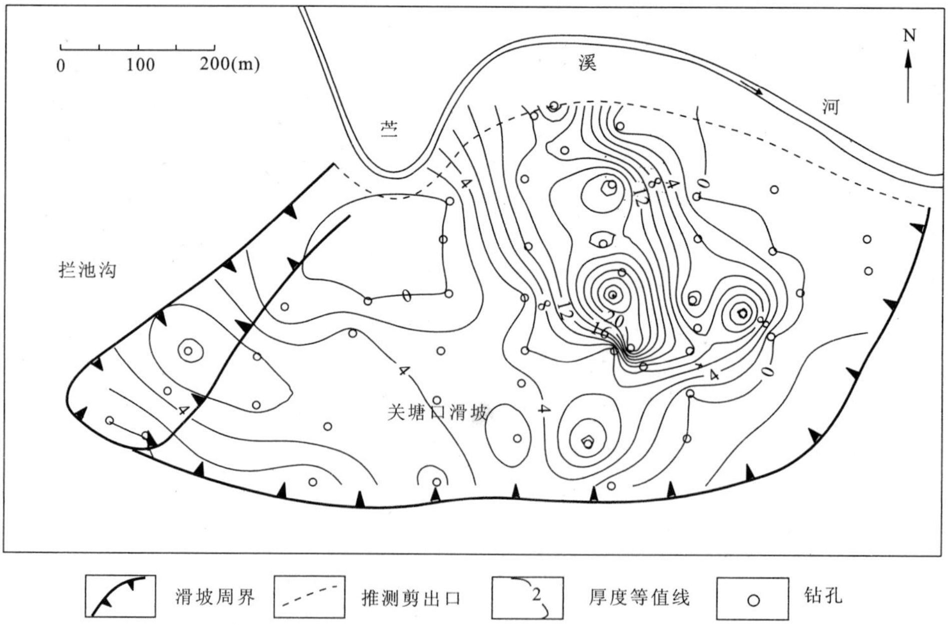

图 5-10　上层粉质粘土厚度等值线图

3. 剪切面特征

在该地区的土层中发现了许多剪切面。经过统计该区50个钻孔，其中有13个钻孔出现了剪切面(图版5-1至图版5-3)，绝大多数剪切面都具有平整、光滑的特征，而且许多剪切面上都有擦痕出现，大部分擦痕都与剪切面的倾向一致，具体特征见表5-1。出现剪切面的钻孔位置见图5-11。

表5-1　关塘口松散堆积体剪切面统计情况一览表

钻孔编号	高程(m)	倾角(°)	描　述
8	135.45	15	擦痕与镜面倾向夹角为35°
8	135.4	8	擦痕与镜面倾向夹角为8°
10	155.25	4	镜面略有起伏
11	143.31	9	
13	157.21	10	镜面光滑，两侧土搓揉
14	140.36	65	擦痕与镜面倾向夹角为45°
15	127.76	25～30	有光泽
16	135.2～137.3	2～28	共六个
21	138.63	50	镜面光滑
31	124.82	5	隐约见擦痕
33	131.72～132.27	5	光滑发亮
34	141	48	成舒缓波状
43	158	24	顺倾向擦痕、光泽、光滑
45	166	50	顺倾向擦痕
45	160.21	20～45	有光泽，弧形弯曲

从含剪切面的钻孔的平面布置情况可以看出，剪切面在剖面Ⅲ－Ⅲ′和剖面Ⅳ－Ⅳ′上相对比较集中，而且从前面的堆积物形态特征也发现在剖面Ⅳ－Ⅳ′及两侧附近地区的下层碎石土呈舌状分布，说明在碎石土堆积以后，碎石土和下面的粉质粘土一起发生过局部的滑动(图5-7)。另外的几处剪切面都相对比较分散，可能是由于局部的小型滑动造成的。

4. 土层形成过程探讨

该地区土层是在崩塌、坡积以及河流冲积的共同作用下形成的。由于受到各种作用影响的次数、影响的强度，以及受到各种作用影响的先后次序不同，从而造成了该地区土层的复杂多样性。

土层空间分布具有如下规律：①西侧碎石土分布广泛，粉质粘土和碎石土互层成了该侧后缘的主要土层。②东侧碎石土零星散布在三个地带。在没有碎石土分布的后缘地区土层基本

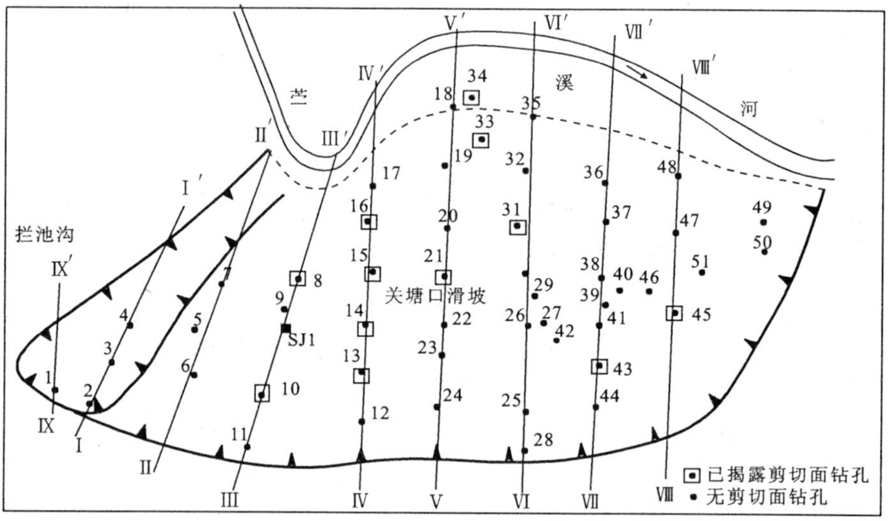

图 5-11　揭露剪切面钻孔与竖井分布图

上比较单一，即粉质粘土堆积为主；在有碎石土的地方，碎石土基本上呈透镜体状夹在粉质粘土中。③在前缘地带基岩面低洼的地方、苎溪河附近及拦池沟附近分布着砂土，由于拦池沟附近冲积作用相对比较强，所以该处砂土成一薄层夹在粉质粘土和碎石土之间，而在前缘基岩面低洼地带和苎溪河附近地区砂土多呈透镜体状穿插在粉质粘土和碎石土中。

该地区的堆积体形成过程受崩塌堆积、坡积以及河流冲积的共同作用。土层特征不同，说明在地质历史时期以上三种作用强弱程度不同。本章将对后缘东侧、后缘西侧、前缘及拦池沟四个堆积体构成特征及形成过程不同的地区作为典型代表进行形成过程分析。

(1)后缘东侧。该处的土层比较单一，基本上是由粉质粘土构成。形成过程比较单一，所受到的影响因素也单一。其形成过程就是在地质历史上受到后缘的斜坡长期坡积而成。

(2)后缘西侧。该处的土层从上到下分别为人工堆积－碎石土－粉质粘土－碎石土－粉质粘土。其形成过程就是在地质历史上先受到后缘的斜坡长期坡积，也就是粉质粘土的堆积过程，然后可能是在某个时期发生了一次或几次的崩塌，从而堆积了一层碎石土，接着又是漫长的坡积过程，后来，某个时期再次发生崩塌，于是又堆积了一层碎石土，最后，又受到人工作用在最上面堆积了一层人工堆积物。

(3)前缘。前缘土层由于受河流冲积作用影响，沉积了大量的砂土。其特征是在碎石土和粉质粘土的互层中，冲积砂土呈透镜体状分布其中。其形成过程为：①在苎溪河河流冲积作用下，在河床底部及河流的凸岸沉积了厚度较大的砂层；②在后缘斜坡长期坡积作用下，形成了分布较广的粉质粘土；③在某个时期发生了一次或几次的崩塌，从而堆积了呈条带状的碎石土；④接着又是漫长的坡积过程；⑤河流再次发生冲积作用，在坡积、崩积物上又沉积了一层河流砂；⑥再次发生崩塌，于是又堆积了一层碎石土；⑦在人工作用下，在最上面堆积了一层人工堆积物，如图 5-12 所示。

(4)拦池沟附近。拦池沟附近土层的形成主要受拦池沟冲积作用的控制，在该处沉积了砂

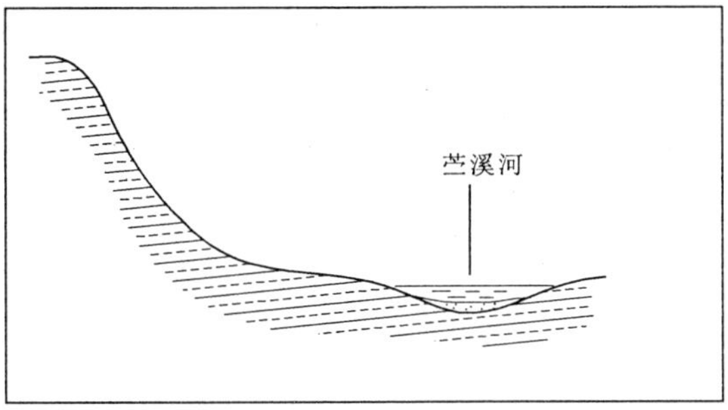

（a）河流冲积过程

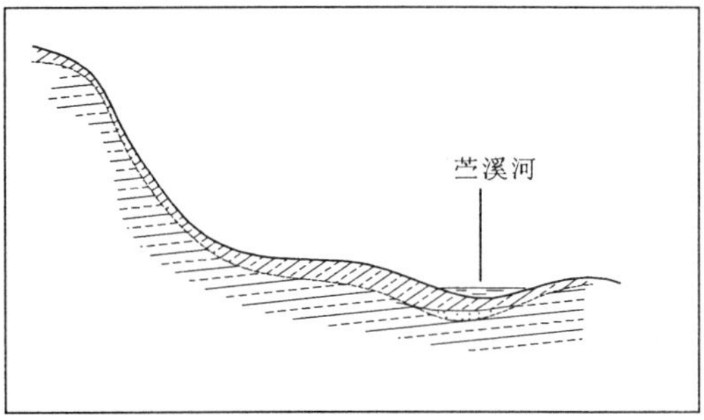

（b）坡积过程

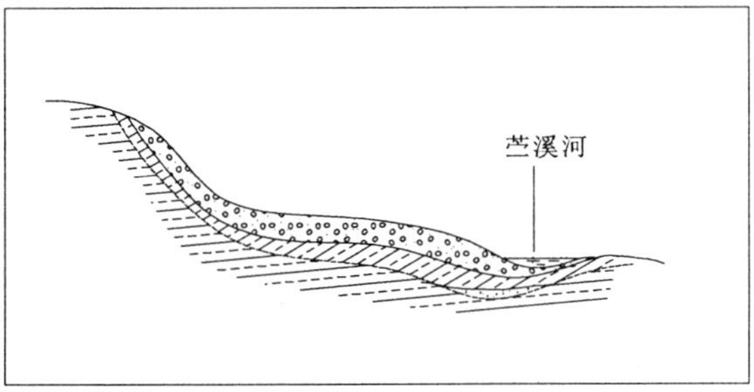

（c）崩塌堆积过程

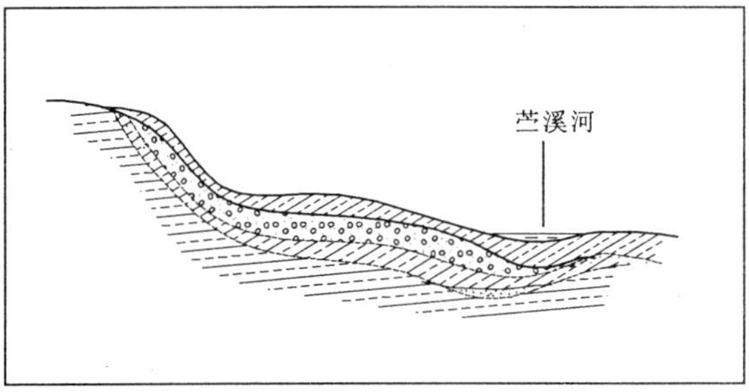

（d）再次坡积过程

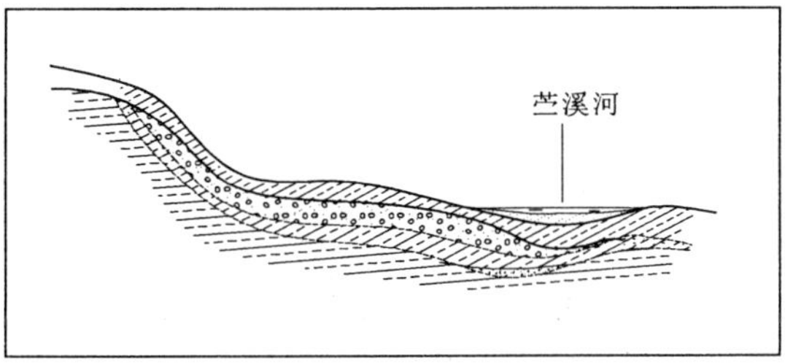

（e）再次冲积过程

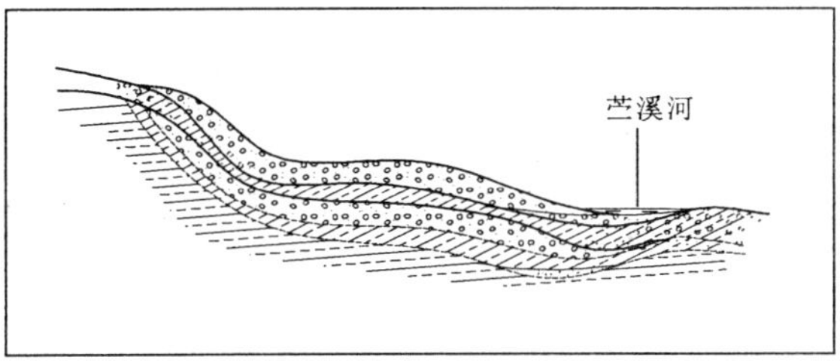

（f）再次崩塌堆积过程

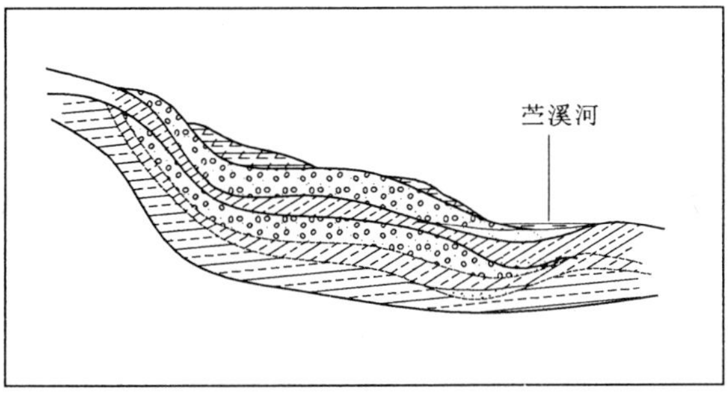

（g）人工堆积过程

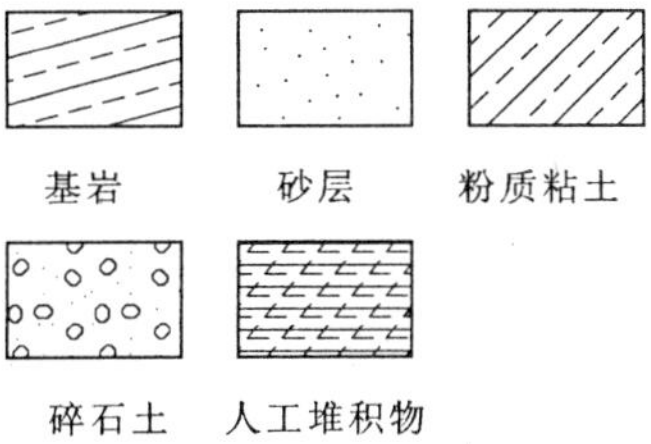

图 5－12　关塘口松散堆积体形成过程示意图(据水利部长江勘测技术研究所，1999)

土层，而且砂土的形态和前缘不同，它不是呈透镜体状，而是呈薄层状分布。土层组成从上到下分别为人工堆积—粉质粘土—碎石土—砂土—粉质粘土。其形成过程为：在地质历史上先受到后缘的斜坡长期坡积，也就是粉质粘土的堆积过程；然后受拦池沟冲、洪积作用，形成了一薄层砂土；接着在某个时期发生了一次或几次崩塌，从而堆积了一层层的碎石土；然后又是漫长的坡积过程，形成粉质粘土层；最后受到人工作用堆积了一层人工堆积物。

二、和平广场松散堆积体特征及其成因

(一)和平广场松散堆积体分布概况

和平广场松散堆积体位于长江左岸与其支流苎溪河交汇处，为万州旧城区中心地段，被列入长江三峡工程库区重点勘察防治的四大滑坡之一。横宽约 1 750m，纵长约 550m，高差约 80m，厚度为 20～35m，面积为 $105\times10^4m^3$，体积约 $1\ 950\times10^4m^3$（图 5－13）。由于地表受人工强烈改造，斜坡体上道路纵横，并见多处平台，微地貌还有斜坡和小陡坎。地形平均坡度为 6°～13°。

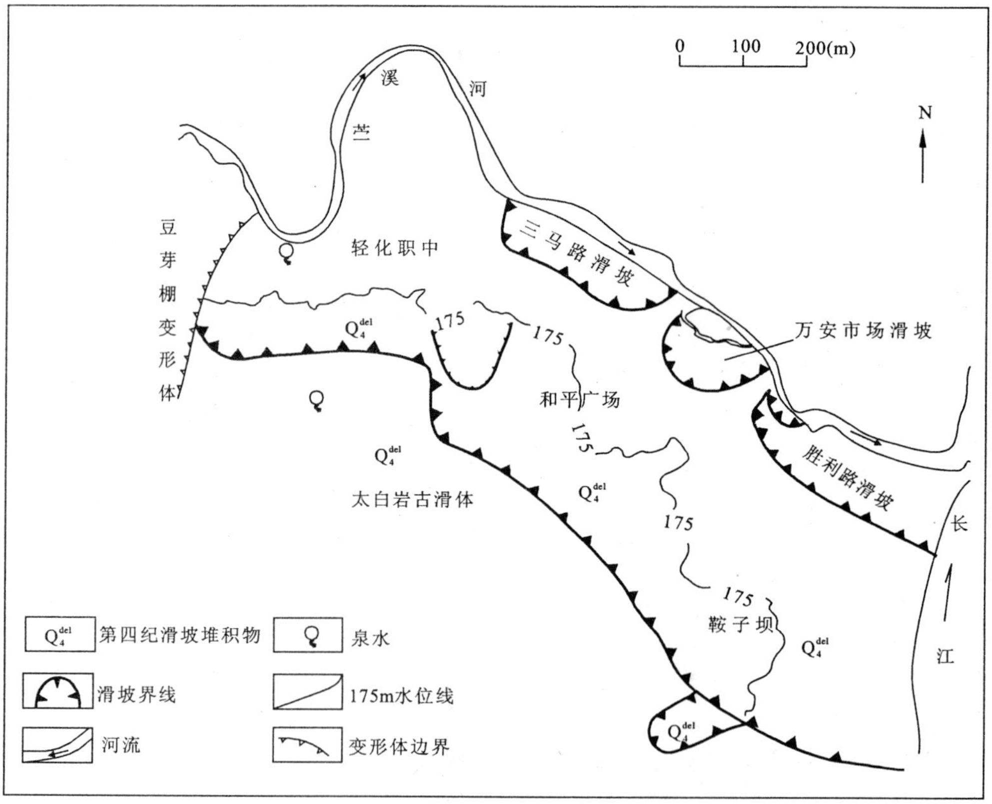

图 5－13 和平广场松散堆积体平面图

（二）和平广场松散堆积体成因

和平广场一带在地质历史时期经历了多次滑坡与崩塌，长时间的坡积、残积以及河流冲击作用，第四纪松散堆积物成分复杂。为了探讨堆积物的空间分布规律，研究松散堆积物的成因，收集并整理了和平广场滑坡及沿江路勘察的近 300 个钻孔、探井资料（图 5－14），分析了松散堆积体及滑动面的形态特征，在此基础上对堆积物成因和滑坡的形成、发展过程进行了分析。

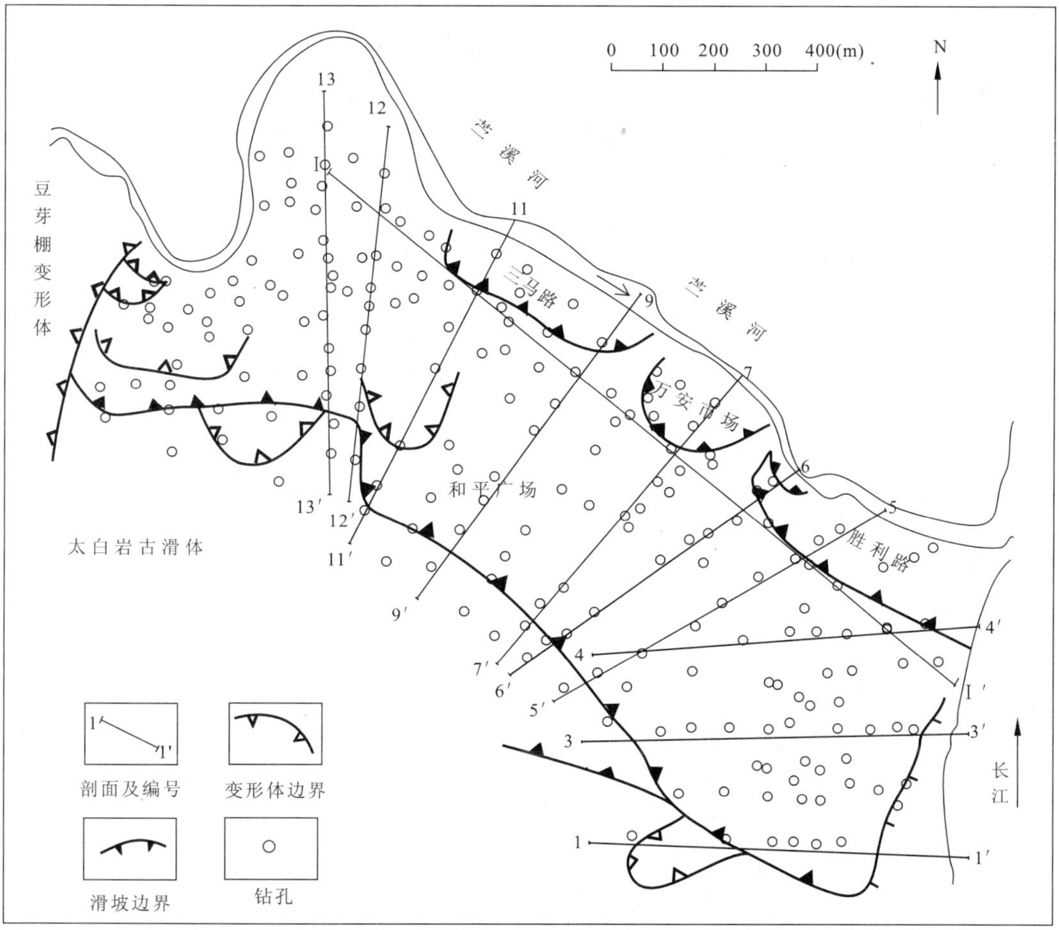

图 5－14　和平广场松散堆积体勘探钻孔分布和部分工程地质剖面分布图
（主要勘探资料来源于水利部长江勘测技术研究所）

1. 松散堆积层划分

1）松散堆积物分层依据

（1）根据成分分层。和平广场松散堆积物根据其物质成分可以分为人工填土、粘土夹碎块石、碎块石夹粘土、砂卵石、粘土类土（淤泥质粘土、粉质粘土）五大类。人工填土成分混杂，包括杂色粘土、粉质粘土、块石、碎石、卵砾石，以及建筑垃圾和生活垃圾等，具有组成成分无序性及物质成分多样性的特点。粘土夹碎块石，成分以粘土为主，含少量块石和碎石，粘土颜色为

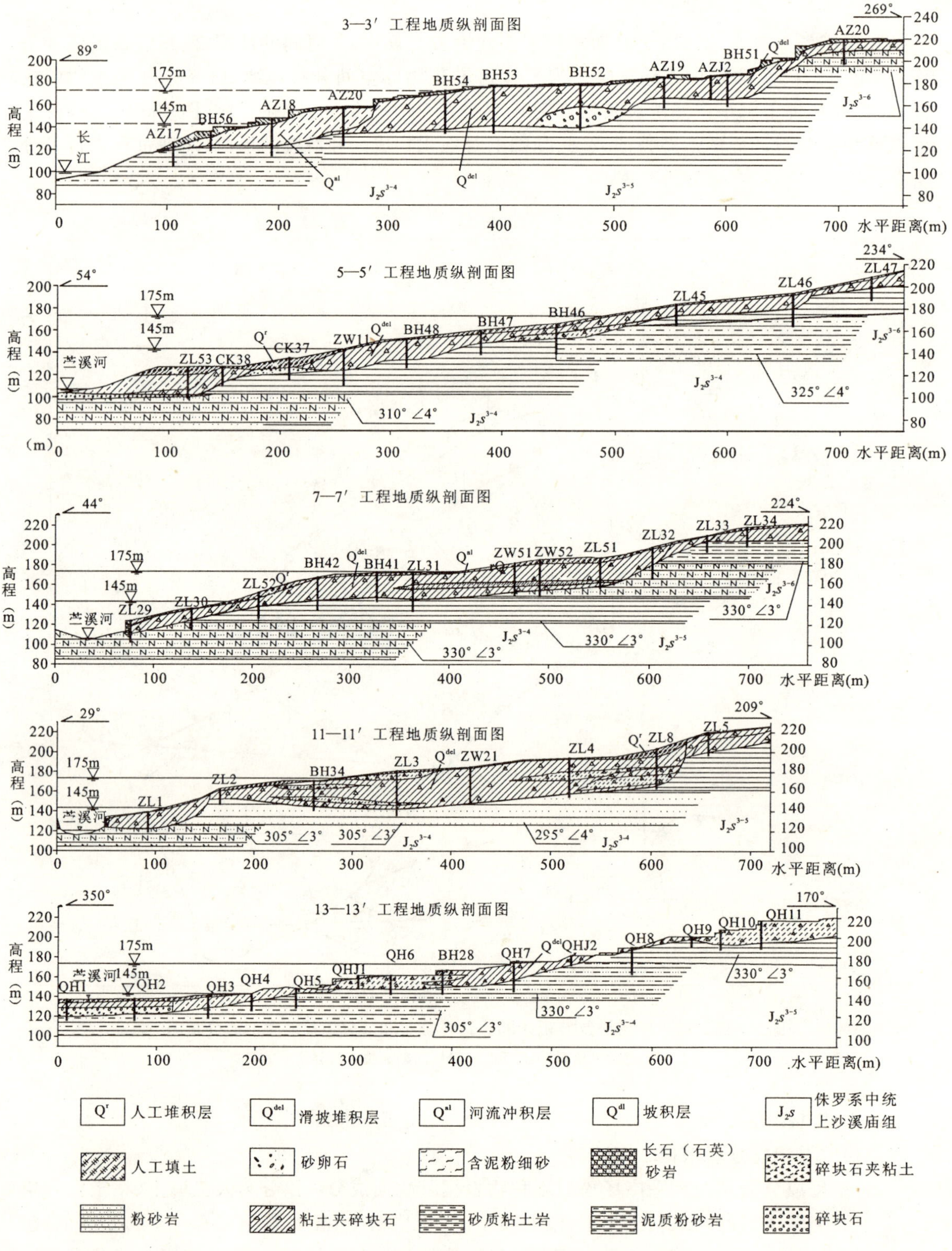

图 5－15　和平广场松散堆积体联合工程地质剖面图

紫红色或褐红色，碎石含量一般较少，这一类堆积物质在堆积体中比较多见。碎块石夹粘土，以碎石或块石为骨架，其间充填粘土，碎块石的含量大于40%，局部块石分布比较集中，此类堆积物在堆积体中亦比较常见。砂卵石成分以砂粒和卵石为主。粘土类土包括粉土、粉质粘土及淤泥质粘土，粘土为黄色、黄绿色或深灰色，刀切面光滑；淤泥质粘土含有机质，有特殊的气味；粉质粘土颗粒细腻，但有砂感。

(2)根据成因分层。河流冲击形成的粘土，在形态上可见冲击层理，在成分上含有有机质或粉砂；残坡积成因的粘土一般含有较多的碎块石，而且在矿物成分上与基岩有联系，颜色一般为紫红色、褐红色。这两种成因的粘土必须分成不同的层。在滑坡前缘存在砂土和卵石，因其厚度不大，而且成因相同，因此将它们并为一层。

(3)根据连续性分层。在分层时对于那些具有一定连续性的松散堆积物，将其单独当作一层划分；对于那些厚度不大，而且只是在较小范围内分布，在相邻钻孔中没有见到，所在剖面和相邻剖面上连续性差的松散堆积体，将其忽略，并入相邻的堆积层。

2)分层方法

和平广场区域在地质历史时期经历了多次滑坡、崩塌以及河流冲击作用，因此第四纪松散堆积物成分复杂，寻找堆积物的空间分布特征是比较困难的工作。为了保证准确性和全面性，在分层时遵循由点到线、由线到面、由面到体的"点—线—面—体"的思想。首先对和平广场近300个钻孔和探井资料进行整理和统计分析，对每个钻孔按照上述原则进行分层，然后根据各个钻孔的分层在线上连接起来，作出27个工程地质剖面图(图5-14、图5-15、图5-16显示了部分勘察线与工程地质剖面)。在剖面图上分析堆积物分布特征。将工程地质剖面图进行综合对比分析，找出相邻剖面之间的联系和差异，分析每一土层的连续性和延伸性。最后分析各土层在空间上的分布特征。

2. 各堆积层的分布特征及成因

松散堆积物从滑坡后缘至前缘总体上随着高程的变化呈现一定的规律。最上面一层是人工填土，几乎到处都有分布，因是人工堆积成因，所以规律性较差。其下是碎块石层和粘土夹碎块石层，分布范围都很广，底面高程变化大，厚度非常不均匀，但总的趋势是滑坡后缘厚度大，前缘厚度小，特别是碎块石层，这种分布规律更加明显。粘土、淤泥质粘土、粉砂质粘土以及砂卵石层分布范围小，多数钻孔揭露显示，其厚度薄，且分布在高程较小的低凹处，可以推测它们的形成与河流冲击有关。下面将各土层的分布特征进行详细介绍。

1)人工填土

人工填土层分布范围广，在和平广场的近300个钻孔、竖井中有200多个钻孔揭露了人工填土层，厚度一般不超过10m，多数在1～5m，最厚的可达20m。人工填土的分布与地形有关，地面高凸的地方厚度较小，地面低凹的地方厚度较大；地面高程较大的地方厚度较小，地面高程较小的地方厚度较大；在松散堆积体前缘的厚度比后缘的厚度大(图5-17)。

2)碎块石夹粘土层

在300个勘察钻孔和竖井中，有70多个钻孔揭露了碎块石夹粘土层，其厚度一般在1～10m，部分钻孔厚度达20～30m，其分布范围主要位于和平广场松散堆积体中段，底面高程在100～210m范围内，从高往低呈条带状分布(图5-18)。碎块石土与粘土夹碎块石层相接触或直接与基岩相接触，其厚度随着基岩面(图5-19)的形态变化而变化。在基岩面平台和缓倾的地方分布厚度较大，陡坎地段厚度较小。从分布形态分析可知，碎石土夹粘土层主要是由

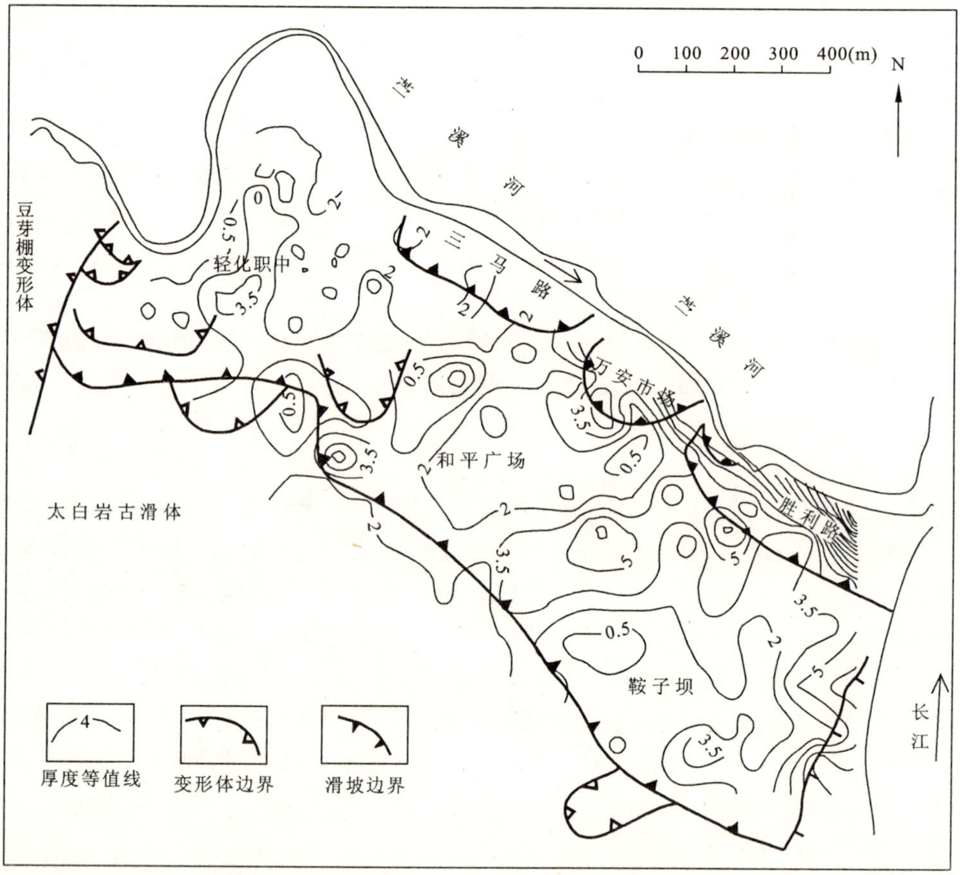

图 5-17　和平广场人工填土层厚度等值线图

滑坡作用形成的。

3)粘土夹碎块石层

粘土夹碎块石在和平广场松散堆积体中分布范围最广，其厚度一般在 1～20m，部分钻孔达 20～30m，该层的底面高程在 110～220m 范围内。从图 5-20 分析可知，粘土夹碎块石层有两个厚度集中区，一个集中区位于安子坝；另一个集中区位于和平广场，其形态为长条形。从分布形态分析，粘土夹碎块石层由多种作用共同形成。厚度集中且为长条形的粘土夹碎块石是由滑坡作用形成；而分布广、厚度较薄的粘土夹碎块石层是由坡积作用形成。从多数钻孔分析，粘土夹碎块石层与基岩直接相接触，因此它的分布亦与基岩面的形态有关。与碎块石土层一样，在基岩面平台和斜坡地段(图 5-19)分布较厚，在陡坎的地方分布较薄。

4)河流冲积物

河流冲积物包括粘土、淤泥质粘土、粉砂质粘土及河卵石。其分布范围相对较小，具有两个集中分布带：一是分布在松散堆积体的前缘靠近苎溪河边，基岩的低凹地带；二是分布在安子坝靠近长江岸边。该层的底面高程一般在 100～160m 范围内，分布厚度在 1～10m，部分钻孔厚度在 10～20m(图 5-21)。

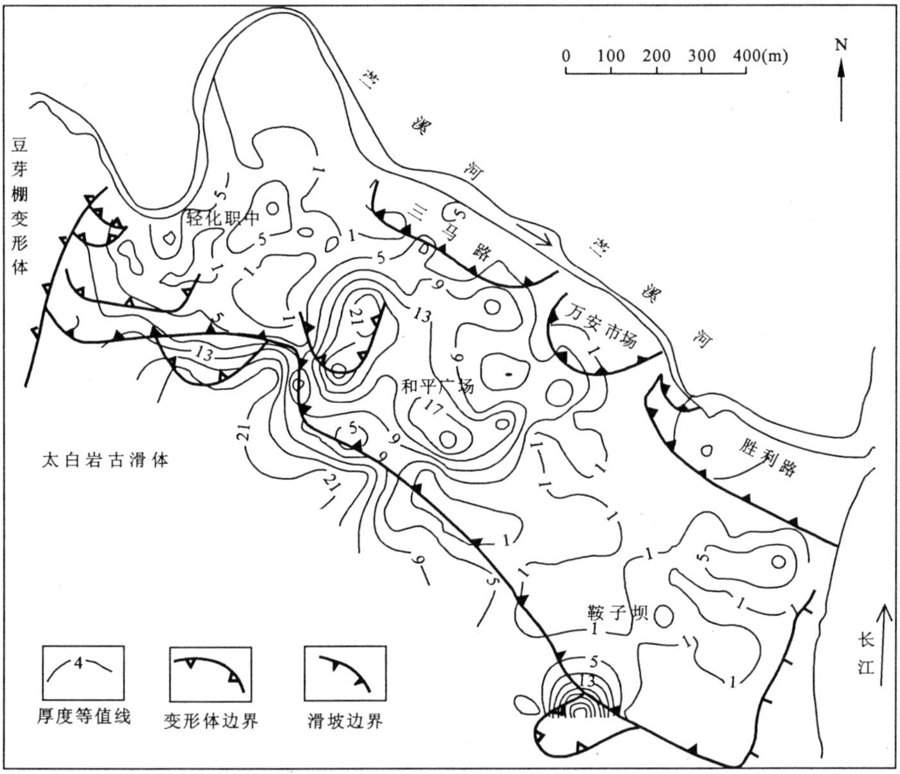

图 5-18　碎块石土层分布厚度等值线图

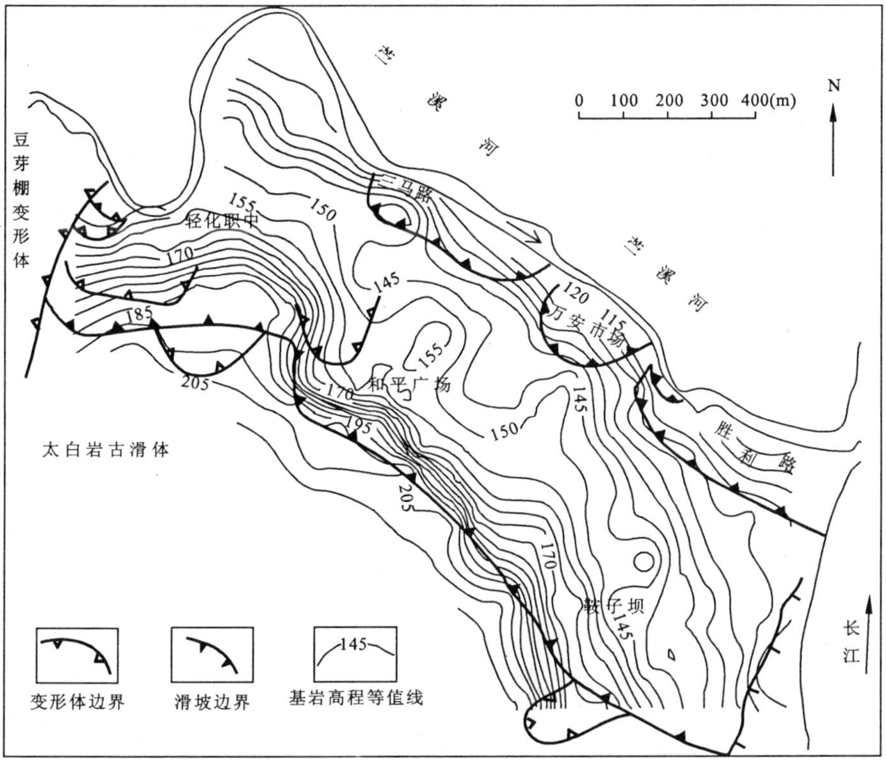

图 5-19　和平广场堆积体下伏基岩高程等值线图

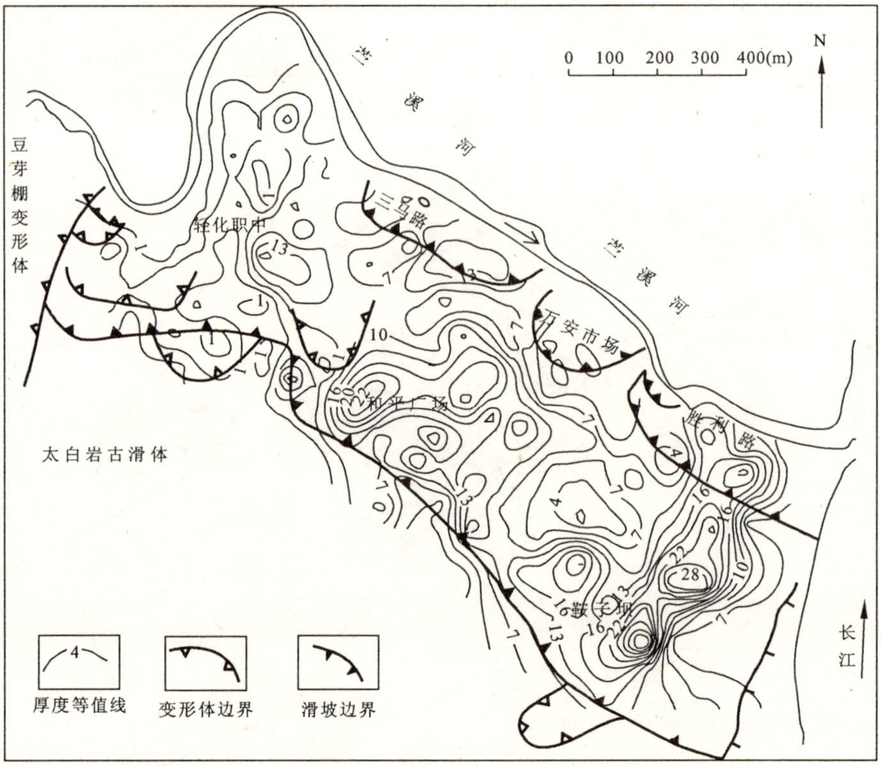

图 5-20　粘土夹碎块石层分布厚度等值线图

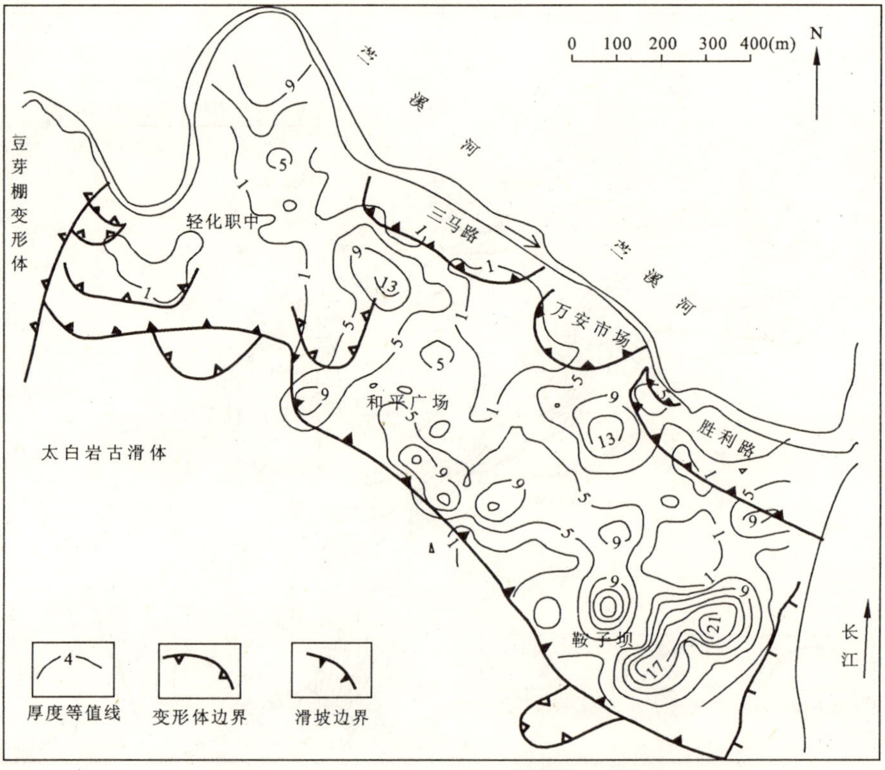

图 5-21　和平广场河流冲积物厚度分布等值线图

3. 各堆积层的相互接触关系

和平广场松散堆积体最上面一层是人工填土，其下是碎块石层和粘土夹碎块石层，最下面是粘土、淤泥质粘土、粉质粘土和砂卵石。在很多钻孔中可以见到，粘土夹碎块石层（或碎块石层）的上覆堆积层为人工填土，下伏岩层就是基岩（图 5－22）。也有很多钻孔显示，粘土夹碎块石与碎块石层相互接触，这两层的接触关系主要有两种。

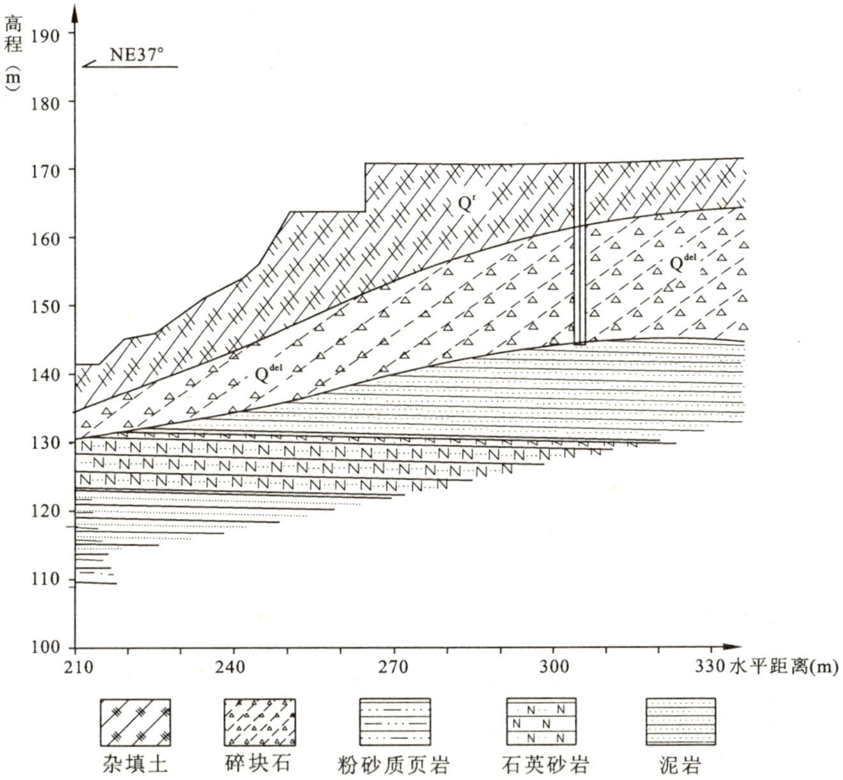

图 5－22　碎块石层与基岩直接接触

1）二元接触关系

二元接触关系可分为如下两类：一类是粘土夹碎块石层为上覆层，碎块石层为下伏堆积层（图 5－23）；另一类是碎块石层为上覆层，粘土夹碎块石层为下伏堆积层。绝大多数钻孔可以见到第一种接触关系，部分钻孔可以见到第二种接触关系。

2）多元接触关系

很多钻孔可以见到粘土夹碎块石层与碎块石层呈交错重叠复杂的多元接触关系（图 5－24）。粘土、淤泥质粘土、粉质粘土和砂卵石与其他堆积层的接触关系多数为二元接触关系，上覆堆积层为粘土夹碎块石层或碎块石层，下伏岩层为基岩。在少数钻孔也见到了基岩与粘土夹碎块石层和碎块石层的多元接触关系。

4. 和平广场松散堆积体滑动面特征

为了分析和平广场松散堆积体中滑动面的形态特征，了解松散堆积体滑坡的形成发展过

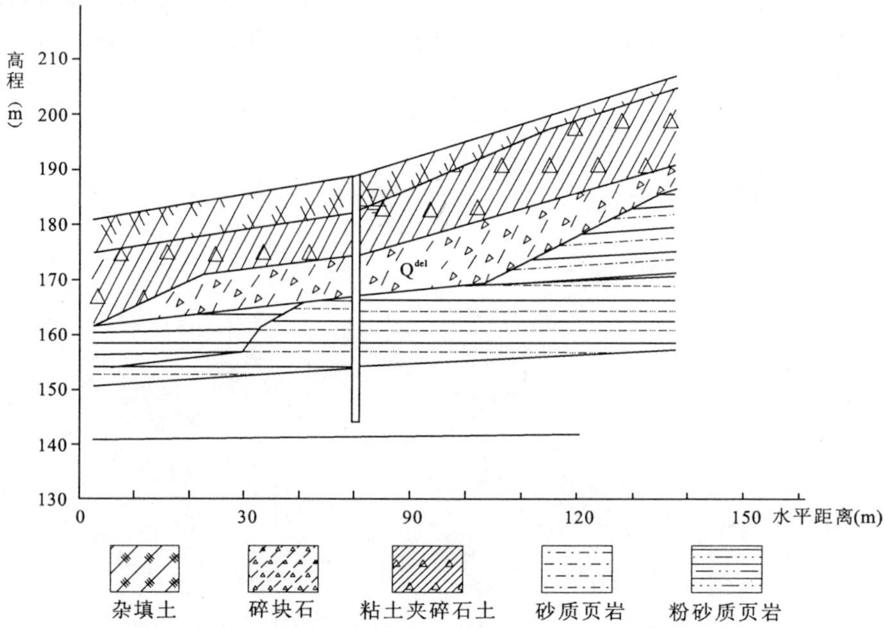

图 5-23　碎块石层与粘土夹碎块石层的二元接触关系

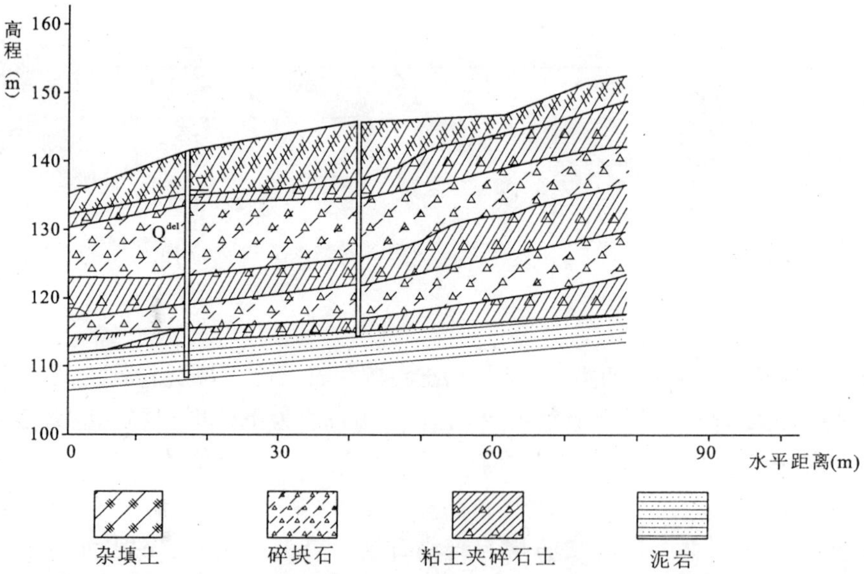

图 5-24　碎块石层与粘土夹碎块石层的多元接触关系

程，对和平广场松散堆积体 71 个勘探钻孔和 8 个探井中见到的滑动面特征进行了统计分析，对滑动面的平面形态进行了恢复。

1)堆积体剪裂面基本特征

和平广场堆积体中分布的剪裂面按其形态可以划分为三种类型:平直型剪裂面、弯曲型剪裂面和挤压(面)带。平直型剪裂面在形态上有以下特点:剪裂面平直、光滑(多数存在镜面),分布有擦痕。平直型剪裂面不仅不同倾角都有分布,而且在堆积体的不同位置、不同深度都可以观测到(图版 5-4 至图版 5-8)。弯曲型剪裂面:剪裂面弯曲起伏,附有泥膜,有擦痕分布。弯曲型剪裂面在 AZJ2、AZJ3、QHJ1 和 QHJ2 竖井中都有揭露,同样它们分布在堆积体的不同深度处。挤压(面)带呈丝状、扁平透镜体状挤压面。

和平广场松散堆积体按倾角可以分为如下四类:①缓倾角,0°～15°;②中倾角,15°～45°;③中、陡倾角,45°～75°;④陡倾角,75°～90°。统计显示(图 5-25),各类倾角的剪裂面均有分布,其中缓倾角占 26%;中倾角占 43%;中、陡倾角占 25%;陡倾角占 8%。

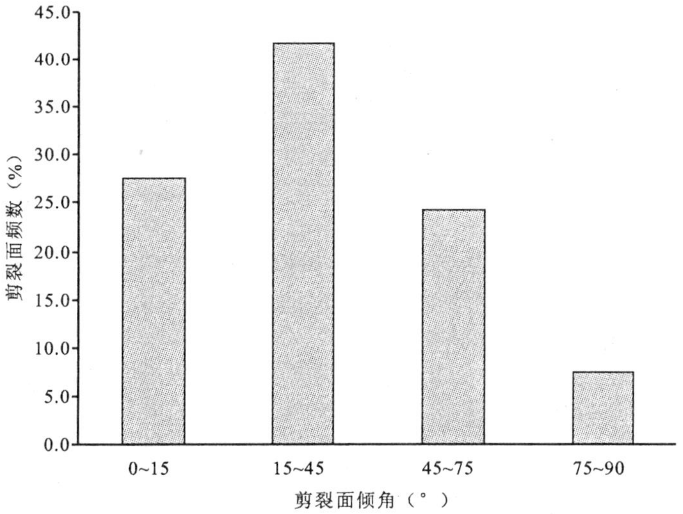

图 5-25　和平广场松散堆积体剪裂面倾角分布图

2)剪裂面的空间分布特征

剪裂面分布高程:对和平广场松散堆积体 140～160m 高程的基岩台面以上、堆积体中分布的剪裂面高程分别进行单独的统计,其目的是想从统计学上证实在某一区域内剪裂面在平面空间上是否连续,其成果见图 5-26。和平广场 140～160m 高程的基岩平台(Ⅲ区)上覆堆积体中,剪裂面在 140～145m、145～150m、150～155m 和 155～160m 不同的高程区间上都有分布,而且分布频数大体相当。这就是说,没有出现剪裂面分布占明显优势的高程区间。

剪裂面空间分布:首先根据钻孔和探井揭露滑面的高程、坐标、倾向和倾角,在剖面图上进行标注,分析滑动面在剖面图上的分布特征,然后根据这些剖面图,推测滑动面在空间的分布形态。

在分析滑动面的空间形态特征时,应遵循以下原则:

(1)同一个滑带上的剪切面在高程上自滑坡后缘至前缘逐渐降低;

(2)同一个滑带上的剪切面在相同高程倾向大致相同;

(3)同一个滑带上的剪切面倾角自滑坡后缘至前缘逐渐减小。

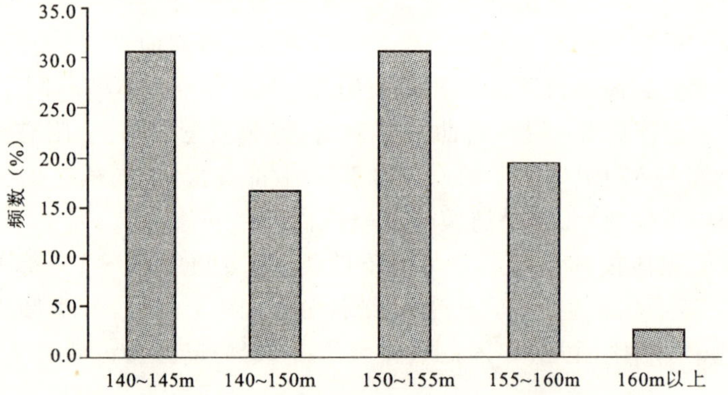

图 5－26　和平广场松散堆积体剪裂面高程分布图

根据钻孔、竖井揭露的剪切面特征，遵循以上原则，得出滑动面在平面上的分布形态（图 5－27）。从剪切面的空间形态分析，和平广场发育一系列的剪切面，规模大小不一。由此可以

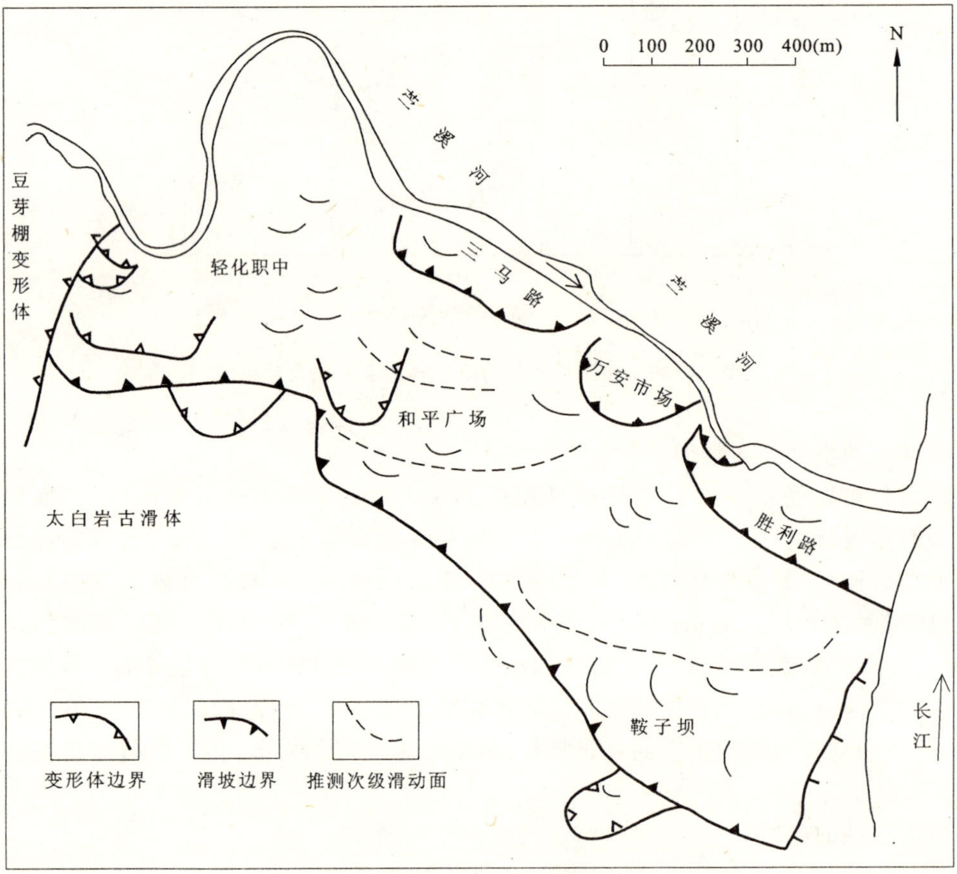

图 5－27　和平广场松散堆积体剪切面分布图

断定，和平广场松散堆积曾发生过多次滑动。

三、万州中学松散堆积体特征及其成因

（一）万州中学松散堆积体基本特征

万州中学松散堆积体位于安乐寺古滑坡前缘，万州西溪铺—安乐寺一带，北起安乐寺、人头山，南至苎溪河北岸，西起万虎城，东至长生河西岸，东侧为天城区沙河镇西郊。二级台阶上现为万州中学。

万州中学松散堆积分布高程在 142～210m 之间，东西宽约 880m，南北长约 120～360m，总面积约 $22.8\times10^4m^2$，平均深 18.8m，体积 $428.8\times10^4m^3$。滑坡平面形态呈一横长条形，沿苎溪河岸及一级台阶后缘展布（图 5－28）。堆积体成分主要为粉质粘土夹碎块石、粉砂及少量人工堆积物。粉质粘土呈褐红色、褐黄色、灰褐色，局部为浅灰白色。干燥时强度较高，浸水湿润后一般呈可塑状。碎块石含量一般在 5%～30%，成分以长石石英砂岩、泥质砂岩为主，其次为粉砂质泥岩、泥岩。棱角状，分选性差，块径变化大，小者为角砾，一般为 100～800mm，块径大者可达 6m。大块石多分布在滑坡前缘和后缘。粉砂成分以砂粒为主，含少量岩屑及粘土，呈松散-稍密状，湿。内含卵石，含量为 10%～30%，粒径为 20～80mm，呈次圆状，母岩成分为砂岩及少量灰岩、石英岩，分选性较差，为冲洪积作用形成。主要分布于苎溪河一级台阶前缘大部分地段，层厚 1.70～13.70m，平均厚为 6.03m。

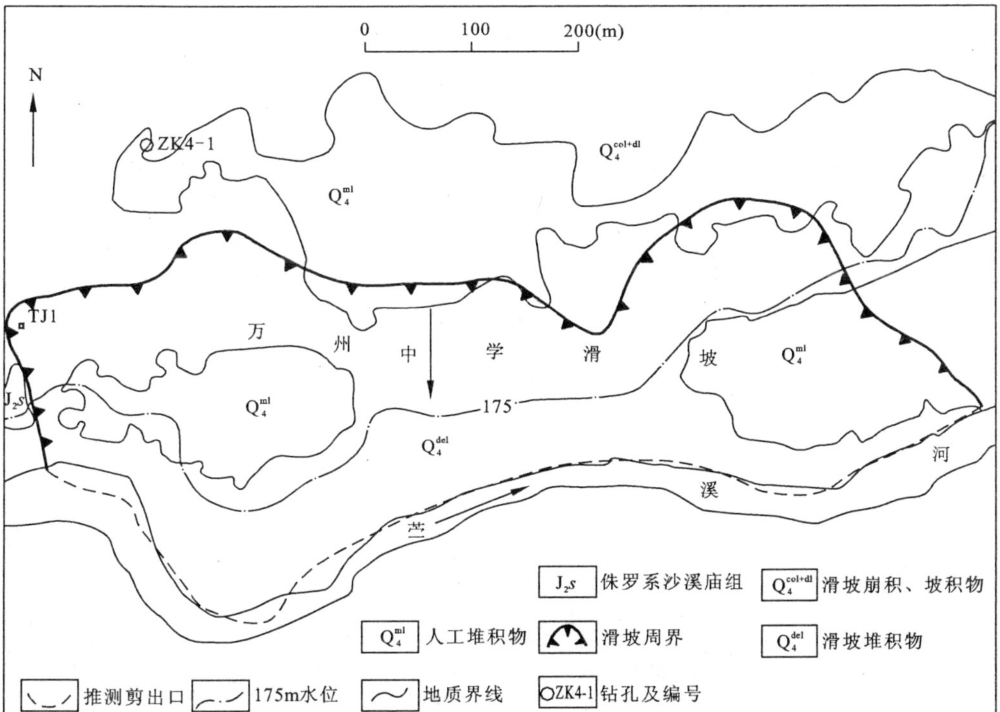

图 5－28　万州中学松散堆积体平面图

人工填土含少量孔隙潜水，由大气降水补给，短途径流排泄。因其零星分布，且厚度变化大，故不构成统一的含水层。粘土夹碎块石土，由于碎块石分布不均，且粘土隔水性能较好，当接受大气降水及地表水（水塘）补给后，地下水短途径流在地形低洼（苎溪河岸）处排出，故地下水的赋存性较差，因此松散堆积层内不具统一地下水位。砂卵石层由于赋存位置低，由于苎溪河的补给，地下水量较丰富，地下水赋存于古河床冲洪积层及现在河床冲洪积层中，略具承压性，埋深1.70～5.30m，水位高程在143.74～155.37m。

万州滑坡松散堆积体中存在多个次级滑面，滑带土成分为可塑状—软塑状粘土，褐黄色夹灰白色，含少量泥岩角砾，具搓揉磨光现象，所见滑面平直，镜面光滑，擦痕清晰，部分滑面见灰白色粘膜。

（二）万州中学堆积体成因分析

1. 松散堆积体分层及成因分析

对万州中学松散堆积体98个勘探钻孔进行逐一分析，依据各个层位岩土体物质成分的不同进行初步分层，并同时对各土层进行成因的初步判断，然后对相邻钻孔的土层进行比较，将相同土层连接起来，绘制工程地质剖面图（图5-29）。最后将工程地质剖面图进行综合对比分析，找出相邻各剖面之间的联系和差异，分析每一土层的连续性、延伸性。

按照由点到线再到面即“钻孔—剖面—成层”的思路，遵循以上的划分原则将该地区的松散堆积物分为人工堆积层、粉质粘土夹碎石土层及砂土层三种类型。

1）人工堆积层

该区的人工堆积物为杂填土，松散、稍湿，主要由粘土、砂岩碎块、建筑垃圾、生活垃圾等构成。厚度在0.5～3m之间，厚度变化大，连续性差，主要分布在万州中学及居民集中居住区（图5-30）。在统计的98个钻孔中共有17个钻孔揭露了杂填土层。

2）粉质粘土夹碎石土层

粉质粘土夹碎石土层在该地区均有分布，在统计的98个钻孔中均有粉质粘土夹碎石土的地层出现（图5-31）。该土层的厚度变化很大，厚度在1.3～34.8m之间。从图5-31中可以看出，粉质粘土夹碎石土层有两个明显的集中分布区，即分布在苎溪河拐弯明显的凸岸，呈团块状分布。从基岩面的顶面高程图（图5-32）上分析，这两个集中区分布在高程190m陡坡以下的150m平台上。在陡坡转变为平台的地段，粉质粘土夹碎石土的堆积体厚度最大，而其基岩面坡度很陡的地段和靠前的地段都相对较薄。从剖面5—5′、6—6′中可知，粉质粘土夹碎石层直接覆盖在砂土层之上，并且在该土层中发现有大量的镜面和剪切面，而且镜面的倾角也都比较一致，存在规模较大的滑动面，说明该土层两个厚度集中区是由滑坡作用形成的。

3）砂土层

该区砂土主要为粉砂土，深褐色或深灰色，松散—稍密状，夹卵石，卵石多呈次圆状，成分多为砂岩（少量为灰岩），含量大约为8%～20%。在统计的98个钻孔中共有18个钻孔揭露了砂土层，集中分布在该地区苎溪河沿岸一线（图5-33）。砂土地层在苎溪河沿岸大部分区域只是在河床边缘的狭窄区域有所分布，只有在剖面6—6′处砂土层向北延伸较深入。

砂土层的厚度变化较大，厚度在1.3～13.7m之间。底面高程主要在140m左右，顶面高程主要在147m左右。从该区的砂土分布形态分析，砂土主要是由于河流作用形成的。从砂土的成分分析，其中大部分砂土中都含有10%～20%左右的卵石，卵石呈浑圆状或次圆状，可以判定该地区的砂土为河流冲积或洪积作用所形成。

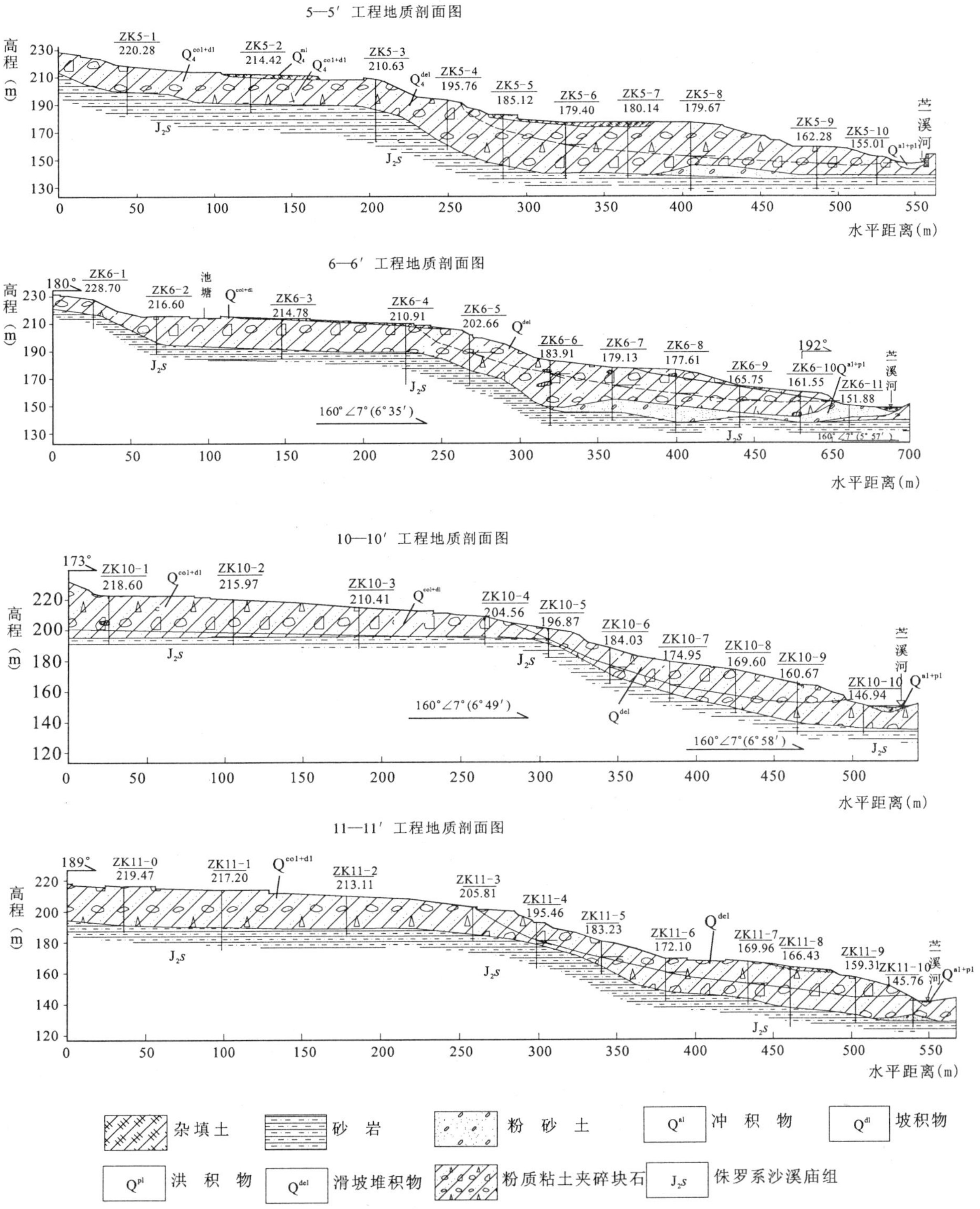

图 5-29　万州中学松散堆积体联合工程地质剖面图

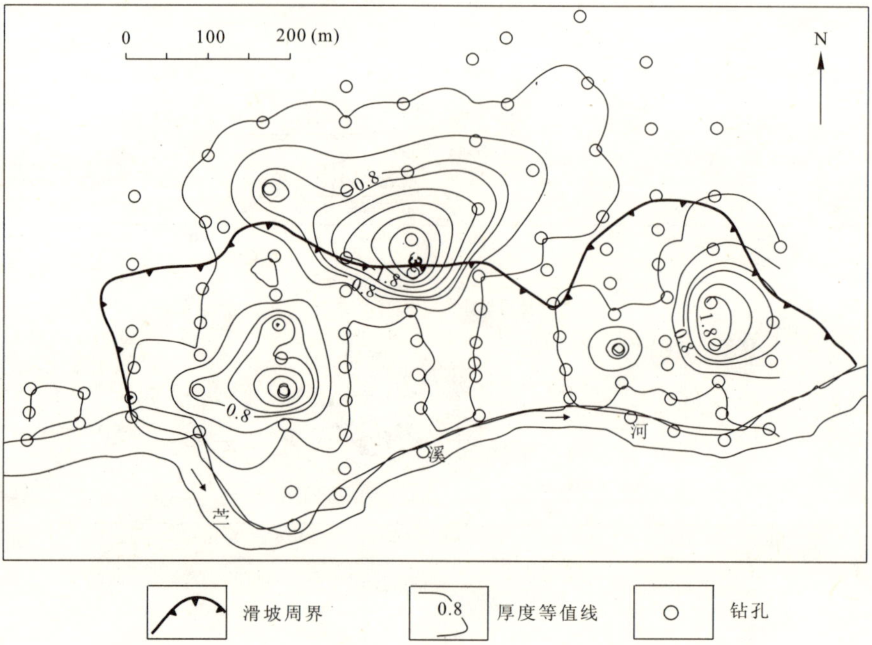

图 5-30 万州中学人工填土厚度等值线图

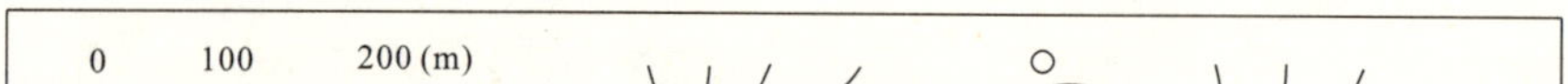

图 5-31 万州中学粉质粘土夹碎石土层厚度等值线图

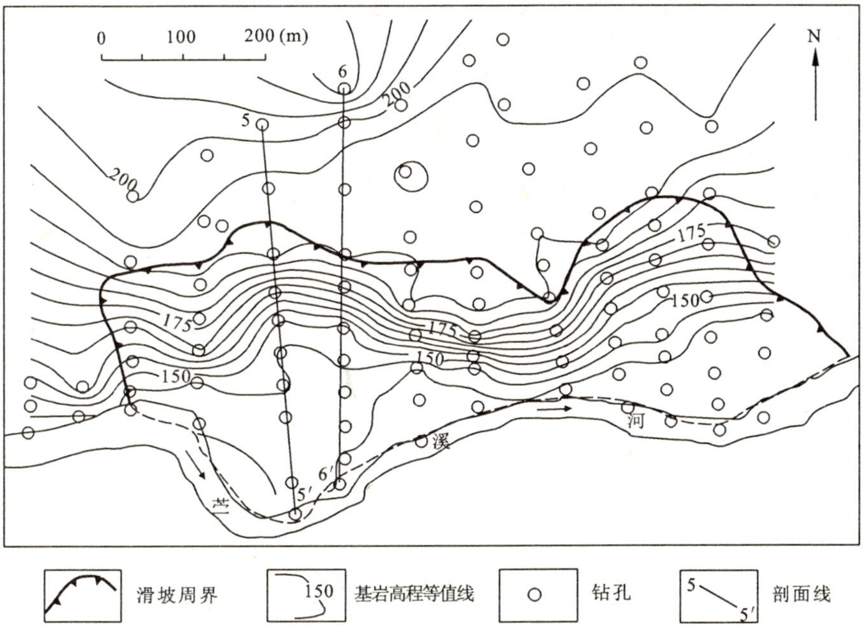

图 5－32　万州中学松散堆积体基岩面高程等值线图

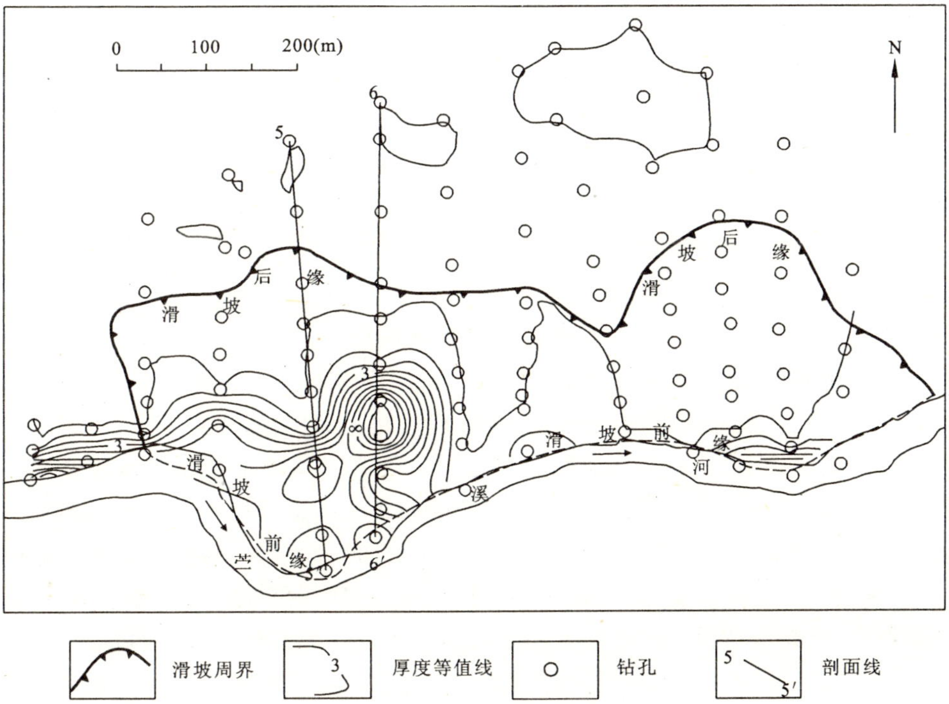

图 5－33　砂土层厚度等值线图

此外，在剖面 6—6′处砂土层向北延伸较深入，分布较广，厚度也相对较大，从此也可以判断该处河流在历史时期古河道分布得比较靠北。后来由于河流的侵蚀作用，造成后缘堆积体发生滑动，迫使苎溪河改道。根据基岩面高程的分布特征(图 5－32)及砂土层的分布特征对苎溪河古河道进行恢复，如图 5－34 所示。

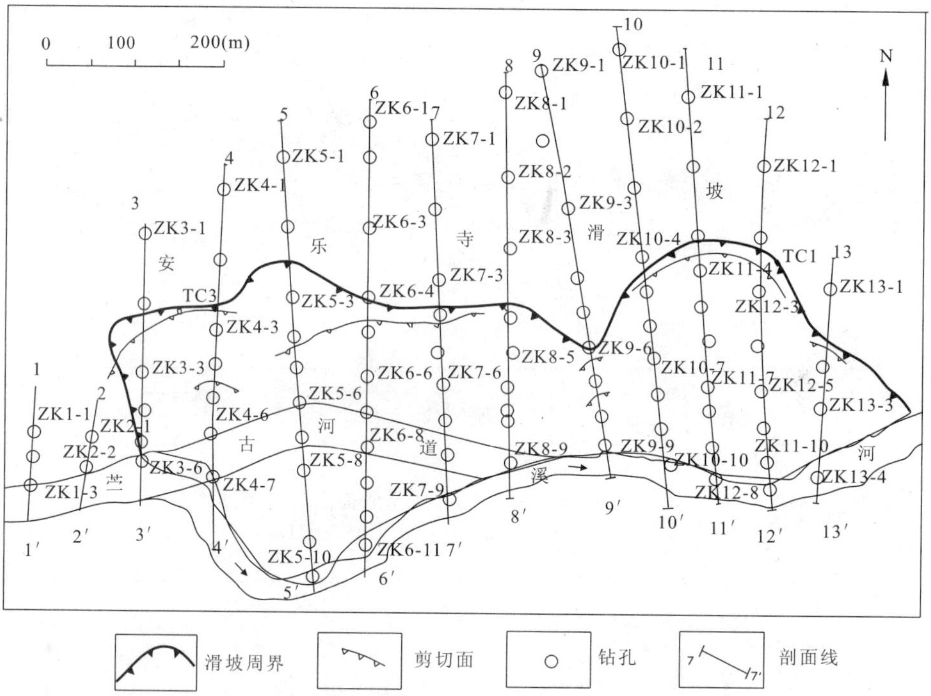

图 5－34 苎溪河河道变迁与剪切面分布平面示意图

2. 剪切面特征描述

在该区的粉质粘土夹碎石层中发现有大量剪切面存在。除了剖面 1—1′、2—2′外，其他每一条剖面上都有分布。对该区 98 个勘探钻孔资料进行统计，有 37 个钻孔揭露了剪切面。绝大多数剪切面具有平整、光滑的特征(图版 5－9)，而且许多剪切面上有擦痕出现，大部分擦痕与剪切面的倾向一致。该地区的剪切面均分布在粉质粘土地层中，在高程上可以分为两类：一类是中深部的剪切面；一类是上部浅层的剪切面。中深部的剪切面在倾向和高程上具有空间上的连贯性和一致性。相邻剖面上的剪切面按照其倾角和高程可以很好地连接起来。按照剪切面在钻孔中的分布高程及其产状，在剖面上将剪切面向地面延伸，得到剪切面的平面分布图(图 5－34)。从图 5－34 中分析可知，在粉质粘土夹碎石层的两个厚度集中区的后缘分布着规模较大的剪切面，这充分证明了两个粉质粘土夹碎石层是由滑坡作用形成的。

此外，该地区还出现不少上部浅层的剪切面，但是它们在高程上的一致性和倾角上的连续性差，说明它们是不同区域不同期次的小型表层滑坡形成的。

总之，该地区的剪切面的分布特征及其自身形态特征说明了该地区在地质历史上发生过一次或几次大型的堆积体的滑动，同时也经常发生表层的小型滑动。

3. 松散堆积体前缘滑坡形成时代探讨

从以上论述可知，万州中学松散堆积体中粉质粘土夹碎石土层厚度集中区由滑坡作用形成，其滑坡堆积体直接覆盖在河流冲积物上，河流冲积物的高程为135～145m，与苎溪河在该段的现代河床高度相当，证明万州中学滑坡形成年代为一级阶地 T_1 以后，为几千年内发生的滑动。

四、农机技校松散堆积体特征及其成因

（一）农机技校松散堆积体基本特征

农机技校松散堆积体位于安乐寺古滑坡前缘，北起丝绸厂，南至南浦机械厂，东起长生河，西至上坪十一组水塘一带（图5-35）。松散堆积体区地形西高东低，分布高程143.30～225.00m，前后缘高差74.7m，东西长340m，南北宽425m，面积 $10.54\times10^4m^2$，滑体平均厚度14.20m，体积 $150\times10^4m^3$。堆积体总体坡角为32°～35°，其中部受后期剥蚀破坏，坡度角为24°～26°，堆积体发育三级平台。

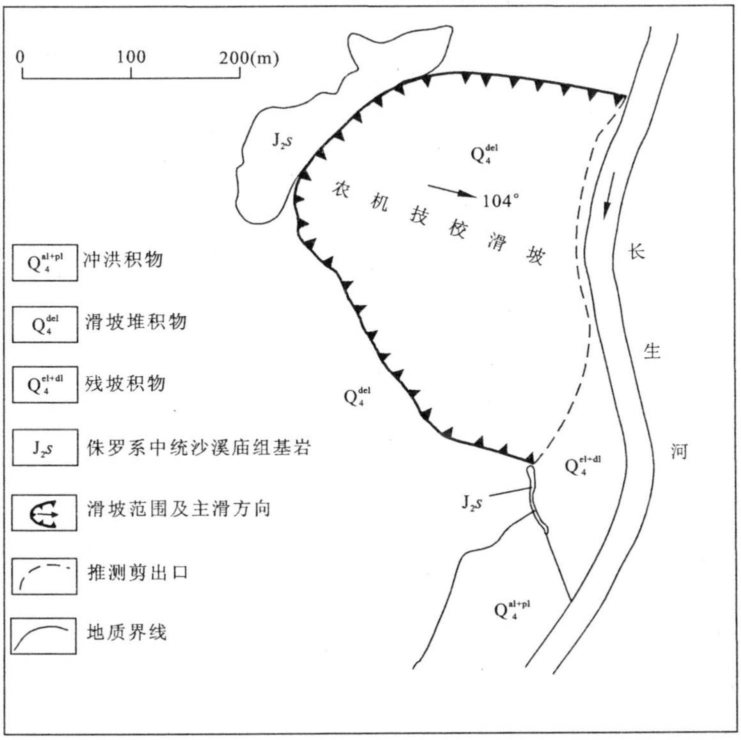

图5-35 农机技校松散堆积体平面图

根据地面变形裂隙调查及探井探槽中滑面、擦痕方向判定，农机技校松散堆积体曾发生过滑坡，滑坡主滑方向104°。中后部滑面倾角4°～32°，前部倾角2°～8°，在滑坡前缘滑面出现反倾向，滑体的反倾角为2°～3°。

滑带土的物质为棕红色、灰白、灰绿色粉质粘土，局部为粘土，厚度一般为0.1～2.6m，最

薄的棕色粘土滑带5～10mm，前部沿基岩顶面或卵石层顶面滑移，滑带前部位于河流冲积卵石层顶面。滑体物质主要由粉质粘土夹碎块石土组成，表层为人工填土，厚度变化大，钻孔揭露为4.50～32.75m，且结构松散。

堆积体地下水以松散岩类孔隙水为主。地下水位埋深一般0.18～9.60m，呈浸润状或散滴状渗出，在松散堆积物内不具备统一的地下水位。堆积体内地下水以接受大气降水、水塘、冲沟流水等补给，短途径流在地形低洼处排泄。

（二）农机技校松散堆积体形态特征及成因分析

对农机技校松散堆积体46个勘探钻孔进行逐一分析，依据各个层位岩土体物质成分的不同进行初步的分层，对各层岩土体进行成因的初步判断。然后作工程地质剖面图（图5－36），在每一条剖面上对各个钻孔进行综合对比研究，对每个钻孔的土层进行比较验证，在各个剖面上进行分层，绘制出各土层地质剖面图。最后将工程地质剖面图放在一起进行综合对比研究，找出相邻各剖面之间的联系和差异，分析每一土层的连续性、延伸性。

按照由点到线再到面即“钻孔—剖面—成层”的思路，遵循以上的划分原则将该地区的松散堆积物分为人工堆积层、粉质粘土层、碎石土层及卵石土层四层。

1. 人工堆积层

该地区的人工堆积物为素填土及杂填土，松散、稍湿，主要由粘土、砂岩碎块、建筑垃圾、生活垃圾等构成。人工填土在该地区分布很广泛，主要分布在公路、农机技校及居民集中居住区（图5－37）。在统计的46个钻孔中有35个钻孔中揭露了人工填土层。

人工堆积土层厚度在0.4～5m之间。厚度变化大、连续性差，主要与该处的人口集中程度有关。

2. 粉质粘土层

该地区粉质粘土层中夹杂有碎石块。粉质粘土层在该地区分布广泛，在统计的45个钻孔中（图5－38）有44个钻孔揭露了粉质粘土。粉质粘土厚度变化很大，厚度在2.5～30.75m之间。

从图5－38中分析可知，粉质粘土在松散堆积体中部分布较厚，南、北分布较薄。厚度集中区基本上呈舌状分布。从基岩面的顶面高程图（图5－39）分析可知，在中后部基岩面坡度很陡，在中部地区也就是基岩面的陡坎下面，粉质粘土的堆积体厚度最大，而其后部基岩面坡度很陡的地段和靠前的地段都相对较薄。并且，在粉质粘土中发现有大量的镜面和剪切面，镜面的倾角都比较一致，能很好地连接起来，说明松散堆积体曾发生过滑动并且规模较大。粉质粘土的形态及存在的滑面，说明粉质粘土是由滑坡作用形成的。

3. 卵石土层

该地区的卵石土，多呈暗灰、灰黄色，稍密，多夹有植物碎片，卵石之间为中细砂填充，卵石多呈次圆状，粒径在2～8cm之间，成分多为砂岩。在统计的46个钻孔中有8个钻孔揭露了卵石土层。卵石土层集中分布在长生河沿岸一线（图5－40），厚度变化也较大，在1.4～10.8m之间。底面高程为137m左右，顶面高程为143m左右。

从卵石土分布形态分析，其主要分布在长生河沿岸一线，是由于长生河河流作用形成的，并且从卵石层的成分分析，其中卵石之间以中细砂填充，且大部分卵石土层夹杂有植物碎片，也可以判定此卵石土层为河流冲积或洪积作用所形成。

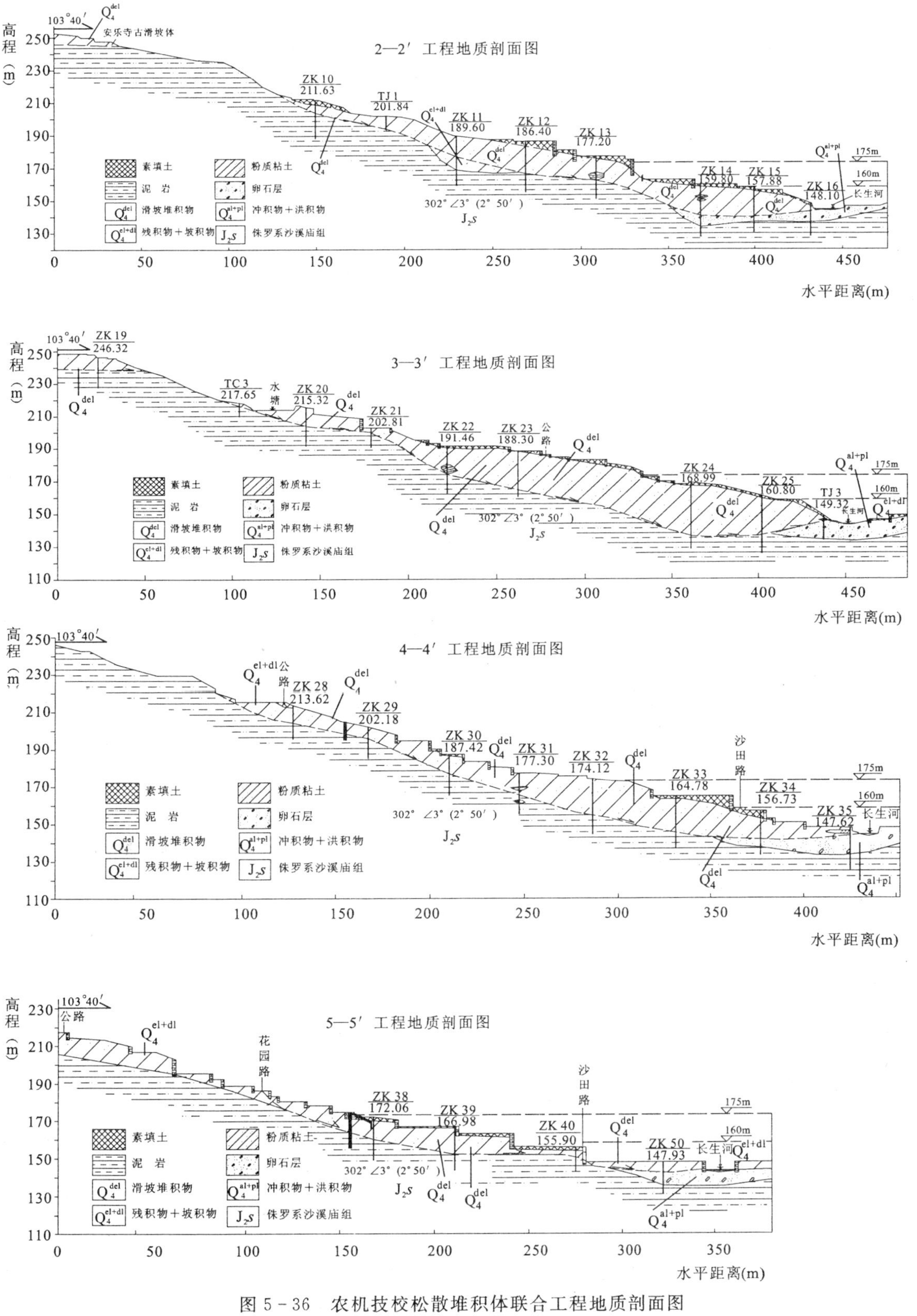

图 5-36　农机技校松散堆积体联合工程地质剖面图

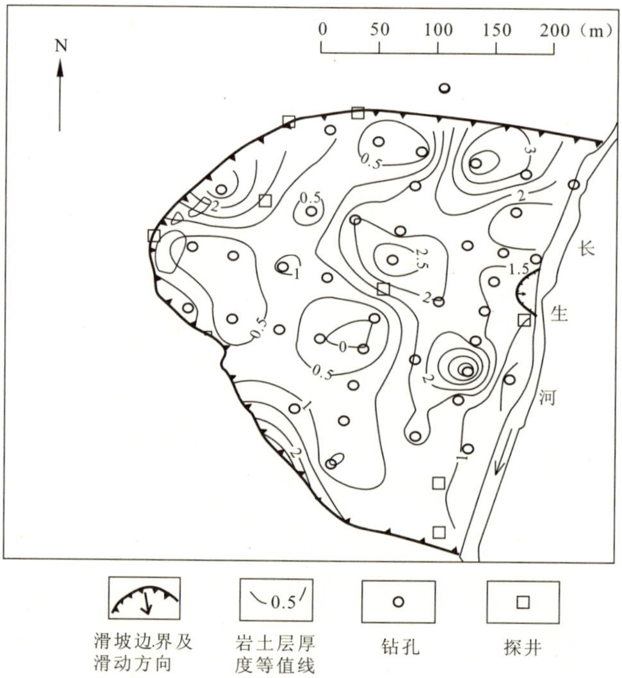

图 5-37　人工填土厚度分布等值线图

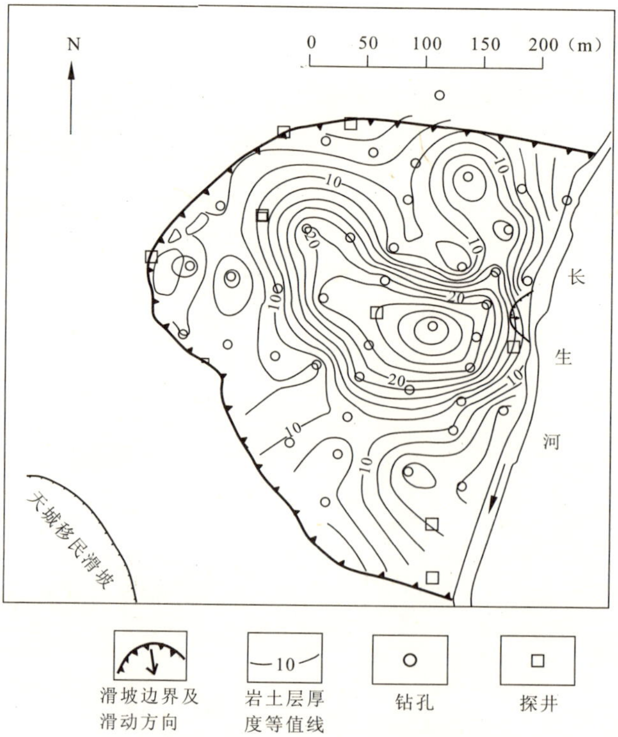

图 5-38　粉质粘土厚度分布等值线图

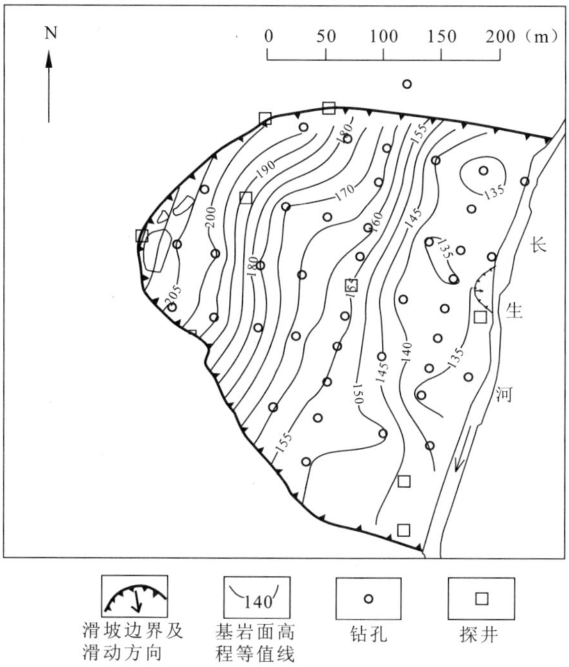

图 5－39　基岩面高程等值线图

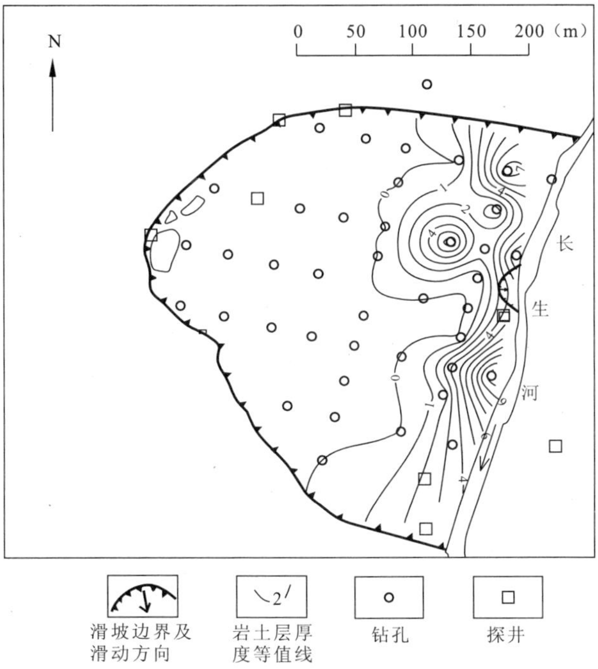

图 5－40　卵石土层厚度分布等值线图

4. 碎石土层

碎石土主要由碎石与粘土组成，碎石成分为砂质泥岩、砂岩，褐红色或褐黄色。碎石土层在该地区分布比较分散，在统计的 46 个钻孔中只有 5 个钻孔揭露了碎石土层。碎石土层的厚度在 1.5～5.2m 之间(图 5－41)。碎石土层主要分布在松散堆积体后部、基岩面较陡地段与低洼平缓地段的转换部位，呈带状分布，规模小，厚度随基岩面的起伏有所变化。由此可以判断，碎石土是基岩较陡地段发生崩塌堆积形成的。

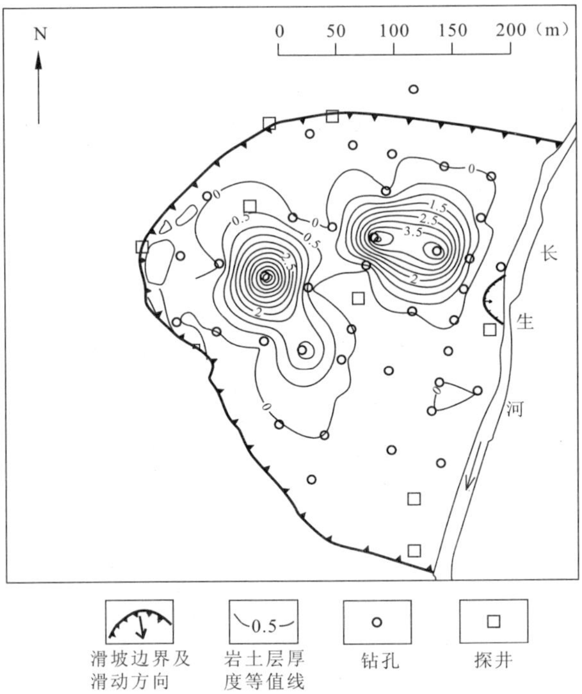

图 5－41　碎石土层厚度分布等值线图

(三)剪切面特征

在粉质粘土层中发现大量剪切面，在每一条勘察剖面上都有分布。经过统计该区的 46 个钻孔，有 18 个钻孔揭露了剪切面。绝大多数剪切面具有平整、光滑的特征，而且许多剪切面上有擦痕出现(图版 5－10)，大部分擦痕都与剪切面的倾向一致。

该地区的剪切面主要分布在粉质粘土层中，在高程上可以区分为两种：一种是中深部的剪切面；一种是上部浅层的剪切面。中深部的剪切面在倾角和高程上具有空间上的连贯性和一致性。按照剪切面在钻孔中的分布高程、剪切面的倾角，在剖面上将剪切面向平面延伸，得剪切面的平面分布图(图 5－42)。从图 5－42 中分析可知，农机技校松散堆积体中分布多个剪切滑动面，说明农机技校松散堆积体曾发生过多次滑动。大量粉质粘土直接覆盖在卵石层上(图 5－36)，充分证明了农机技校中部粉质粘土集中区是由滑坡作用形成的。

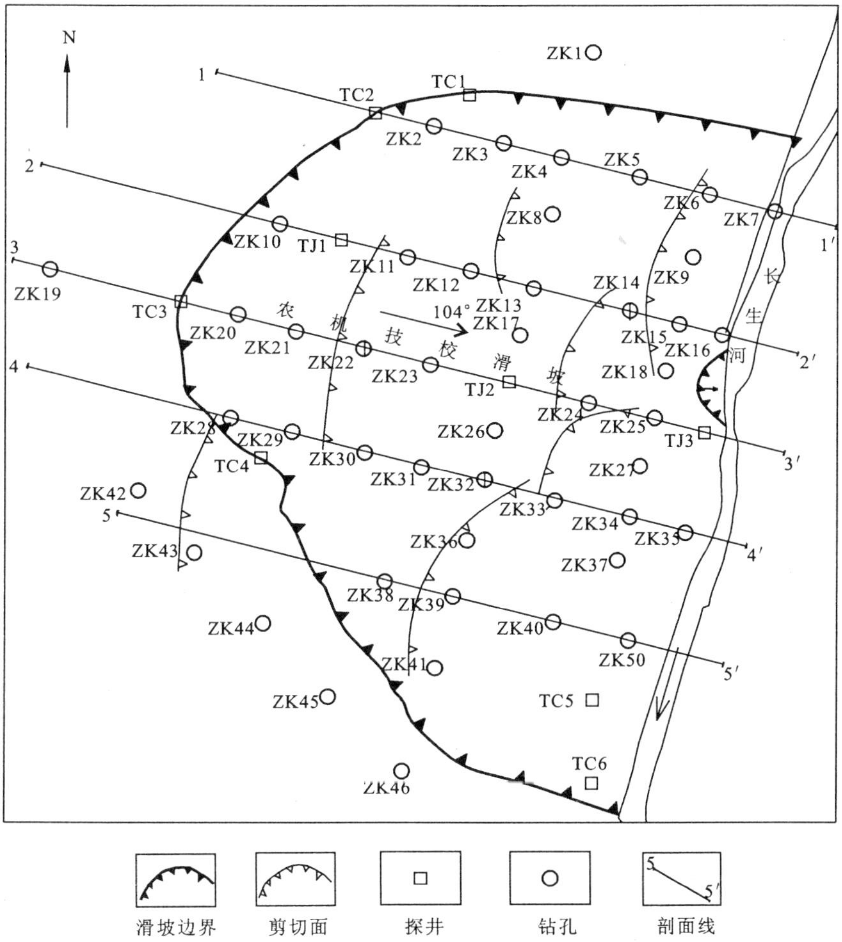

图 5-42　农机技校松散堆积体剪切面平面分布示意图

五、吴家湾松散堆积体特征及其成因

(一)吴家湾松散堆积体基本特征

吴家湾松散堆积体东起磨刀梁西侧坡下，西至万州教学模具厂西侧，北以苎溪河南侧河边为界，南于达万铁路石柱坪隧道口外侧陡坡下。纵长 348m，前缘宽 513m，面积为 14.01×10^4m^2；厚度为 4.0～28.6m，平均厚 15m，体积为 210.15×10^4m^3(图 5-43)。

松散堆积体主要由粉质粘土及碎块石组成，表层为人工填土，下伏基岩为侏罗系中统上沙溪庙组(J_2s)泥岩、泥质砂岩和砂岩，且在堆积体前沿发现河流相沉积物(沙和卵石)。人工填土较薄，厚度为 0.5～4.0m。粉质粘土为黄棕色、暗棕色、棕色、灰棕色，湿-饱水，呈可塑-硬塑状态。含碎块石，碎块石成分主要为灰色、青灰色长石石英砂岩、红褐色泥质砂岩及砂质泥岩，多呈棱角状、次棱角状、次圆状，大小差异较大，一般为 20～80cm，最大块石(孤石)可达 6.0m 左右，多为全-强风化，较破碎，含量为 15%～30%左右。

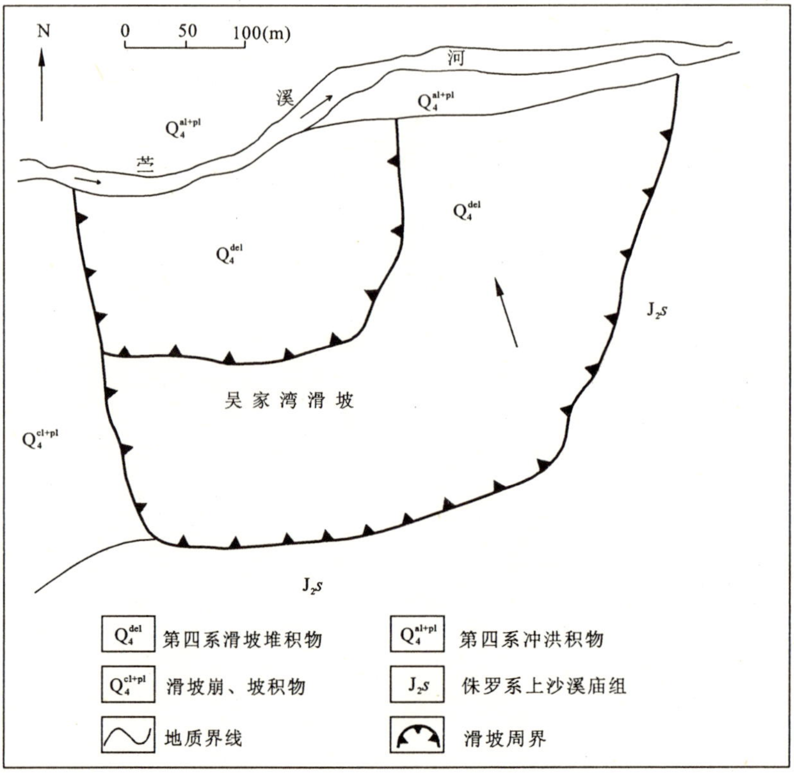

图 5-43　吴家湾松散堆积体平面图

该区域出露的基岩为侏罗系中统上沙溪庙组的泥岩和砂岩，但以泥岩为主，以及第四系的松散堆积层，因此其地下水的类型主要有碎屑岩孔隙裂隙水、风化网状裂隙水和松散层孔隙潜水。由于基岩中的孔隙裂隙较小，岩层的产状平缓，不利于地表水和大气降水的渗入补给；松散层多分布于斜坡地带，地下水的排泄条件好。所以该区域的地下水较贫乏，泉水的流量一般小于 0.05L/s。滑坡表面未发现地下水露头，仅在滑坡的两侧壁有泉水露头。

根据勘探工程揭示，松散堆积体曾发生过滑坡。滑动带(面)主要受基岩面控制，近岸坡地带受临空面控制，沿松散层与基岩接触的薄弱带滑动剪出。底部滑动带(面)埋深一般为 5.2～24.2m，最深可达 32.1m。据勘探揭露：滑动面倾向为 0°，倾角在 10°～20°之间，局部为 70°左右。所见滑面多波状起伏，表面被磨光成镜面状，可见清晰的擦痕，部分滑面上有灰白色粘土。

(二)吴家湾松散堆积体形态特征及成因分析

对吴家湾松散堆积体 28 个勘探钻孔进行逐一分析，依据各个层位岩土体物质组分的不同进行初步的分层，并同时对各层岩土体进行成因的初步判断。然后作工程地质剖面图(图 5-44)，在每一条剖面上对各个钻孔进行综合对比研究，对每个钻孔的土层分层情况进行比较验证，在各个剖面上进行分层，绘制出各条地质剖面图。最后将工程地质剖面图放在一起进行综合对比研究，找出相邻各剖面之间的联系和差异，分析每一土层的连续性、延伸性，再次进行局

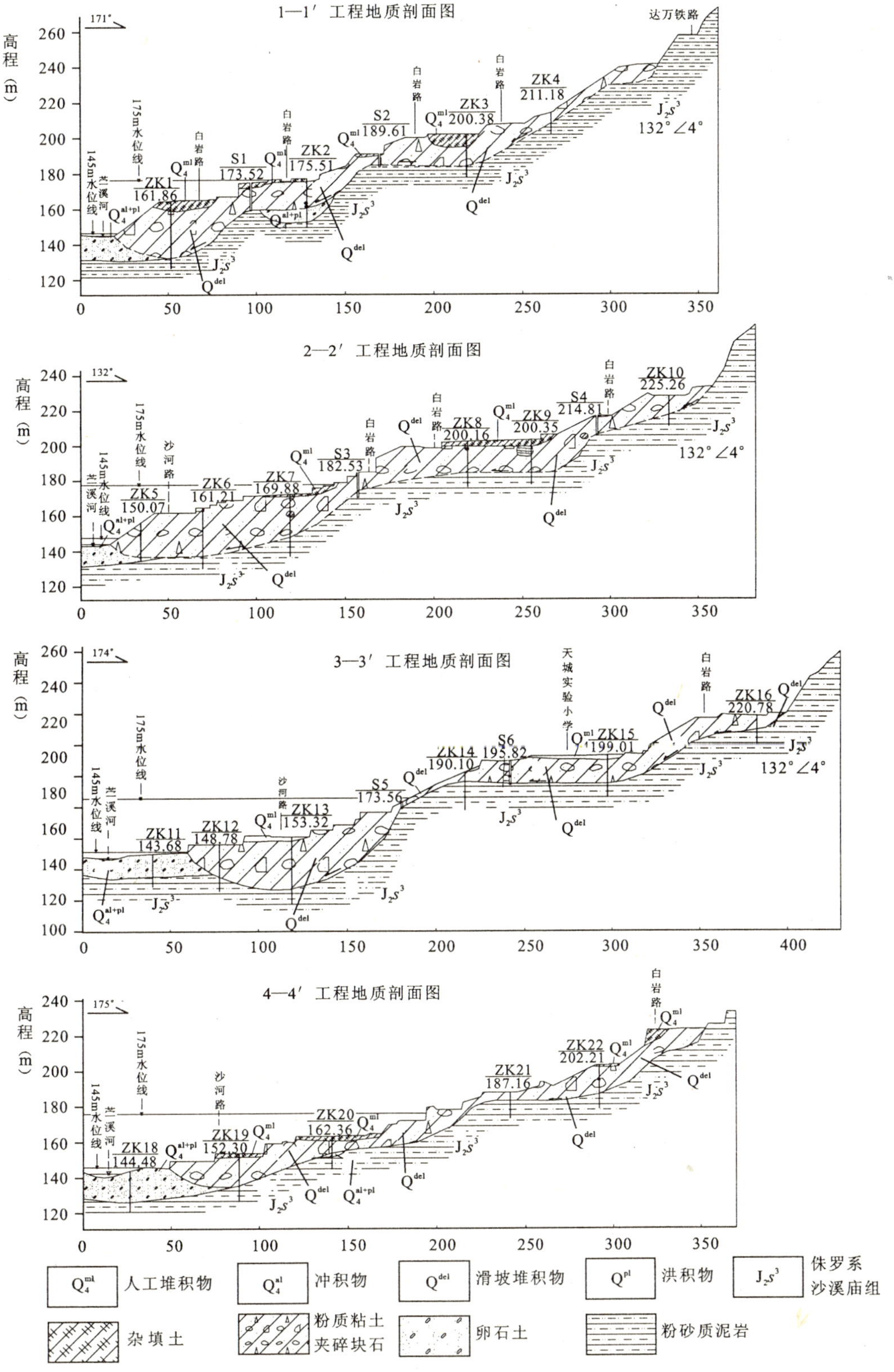

图 5-44　吴家湾松散堆积体联合工程地质剖面图

部调整处理，将松散堆积体划分为规模大、连续性强、延展性好的土层。

按照由点到线再到面即“钻孔—剖面—成层”的思路，遵循以上的划分原则，将该地区的松散堆积物分为人工堆积层、粉质粘土层及卵石土层三层。

1. 人工堆积层

该地区的人工堆积物为杂填土，松散、稍湿，主要由粘性土、砂岩碎块、建筑垃圾、生活垃圾等构成。人工填土在该地区分布很广泛，主要集中分布在公路及居民集中居住区(图 5-45)。在统计的 28 个钻孔中有 16 个出现了人工填土层。人工填土层厚度为 1.05～7.00m。人工填土的连续性很差，多散布在人口集中地区。

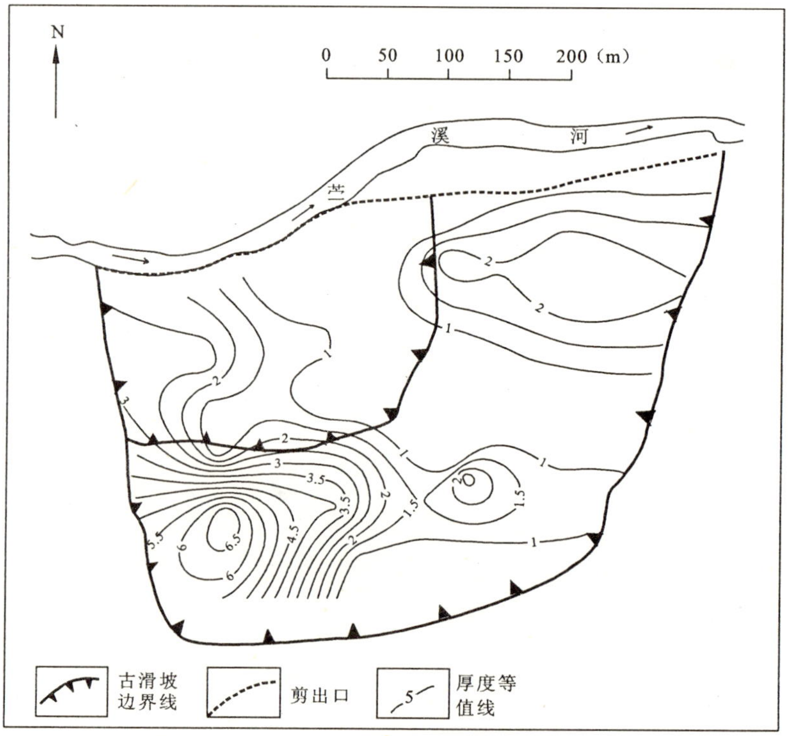

图 5-45　人工填土厚度等值线图

2. 粉质粘土层

该地区粉质粘土中夹杂有碎块石，粉质粘土层在该地区分布广泛，在统计的 28 个钻孔中有 20 个揭露了粉质粘土层。粉质粘土厚度为 6.70～27.05m，在前缘和中部分布较厚(图 5-46)，后缘相对较薄，基本上呈舌状分布。从基岩顶面高程图(图 5-47)上分析可知，在后部基岩面坡度很陡，粉质粘土厚度分布较薄；在岩面由陡变缓的地段，粉质粘土的堆积体厚度最大；苎溪河边分布相对较薄。在该土层厚度集中部位发现有大量的镜面和剪切面，镜面的倾角也都比较一致，而且粉质粘土直接覆盖在卵石土层之上(图 5-44)，说明该土层曾发生过滑动。因此，厚层粉质粘土层的形成主要与滑坡作用有关。其他地段厚度相对较薄的粉质粘土层，则是由坡积作用形成的。

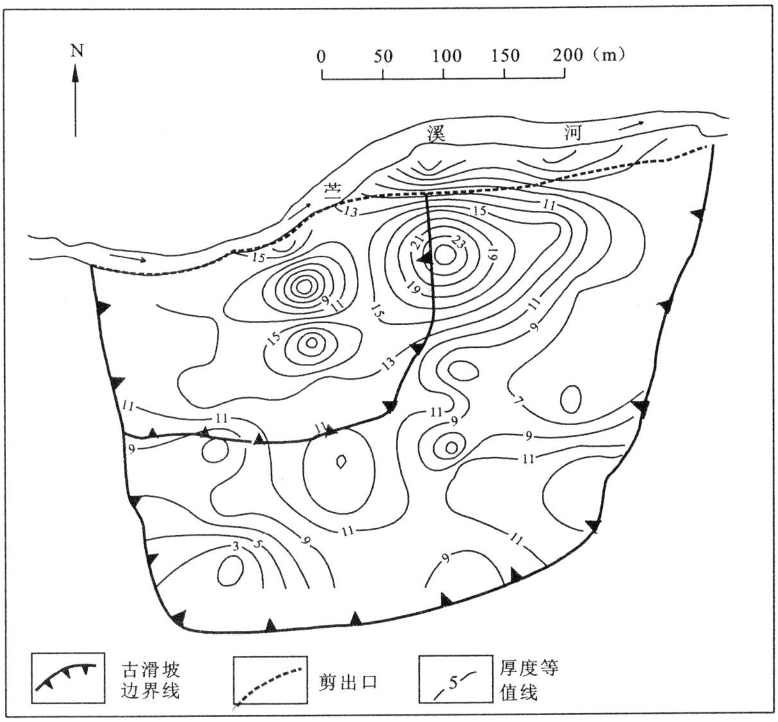

图 5-46　粉质粘土厚度分布等值线图

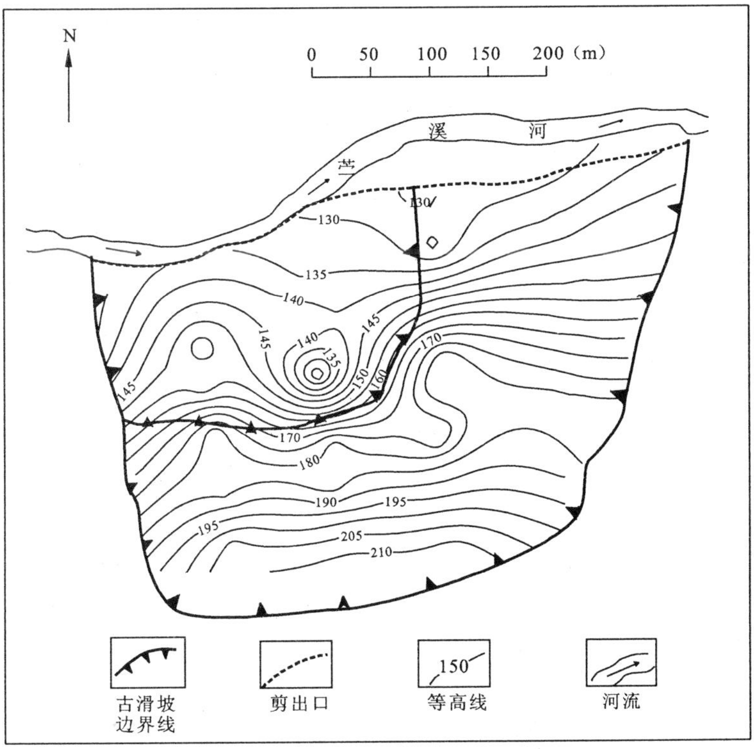

图 5-47　基岩面高程等值线图

3. 卵石土层

该地区的卵石土，多呈暗灰、灰黄色，稍密，多夹杂有植物碎片，卵石之间有中细砂填充。卵石多呈次圆状，成分多为砂岩。卵石土层在该地区有一定量的分布，在统计的 28 个钻孔中共有 6 个钻孔中出现了卵石土地层，集中分布在苎溪河沿岸(图 5-48)。卵石土层基本上是沿苎溪河河床边缘的狭窄区域分布。卵石土层的厚度为 2.3～13.00m。底面高程主要在 130m 左右，顶面高程主要在 140m 左右。从该地区的卵石土分布形态及成分分析，卵石土主要是由于苎溪河河流作用形成的。

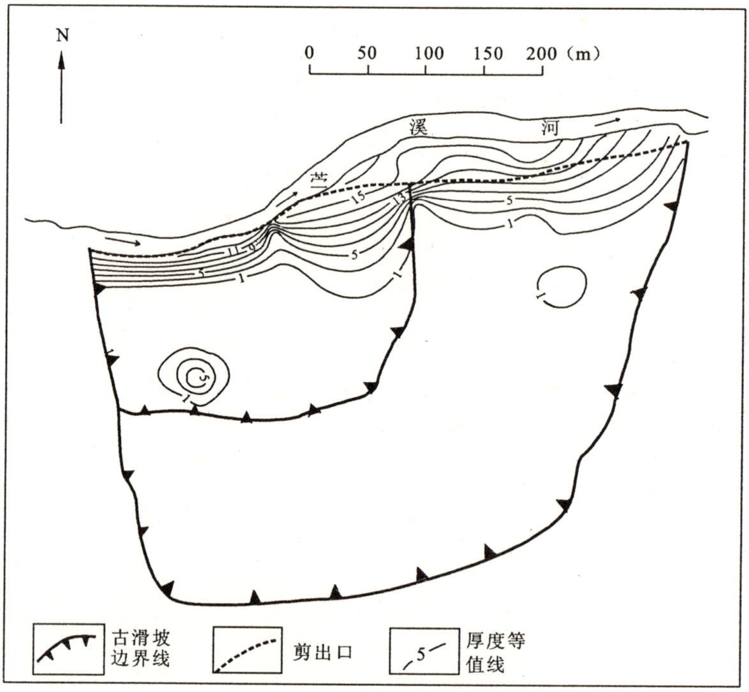

图 5-48　卵石土厚度等值线图

另外在钻孔 ZK23、ZK20 和 ZK2 处也发现了一定量厚度的卵石土层，它们的厚度分别为 12.05m、2.3m、7.9m，位于滑坡中部靠近前缘的地方，这几个点基本上呈线状分布，这种形态特征形成的主要原因是由于滑坡的作用迫使苎溪河改道，形成现在的苎溪河所在位置，而在滑坡发生以前，苎溪河的位置应该在这几个钻孔所分布的位置沿线一带。

以上松散堆积体具有如下共同的特征：

地貌特征：①松散堆积体主要发育在曲流河(如苎溪河)两侧以及河流凸岸的一侧；②松散堆积体前有河(沟)，后缘有大塘(平台)，其后为陡峭的危岩体。

物质成分及结构特征：①松散堆积体的物质成分主要为粉质粘土夹碎石、块石和滚石以及杂填土等。基岩岩性为 J_2s^{3-5}、J_2s^{3-6} 的泥岩、泥质砂岩和砂岩，与松散堆积体后陡峭的危岩体砂岩岩性组合差别较大。②松散堆积体位于水平地层古滑坡的前缘，由滑坡堆积、崩塌堆积、坡积、残积及冲积等共同作用形成。③前缘松散堆积体产生滑坡，滑坡堆积物直接覆盖在河流冲积物之上。

滑动面(带)特征:①松散堆积体中存在多个滑动面,滑动面平直、光滑,可以分为两种类型:一种是中深部的滑动面,数量较少,规模大;另一类是浅层的滑动面,数量多,规模小。前缘松散堆积体滑动面的分布规律反映了前缘堆积体是一个长期的不连续的变形体。②滑动带为厚 0.1～1.7m 的灰白色粘土,可塑状,强度很低。③滑动面(带)物质的化学元素主要为 Si^{2+}、Al^{3+} 和 Fe^{3+} 等,化学成分主要为蒙脱石、伊利石和水云母等亲水性物质。

第二节　松散堆积体稳定性数值模拟

本节以万州区和平广场水平地层滑坡为例,选用 FLAC 及 SLOPE 等方法,对近水平地层滑坡前缘松散堆积体进行数值模拟,揭示水库运营阶段滑坡体内渗流场的变化与水库水位及库岸滑坡稳定性之间的关系。主要研究内容有:由于库水位的骤然升降引起的滑坡体内的流场变化的过程,渗透压力在滑坡体内的分布规律,以及对滑坡稳定性的影响,并依据上述各因素对滑坡稳定性的影响提出合适的治理措施。具体研究思路如图 5-49 所示。

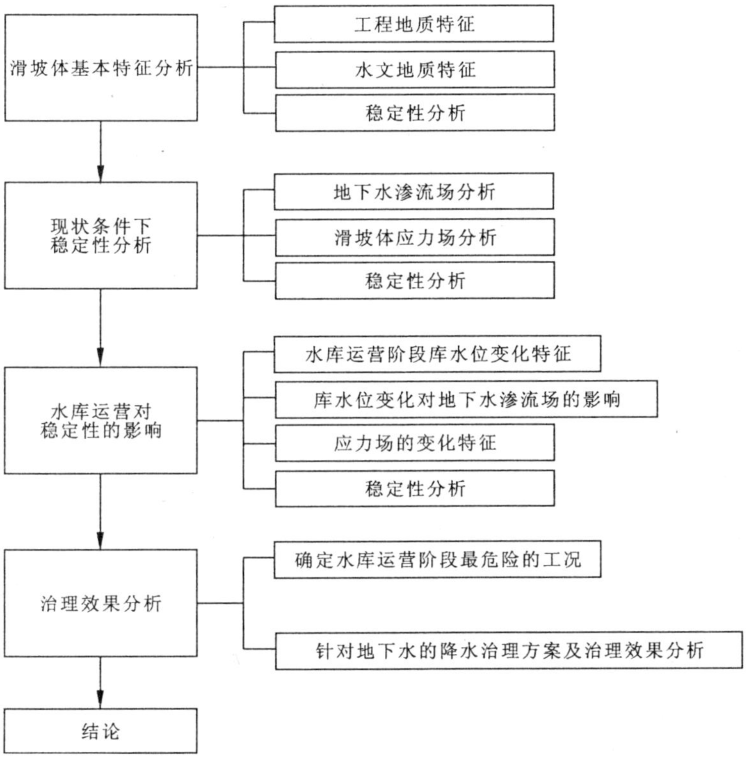

图 5-49　数值模拟研究思路

一、和平广场滑坡三维 FLAC 模拟

近几十年以来,随着电子计算机技术的迅速发展,解决工程地质问题的数值模拟理论和方法也得到了飞速的发展。它以传统的工程地质定性分析方法为基础,不仅能定性地研究工程

地质问题的成因机理，而且可以对其作出定量分析。

根据对介质连续性的假设不同，数值方法可以分为两大类：一类基于介质连续假设的数值方法，主要有有限单元法、有限差分法、快速拉格朗日法、边界单元法等，这类方法以介质的小应变分析为前提，不适用于节理、裂隙发育的岩土体；另一类是基于不连续假设的数值方法，主要为离散单元法、块体理论、不连续变形分析等，这类方法对解决岩土体节理裂隙发育的介质更具有优势。本节就是应用快速拉格朗日法来解决边坡问题的。FLAC(Fast Lagrangian Analysis of Continua)是连续介质快速拉格朗日法分析的英文缩写，是由美国明尼苏达 ITASCA 软件公司编制开发的显式有限差分程序。该程序的基本原理和算法与离散元相似，但它应用了结点位移连续的条件，可以对连续介质进行大变形分析，具有较强的前后处理功能，既可以通过执行数据/命令文件进行计算，也可以通过人机对话的交互方式进行。同时，$FLAC^{3D}$中又可以对地下水产生的渗流场进行模拟计算，可以实现水土相互作用的耦合分析。

(一)$FLAC^{3D}$的基本原理

拉格朗日法的名词源于流体力学(柴建波，2000)。在流体力学中研究流体质点运动的方法有两种：一种是定点观察的方法，称为欧拉法；另一种是随流观察的方法，称为拉格朗日法。后者是研究每个流体质点随时间而变化的情况，即着眼于某一个流体质点，研究它在任意一段时间内走出的轨迹，所具有的速度、压力等。将拉格朗日法移植到固体力学中，将所研究的区域划分成网格，网格的节点就相当于流体的质点，然后用拉格朗日法来研究网格节点的运动，这种方法就称为拉格朗日法。这种方法最适用于求解非线性的大变形问题，在岩土力学中有重要的应用，它与离散元一样，系按时步采用动力松弛的方法来求解，不需要形成刚度矩阵，不用求解大型联立方程组，占用内存较少，便于用微机求解较大的工程问题。

$FLAC^{3D}$(Fast Lagrangian Analysis of Continua in 3 Dimensions)是由美国 Itasca Consulting Group Inc 开发的三维显式有限差分法程序，它可以模拟岩土或其他材料的三维力学行为(杨新安等，1996)。目前该软件在国内外已被广泛应用于工程地质、岩土力学以及构造地质学和成矿学等研究领域(Cundall *et al.*，1988；Oliver *et al.*，1999；谢和平等，1999；梁正召等，2000)。

$FLAC^{3D}$将计算区域划分为若干六面体单元，每个单元在给定的边界条件下遵循指定的线性或非线性本构关系，如果单元应力使得材料屈服或产生塑性流动，则单元网格及结构可以随着材料的变形而变形，这就是所谓的拉格朗日法。$FLAC^{3D}$采用了“显式”有限差分格式来求解场的控制微分方程，并应用了混合单元离散模型，可以准确地模拟材料的屈服、塑性流动、软化直至大变形，尤其在材料的弹塑性分析、大变形分析以及模拟施工过程等领域有其独到的优点。

$FLAC^{3D}$程序将计算单元之间的不平衡力(Unbal－force)，将此不平衡力重新加到各节点上，再进行下一步的迭代运算，直到不平衡力足够小或者各节点的位移趋于平衡为止。图 5－50 为 $FLAC^{3D}$程序的计算循环示意图。

(二)和平广场滑坡稳定性 $FLAC^{3D}$分析

本节应用 $FLAC^{3D}$程序对该过程进行模拟分析，来研究滑坡体的应力场和渗流场随水库运营的变化情况。现状条件下和平广场滑坡地下水位埋深较浅，组成滑坡体的岩土体大部分处于饱水状态，所以可以认为三峡水库蓄水后，地下水位的改变不影响岩土体的力学性质。另

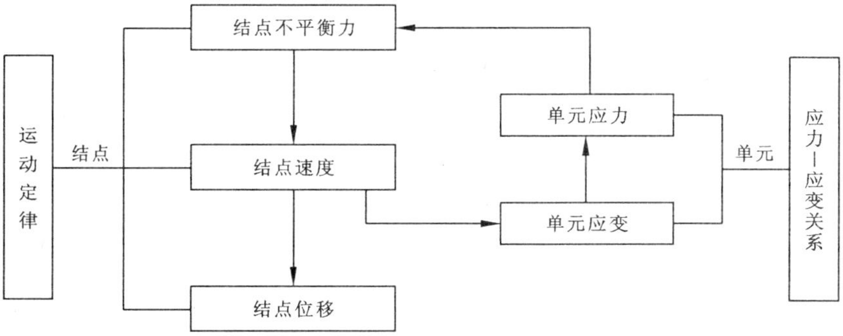

图 5-50　FLAC^{3D}求解过程示意图

外，考虑到滑坡变形比较缓慢，且组成滑坡的松散堆积体又有一定的透水性，在计算过程中，忽略了岩土体变形对渗流场的影响，即仅考虑渗流场的变化对应力场所带来的影响。

1. 计算模型的建立

根据和平广场滑坡的工程地质条件，选择一矩形区域作为计算区域。该区域北到苎溪河中心，南到太白岩（地面标高约 225m），南北向长 800m；西到轻化职中边缘，东至和祥路小学，东西向宽 875m，平面上的位置如图 5-51 所示；向下计算至标高 100m，地表数字高程如图 5-52 所示，下伏基岩顶板数字高程见图 5-53。

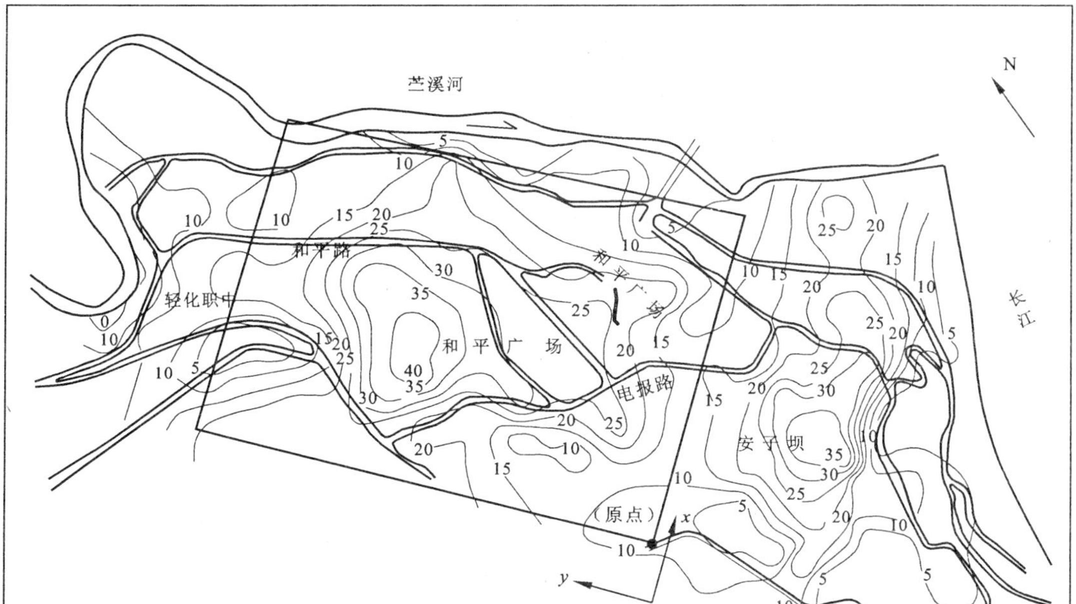

图 5-51　计算区域平面图

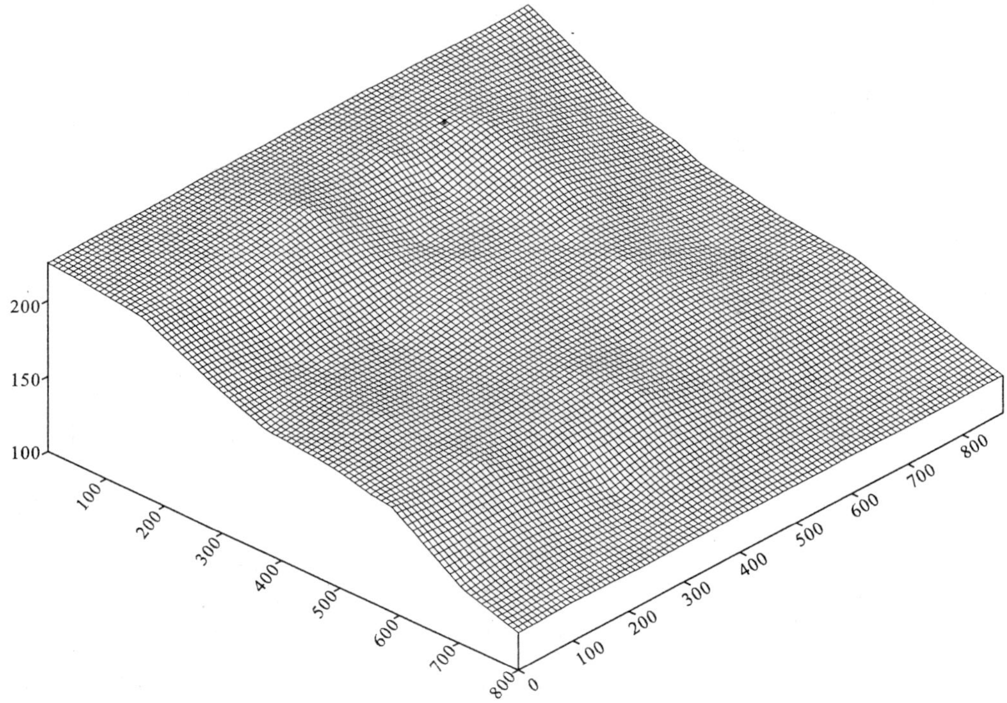

图 5-52　计算区域地表数字高程模型

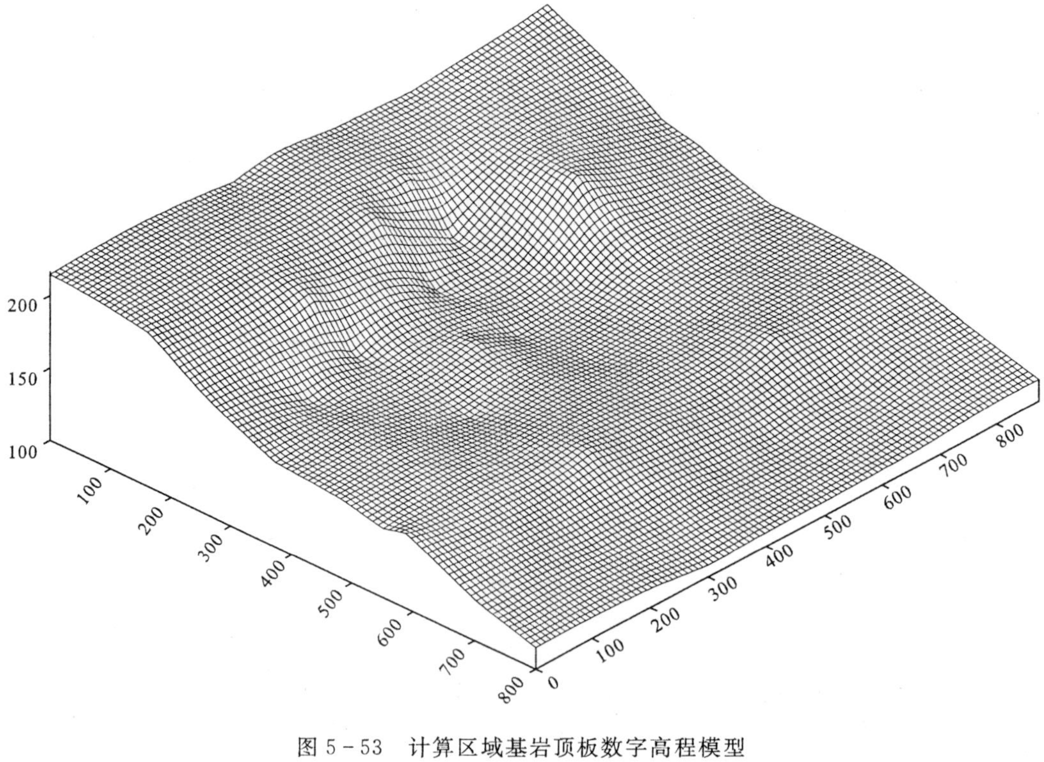

图 5-53　计算区域基岩顶板数字高程模型

根据和平广场滑坡的钻探资料和滑坡体地层结构特征，可以建立滑坡的三维地质模型（图5-54），考虑到各基岩岩层之间的力学参数差别不大，把它们作为一种地层来处理。坐标轴的方向分别是：坐标原点在滑坡体的后缘最东侧，x 轴指向滑坡体的前缘（0～800m），y 轴平行苎溪河指向上游（0～875m），z 轴的正方向为竖直向上（100～225m），在此坐标范围内对地质模型进行网格剖分，共剖分为 9 207 个单元、10 725 个结点。

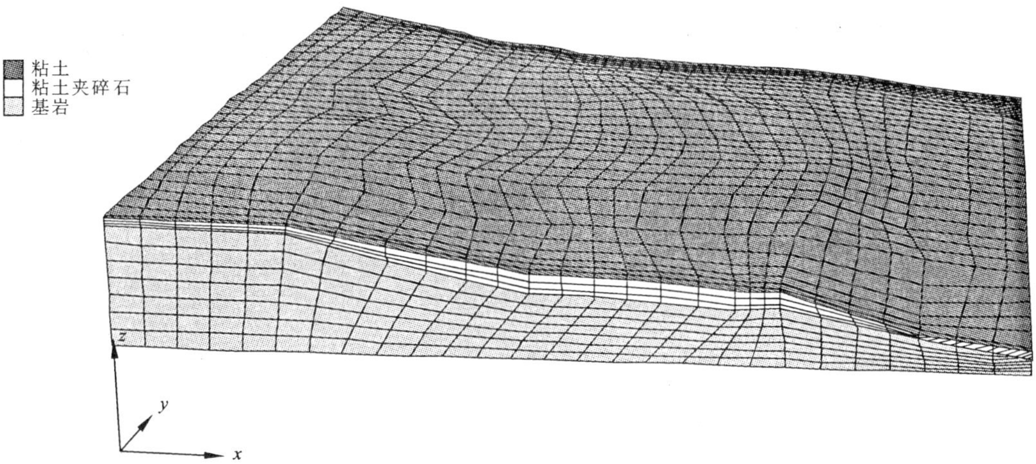

图 5-54　三维地质模型

计算模型的应力边界条件确定为：南北边界条件（即滑坡的前部和后部）在 x 轴方向上固定，其他方向上自由；东西边界条件在 y 轴方向上固定，其他方向上自由；底部边界约束为 x、y、z 方向均固定。

地下水流场为具有同一水力联系的松散孔隙介质内的潜水，其边界条件为：南北边界（即滑坡的前部和后部）为定水头边界条件；东西边界为零流量边界；底部边界为零流量边界。由于滑坡位于城区，地表基本上都进行了硬化，且地面有一定的坡度，不利于降水入渗，故在计算的过程认为上部降水入渗量为零。

2. 计算参数的选取

计算参数的选取主要是通过岩体的物理力学试验、钻孔注水试验及工程地质类比等综合确定的，计算过程中所涉及的各地层参数见表 5-2。由于天然状态下岩土体基本上处于地下水以下，计算时岩土体的力学参数均采用饱和状态时的参数。计算过程中根据岩土体在地下水面以上或以下，选取不同的容重，以考虑地下水的自重和静水压力。对水库水位升降过程中地表水体的模拟：当水位上升时，只需把库水位淹没的滑坡体地表作为定水头处理；当库水位突然下降时，把水位变动带内的地表结点的水头压力设置为零即可。

表 5-2　岩土体的物理力学参数表

岩性	弹性模量 (GPa)	重度 (kN/m^3)	泊桑比 ν	粘聚力 c(kPa)	摩擦角 (°)	渗透系数 (cm/s)	孔隙度 (%)
粘土	0.01	18.2	0.35	15	16	1.0E-5	30
粘土夹石	0.02	22	0.35	10	17.2	5.0E-5	30
基岩	25	24.8	0.23	2 000	30	1.0E-6	10

3. 计算工况

考虑到现状条件以及三峡水库蓄水后水库运营情况等因素，确定对现状条件和水库快速泄水两种工况进行计算分析。

工况一：现状条件(库水位为 135m，地下水位为稳定流场)；

工况二：蓄水至 145m 水位(地下水位为稳定流场)；

工况三：蓄水至 175m 水位(地下水位为稳定流场)；

工况四：库水位由 175m 水位快速泄水至 145m 水位(库水位每天下降 5m，6 天内从 175m 降到 145m)。

4. 现状及水库蓄水条件下计算结果及分析

1)现状条件下计算结果分析

图 5-55 各图为现状条件下滑坡主滑方向上的 x 轴方向、y 轴方向、z 轴方向应力分量等值线图(kPa)、xz 方向剪应力场分布图、渗流场水压力分布图，以及在主滑方向上和堆积体底部塑性区分布图。

从计算结果可知，滑坡体内的初始应力场基本上符合一般斜坡应力场的分布特征，各应力分量基本上平行于坡面方向，由于地形比较平坦，地面坡度一般在 6°～13°之间，滑坡体内应力集中的现象不显著。从各应力分量的大小分析，z 轴方向的应力值最大，x 轴、y 轴方向的应力值较小，且 x 轴、y 轴方向的应力值大小基本相等。在滑坡体的后部堆积体与基岩交界处，xz 方向的剪应力出现一定程度的集中。从塑性区分布图中分析可知，在基岩面比较陡的地区，地下水的渗透力比较大，即滑坡的中部及后部的堆积体中出现一定范围的塑性区，在滑坡体的前部一定区域内也出现了小范围的塑性区，但塑性区的范围有限，受四周岩土体的约束，不会危及到滑坡体的整体稳定性。

从滑坡体内的地下水压力分布情况可以看出，地下水的压力分布受基岩面的控制，基本上平行于基岩面，这表明地下水流动方向总体上是平行于基岩面的地下径流，地下水动水压力的方向与滑坡主滑方向一致，更不利于滑坡体稳定。

2)蓄水至 145m 水位计算结果分析

图 5-56 为水库蓄水至 145m 水位地下水流场稳定时应力场与渗流场的计算结果。从中可以看出，同现状条件下相比，当库水位蓄水至 145m 时，应力场有一定程度的改变，主要集中于滑坡前缘，x 轴方向和 z 轴方向的应力场的形状基本与现状条件下的一致，应力大小略有增高，远离库水位淹没的地方，应力场基本上无变化。在滑坡体的前缘 xz 轴方向的剪应力出现一定程度的应力集中。图 5-57 为 145m 库水位时塑性区的分布图，同现状条件下相比，前缘的塑性区有变小的趋势，但变化不大，这表明随着库水位的上升滑坡的稳定性有变好的趋势。

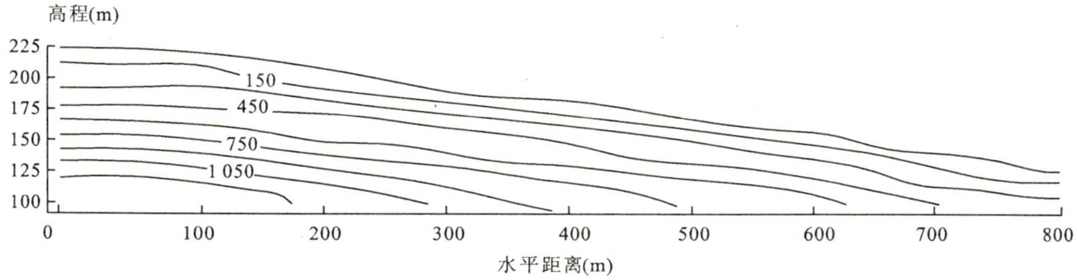

(a) y=500m，x轴方向应力等值线图（单位：kPa）

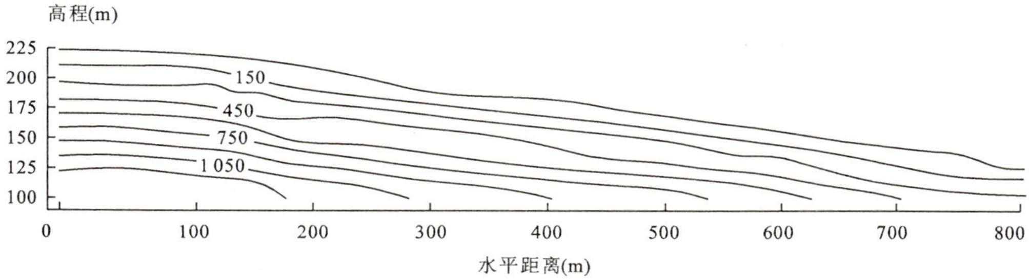

(b) y=500m，y轴方向应力等值线图（单位：kPa）

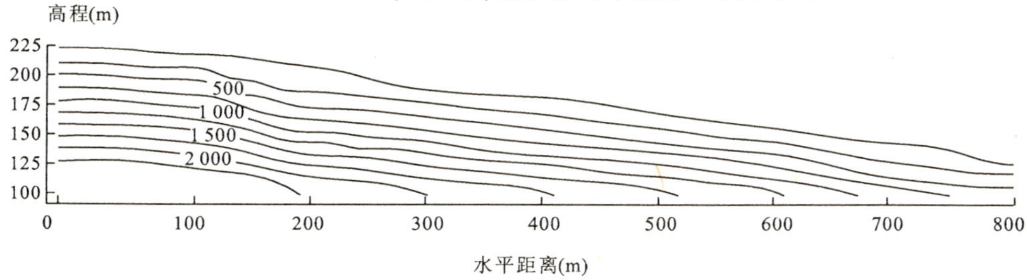

(c) y=500m，z轴方向应力等值线图（单位：kPa）

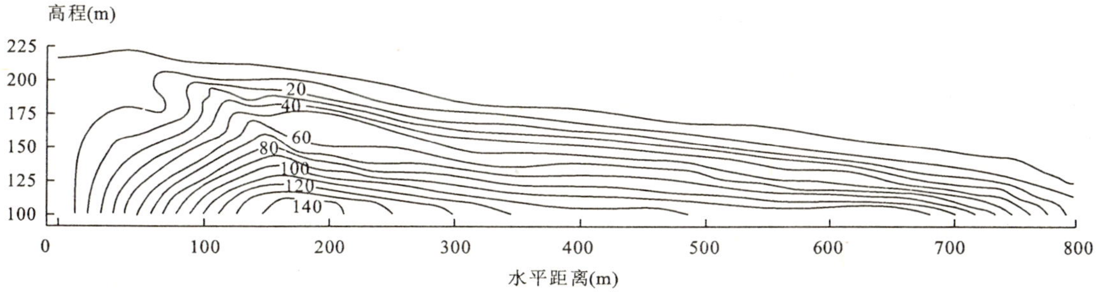

(d) y=500m，xz轴方向剪应力等值线图（单位：kPa）

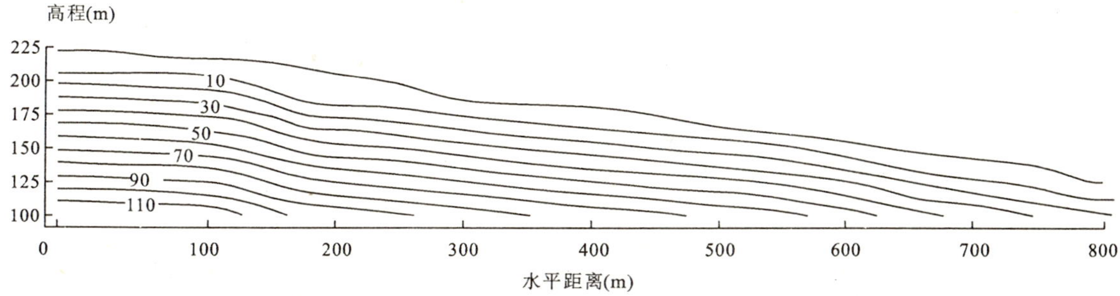

(e) y=500m剖面上地下水压力图

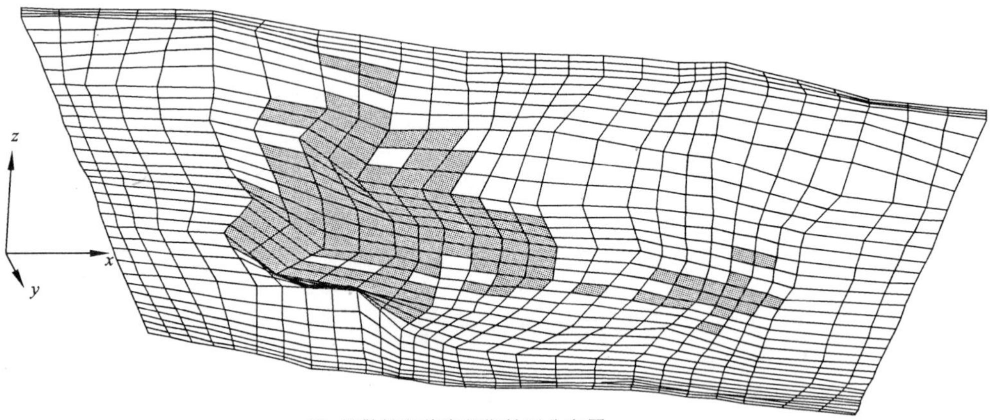

(f) 松散堆积体底部塑性区分布图

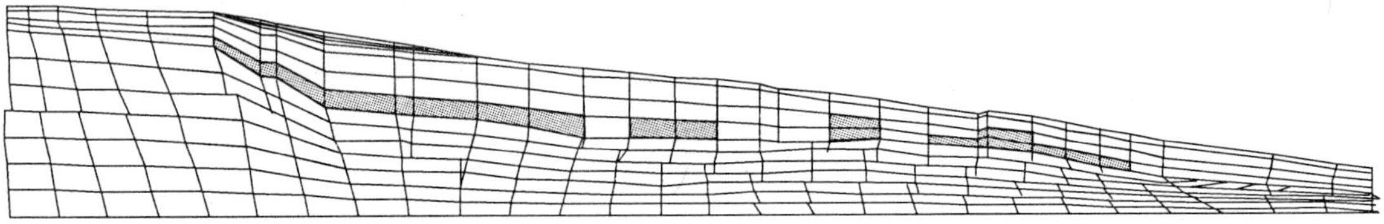

(g) y=500m塑性区分布图

图 5-55　工况一下塑性区分布图

3)蓄水至 175m 水位计算结果分析

图 5-58 为水库蓄水至 175m 水位地下水流场稳定时应力场与渗流场的计算结果。从中可以看出,同现状条件下相比,当库水位蓄至 175m 时,应力场有较大的改变,主要集中于滑坡前缘,x 轴方向和 z 轴方向应力场的形状基本与现状条件下的一致,应力大小有所增高。在滑坡体的前缘 xz 轴方向的剪应力有比较大的变化,剪应力的数值变小。图 5-59 为 175m 库水位时塑性区的分布图,同现状条件下相比,当库水位为 175m 时,滑坡体的前部塑性区的面积明显减小,中部的塑性区略有减小,而后部的塑性区变化不大,这表明滑坡体的稳定性有所提高。水库的蓄水对滑坡稳定性的影响主要在前部,对滑坡体中后部的影响较小,这表明随着库水位的上升,滑坡的稳定性在增高,尤其在滑坡的前缘稳定性增高更为明显。

4)水库快速泄水条件下计算结果及分析

工况四是按照三峡水库可能的快速泄水方式来计算分析滑坡体的稳定性。具体计算过程是:从库水位为 175m 起,然后 6 天内让库水位从 175m 降到 145m,平均每天库水位下降 5m。图 5-60 至图 5-62 分别为纵剖面(y=500m)在泄水 2 天、4 天、6 天时的应力场及渗流场的计算结果。计算结果显示:同 175m 库水位时相比,随着库水位的下降,在滑坡体前缘库水位淹没区及附近区域内的渗流场和应力场逐渐发生改变,x 轴方向、z 轴方向的应力值都有所减小;而 xz 方向的剪应力变化最为明显,剪应力的值由小变大,在滑坡体前部逐渐出现剪应力集中,当库水位快速下降到 145m 时剪应力集中程度最高。

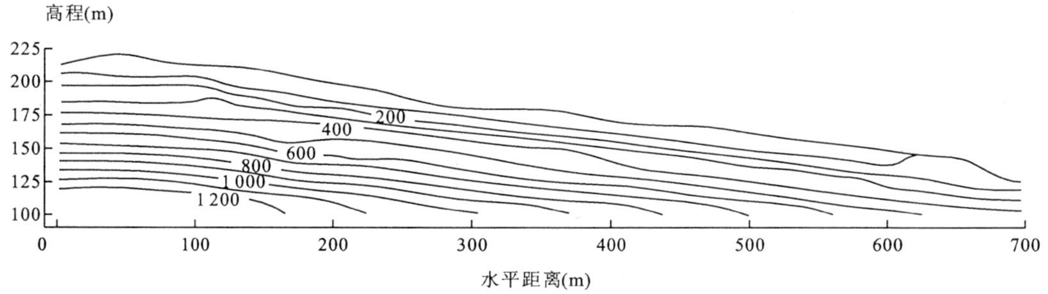

（a）x轴方向应力等值线图（单位：kPa）

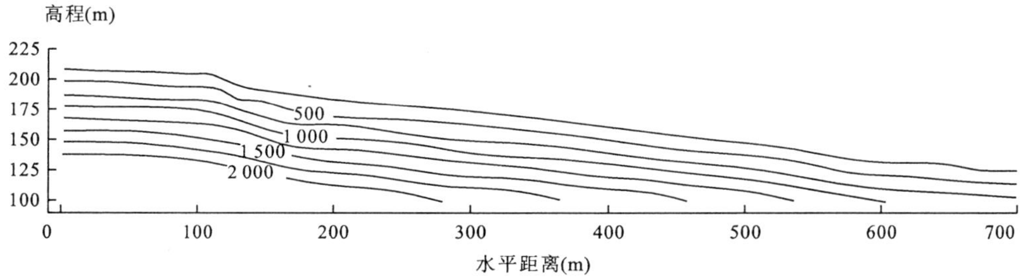

（b）z轴方向应力等值线图（单位：kPa）

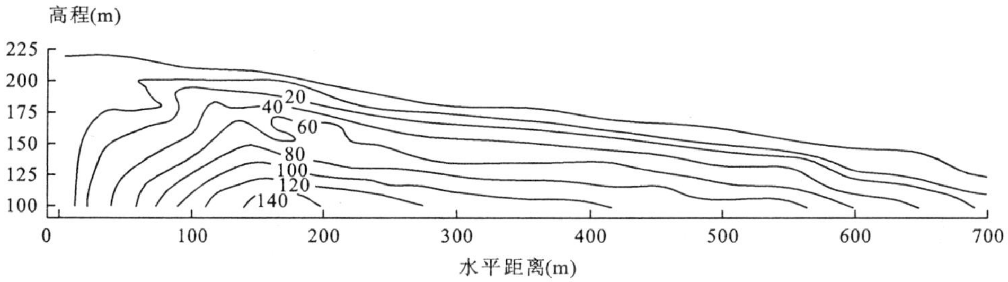

（c）xz方向剪应力等值线图（单位：kPa）

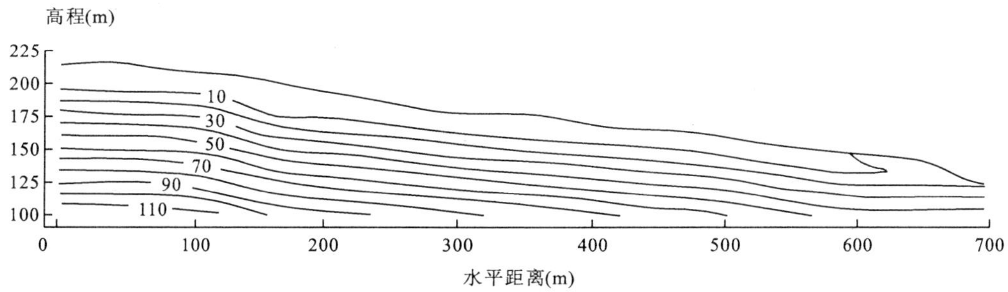

（d）地下水压力图

图 5－56　工况二(库水位 145m)下 $y=500$m 纵剖面上模拟结果

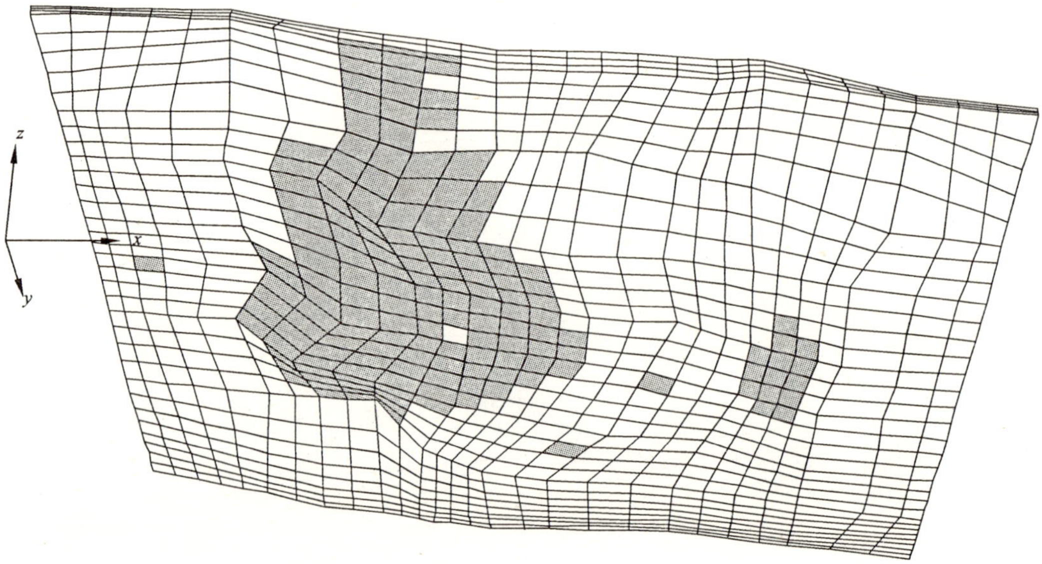

(a) 松散堆积体底部塑性区分布图

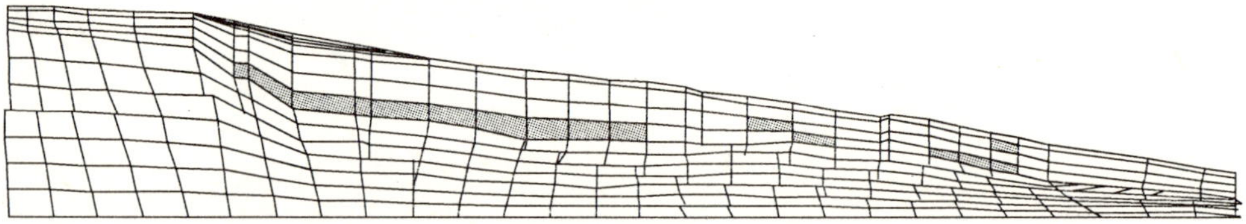

(b) y=500m塑性区分布图

图 5-57　工况二(库水位 145m)下模拟结果

从塑性分布图 5-63 至图 5-65 分析可知:同 175m 库水位时相比,随着库水位的下降,在滑坡体的中后部塑性区的变化不是很明显,而在滑坡的前部,随着库水位的下降,塑性区的范围逐渐扩大,并且随着库水位的下降塑性区向着滑坡体的前部移动,这表明水库运营对滑坡的影响区主要在前部,也就是对地下水影响最显著的区域。当库水位快速下降到 145m 时,前部的塑性区范围达到最大,有局部滑动破坏的可能。

综上所述,在三峡水库运营的过程中,库水位的升降不会影响和平广场滑坡体的整体稳定性,仅对滑坡前部局部地段的稳定性有较大的影响。库水位对滑坡稳定性的影响是通过对地下水流场的影响来实现的,总体上来说,在水库的运营过程中对滑坡稳定性的影响从后部向前部逐渐变大。在 175m 库水位时,滑坡的整体稳定性最好,在水库泄水的过程中,随着库水位的下降,滑坡体前缘的水力梯度逐渐变大,渗透压力也在变大,当库水位下降到 145m 附近时,在渗透压力的作用下,滑坡前缘的堆积体中处于塑性状态的土体逐渐贯通,有可能发生前部滑移破坏。

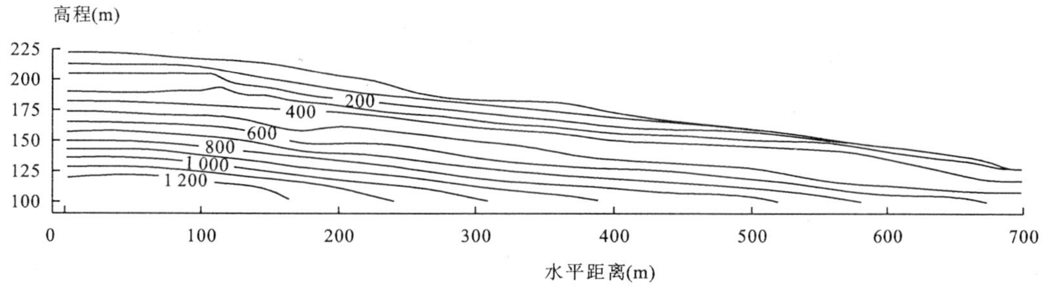

(a) x轴方向应力等值线图（单位：kPa）

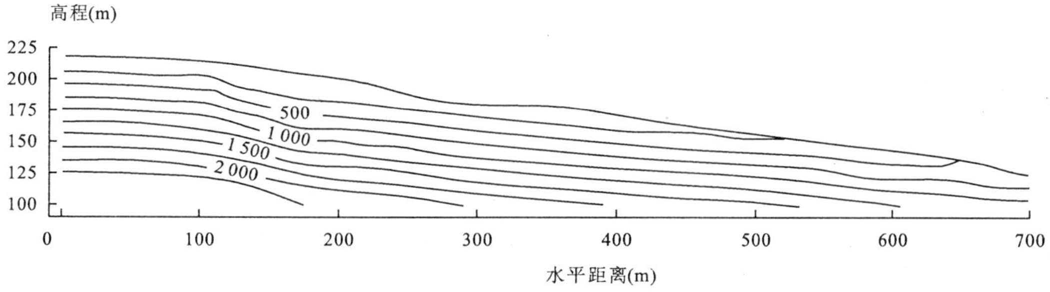

(b) z轴方向应力等值线图（单位：kPa）

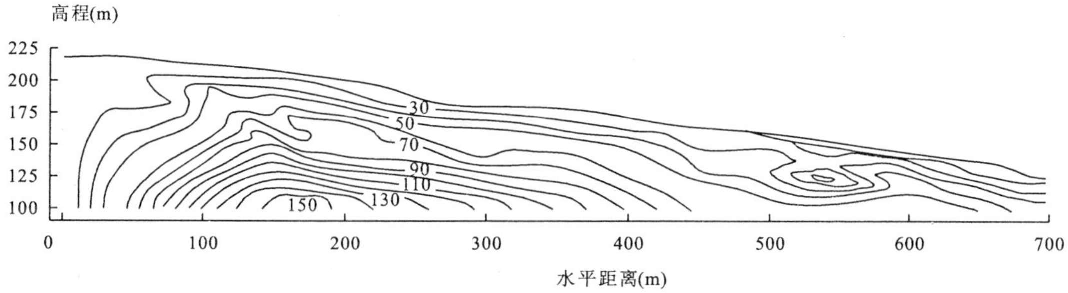

(c) xz方向剪应力等值线图（单位：kPa）

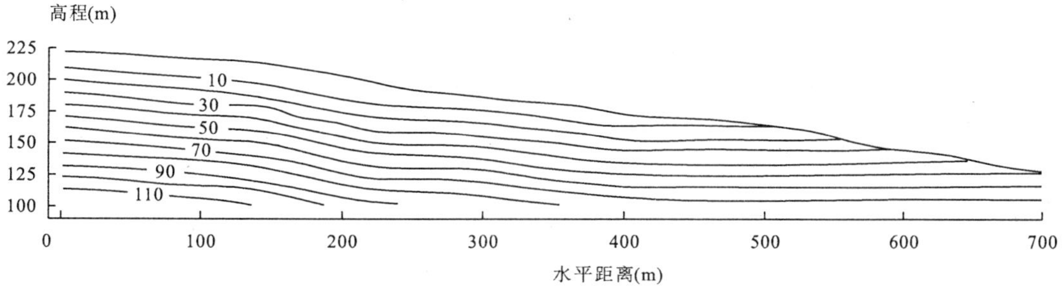

(d) 地下水压力图

图 5-58　工况三(库水位 175m)下 y=500m 纵剖面上模拟结果

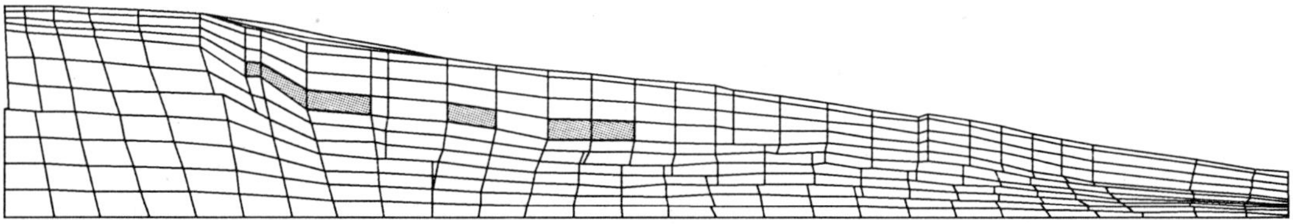

(a) y=500m塑性区分布图

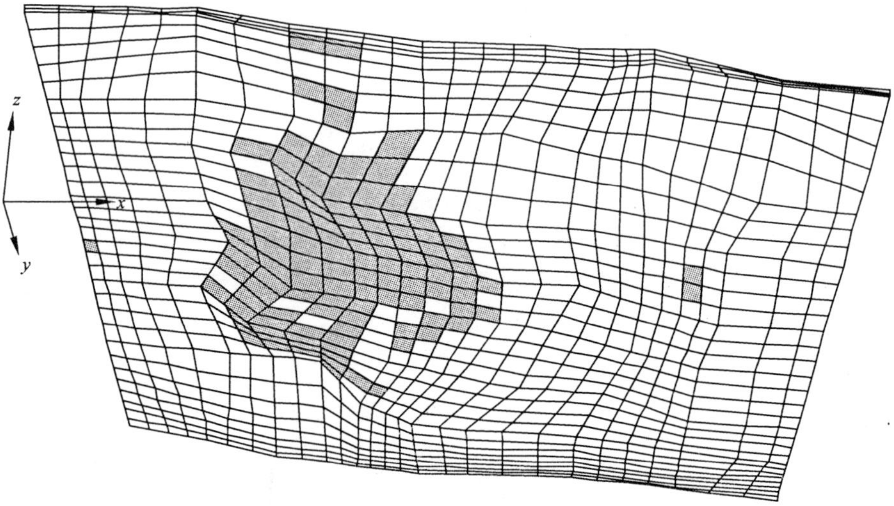

(b) 松散堆积体底部塑性区分布图

图 5-59　工况三(库水位 175m)下塑性区分布图

(三)水库泄水条件下应力及渗流场变化特征

为了说明在水库快速泄水过程中应力场及渗流场的变化特征,选取一些典型部位的点进行历时特征分析(各特征位置对于 175m 水位时滑坡没有淹没的部分来说的)。孔隙水压力变化的点分别位于:滑坡体前缘,结点号为 4977,坐标为(444.42,504.87,137.42);滑坡体中部,结点号为 3922,坐标为(308.13,505.25,151.55);滑坡体后缘,结点号为 3996,坐标为(148.75,510.00,183.31)。监测应力变化的单元分别位于:滑坡体前缘,单元号为 2992,单元中心的坐标为(464.38,501.95,147.70);滑坡体中部,单元号为 2807,单元中心的坐标为(297.42,487.97,159.37);滑坡体后缘,单元号为 3522,单元中心的坐标为(142.64,495.42,185.12)。

1)水头历时曲线特征

图 5-66 为各典型位置结点的水压力历时曲线。从图中可以看出,当三峡库水位上升到 175m 时,对滑坡体后缘基本上没有影响,而滑坡体的中前部地下水位均有不同程度的抬高,从前向后地下水位的增幅逐渐变小。在库水位从 175m 快速泄水到 145m 时,滑坡体中前部位的地下水位均开始下降,随着降水历时的持续,大约 3 天后中部的地下水位趋于稳定,前部的

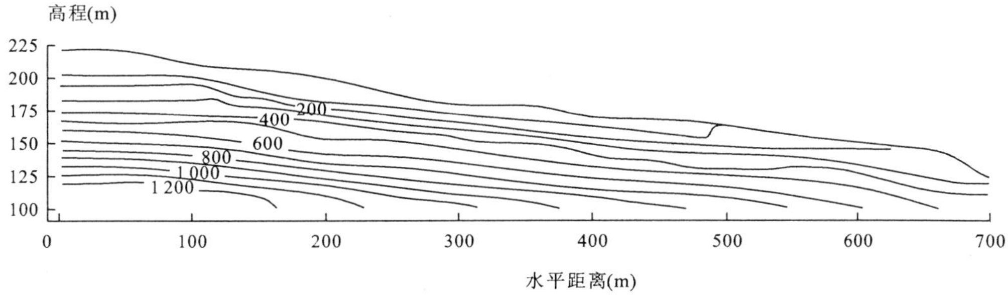

(a) *x*轴方向应力等值线图（单位：kPa）

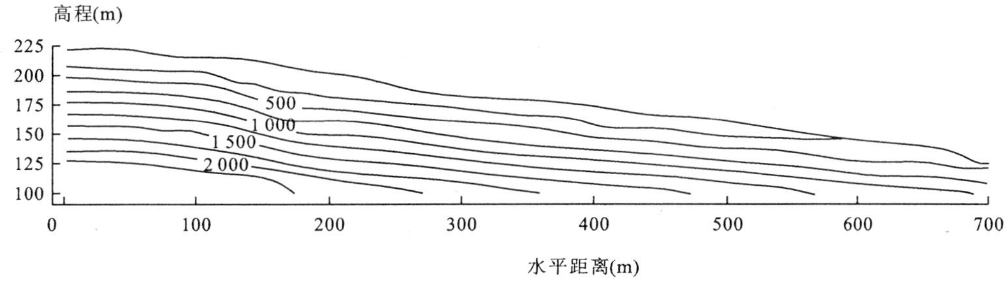

(b) *z*轴方向应力等值线图（单位：kPa）

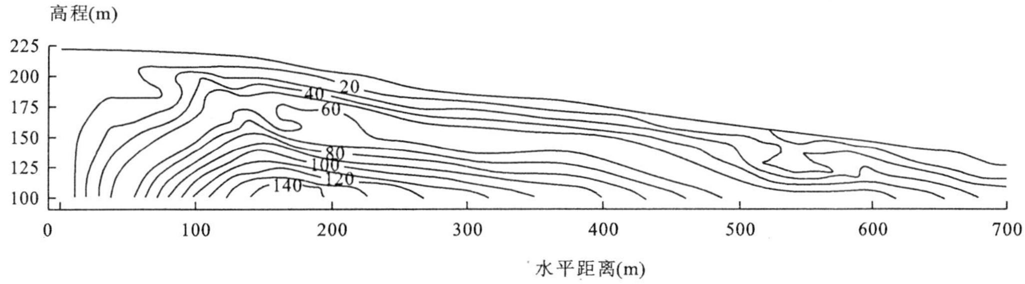

(c) *xz*方向剪应力等值线图（单位：kPa）

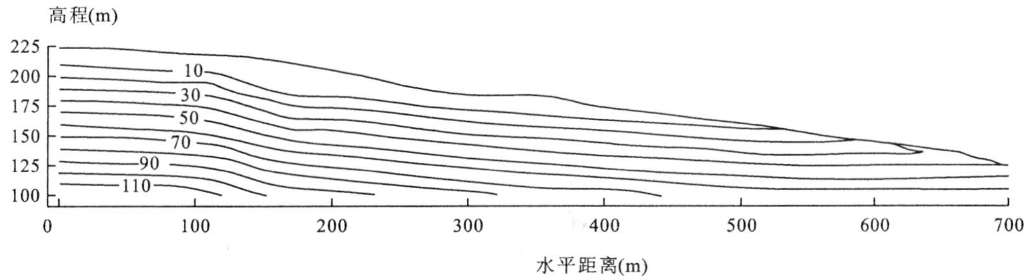

(d) 地下水压力图

图 5－60　工况四(库水位 165m)下 y＝500m 纵剖面上模拟结果

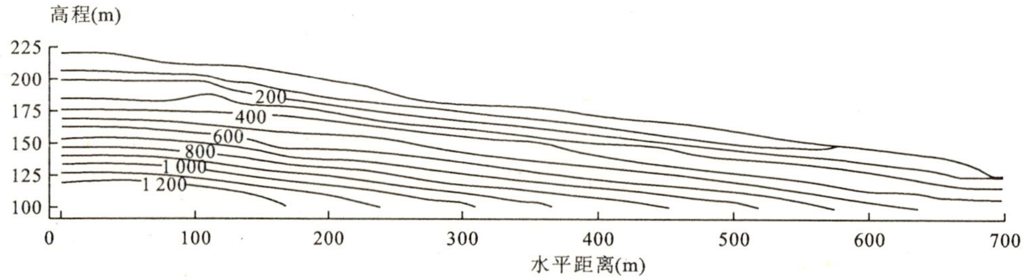

（a）x轴方向应力等值线图（单位：kPa）

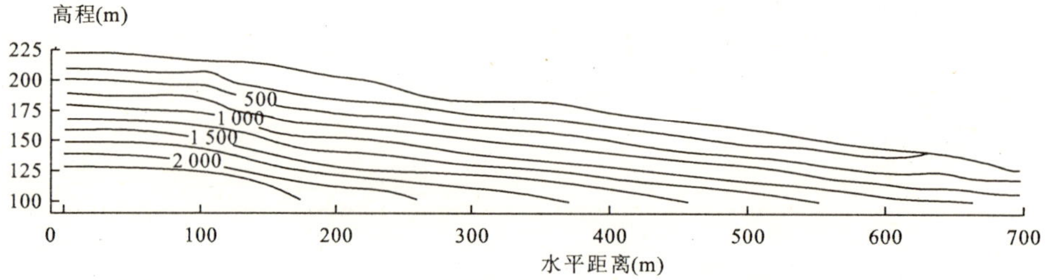

（b）z轴方向应力等值线图（单位：kPa）

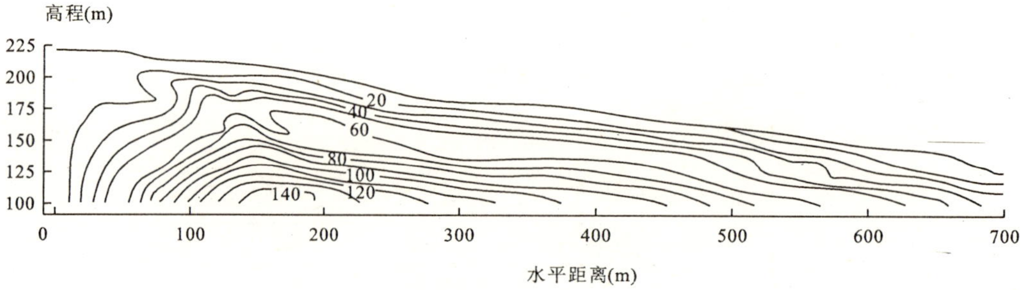

（c）xz方向剪应力等值线图（单位：kPa）

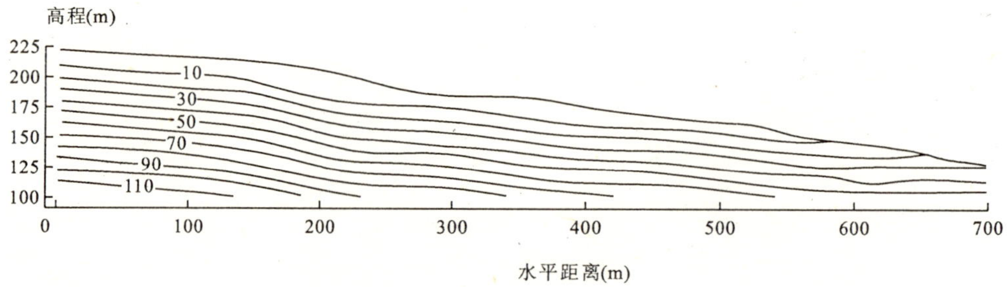

（d）地下水压力图

图 5-61　工况四(库水位 155m)下 $y=500$m 纵剖面上模拟结果

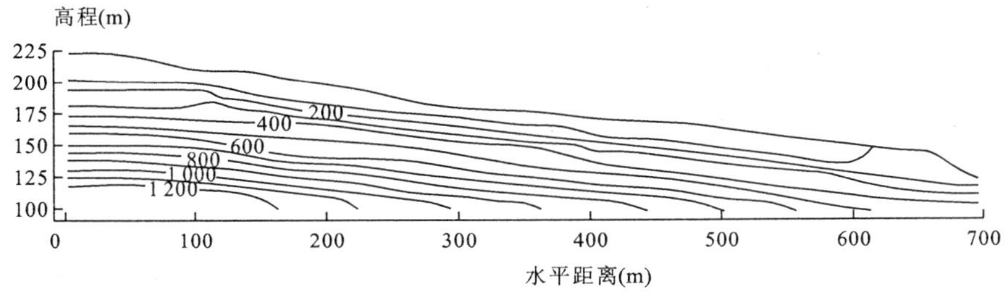

(a) x轴方向应力等值线图（单位：kPa）

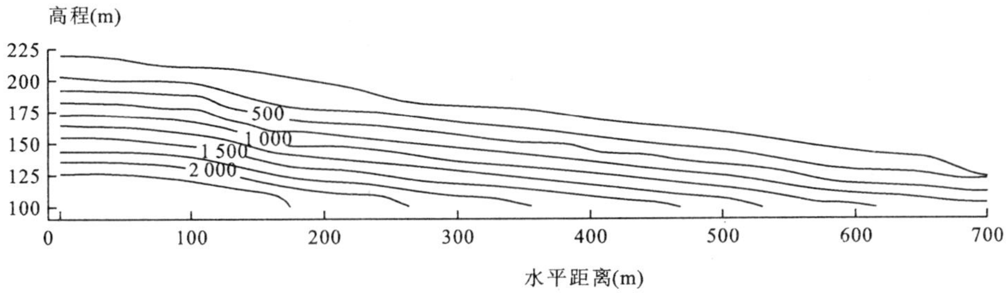

(b) z轴方向应力等值线图（单位：kPa）

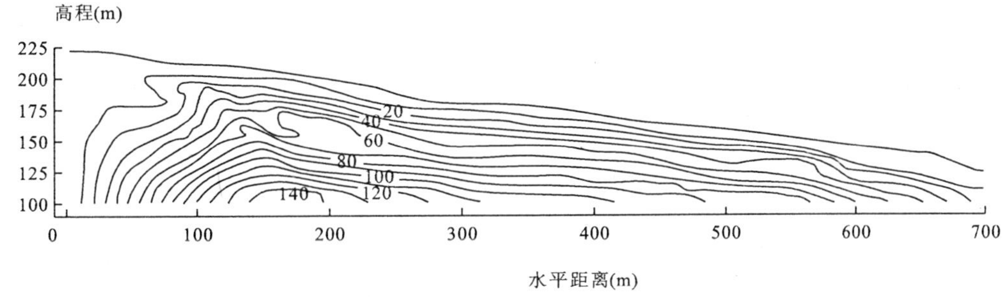

(c) xz方向剪应力等值线图（单位：kPa）

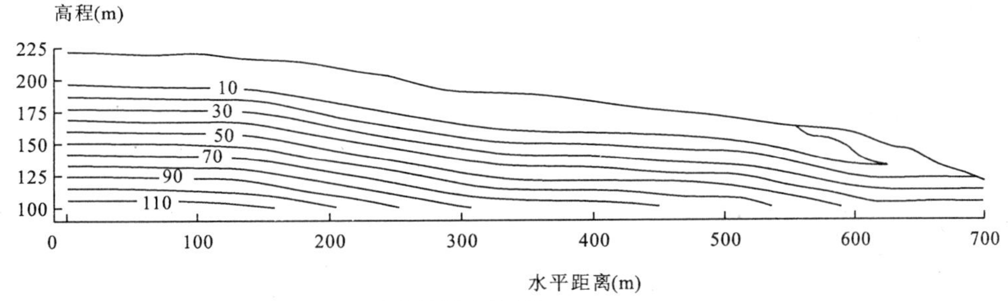

(d) 地下水压力图

图 5-62　工况四(库水位 145m)下 y=500m 纵剖面上模拟结果

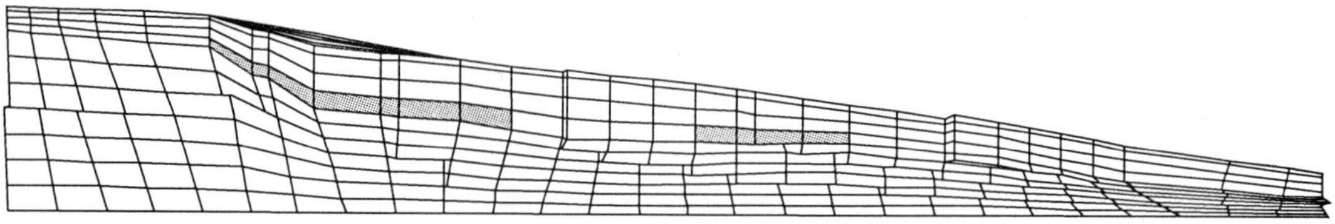

(a) y=500m塑性区分布图

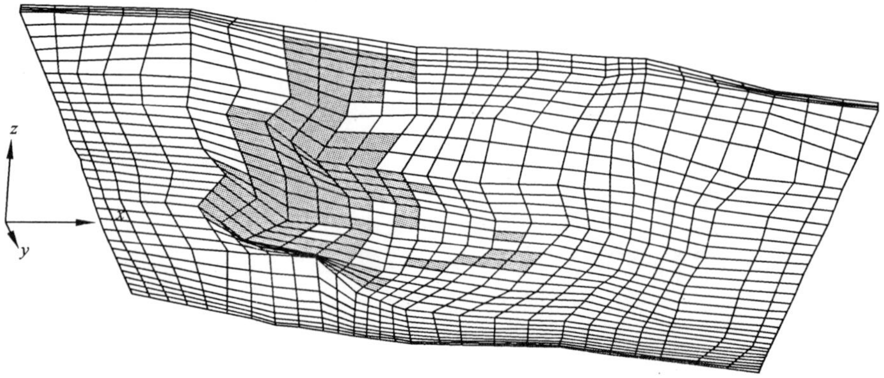

(b) 松散堆积体底部塑性区分布图

图 5-63 工况四(库水位 165m)下塑性区模拟结果

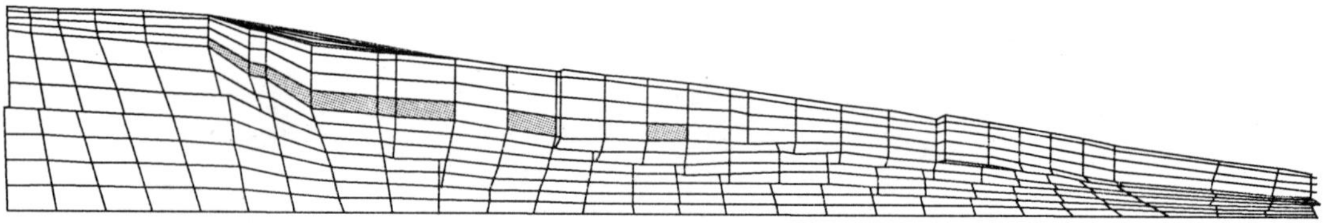

(a) y=500m塑性区分布图

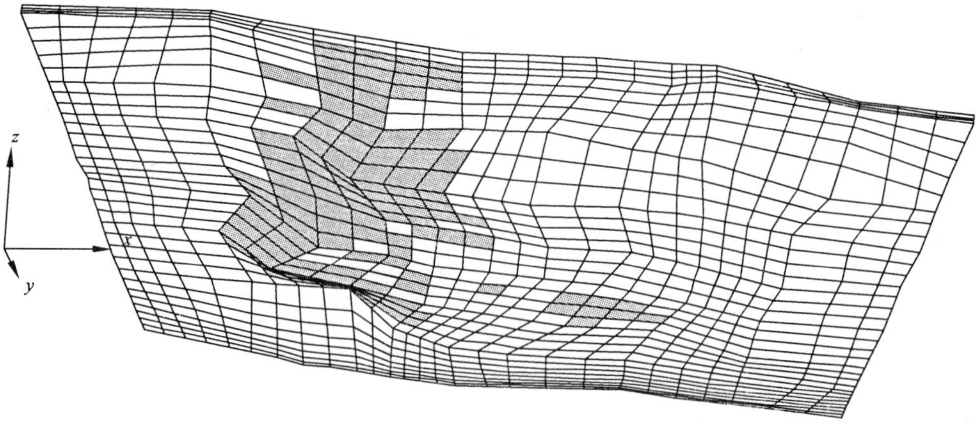

(b) 松散堆积体底部塑性区分布图

图 5-64 工况四(库水位 155m)下塑性区模拟结果

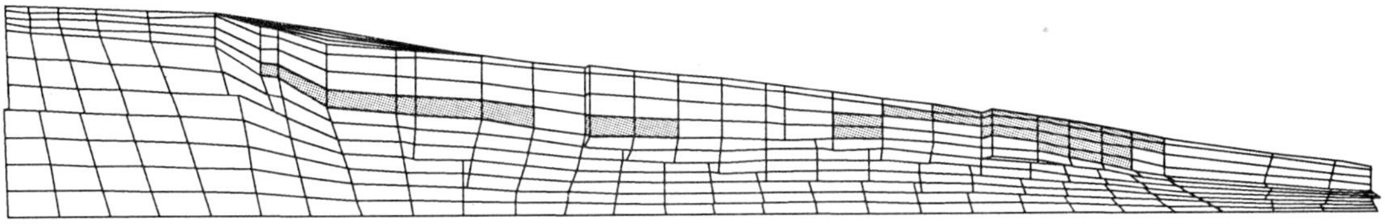

(a) y=500m塑性区分布图

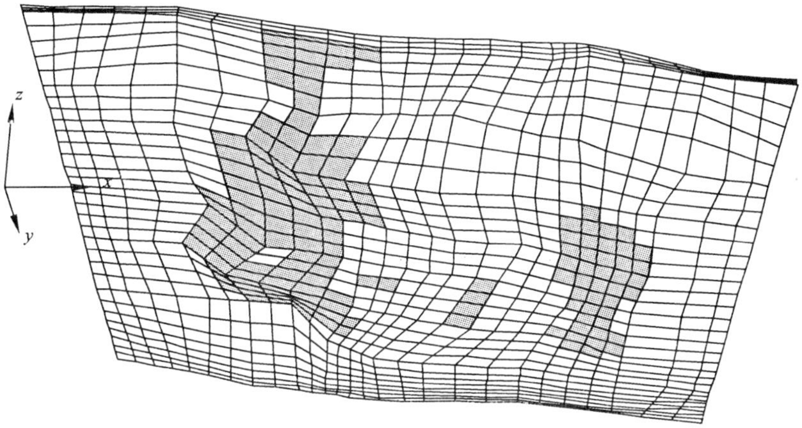

(b) 松散堆积体底部塑性区分布图

图 5-65　工况四(库水位 145m)下塑性区分布图

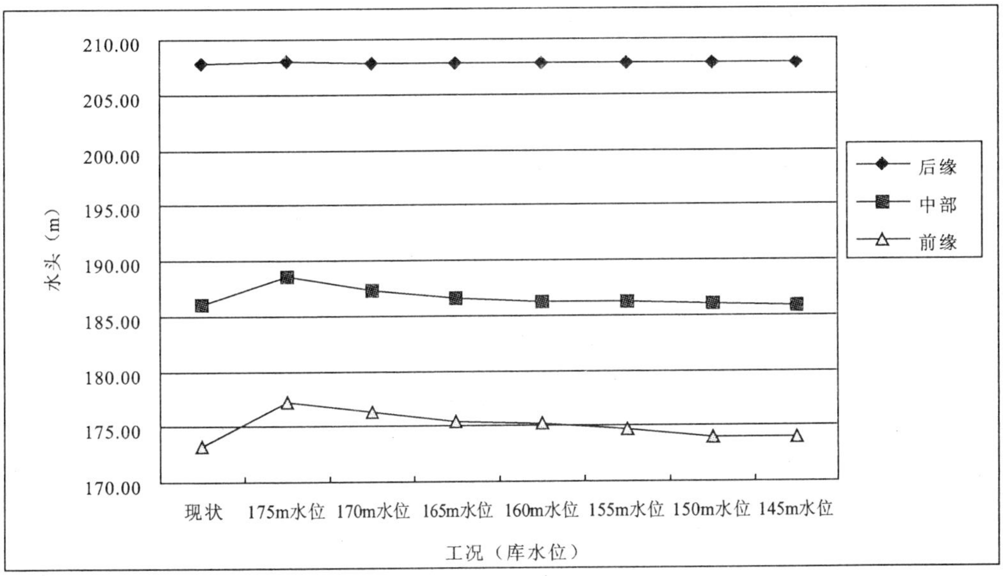

图 5-66　结点地下水压力历时曲线

地下水位持续下降,约 7 天左右接近稳定。在整个泄水过程中,滑坡后缘的地下水位均没有发生明显变化,这表明库水位变动的过程中,对滑坡体的影响从滑坡的前部向后部逐渐减弱。

2)应力历时曲线特征

图 5－67、图 5－68、图 5－69 分别为典型位置单元的最大、中间、最小主应力的历时曲线。从图中可以得出如下结论：当库水位从现状抬升到 175m 时，前缘的最大、中间和最小主应力均明显增大；而对滑坡中部，只有最小主应力略有增加，其他两个主应力的变化不太显著；而库水的上升对滑坡后部的应力状态基本上没有影响。当库水位快速下降时，刚开始泄水的两天内，滑坡前缘三个方向的主应力均有明显的下降，在随后的降水过程中降低的数量十分有限；对于滑坡的中部，开始泄水的第一天，最小主应力降低比较显著，在随后的泄水过程中基本上不再变化，而对于最大、中间主应力来说，整个泄水过程中基本上没有变化；泄水对滑坡后部的状态基本上没有影响。从这个过程也可以看出，对整个滑坡体来说，从前向后库水位的影响程度逐渐减弱。

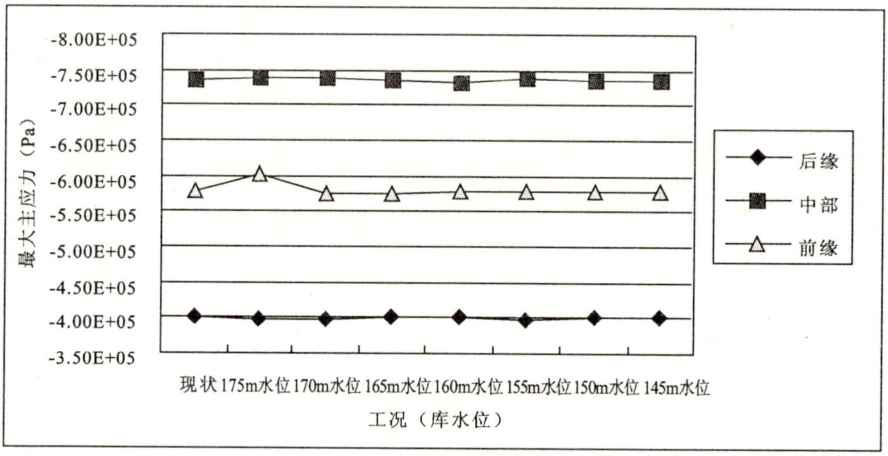

图 5－67　最大主应力历时曲线

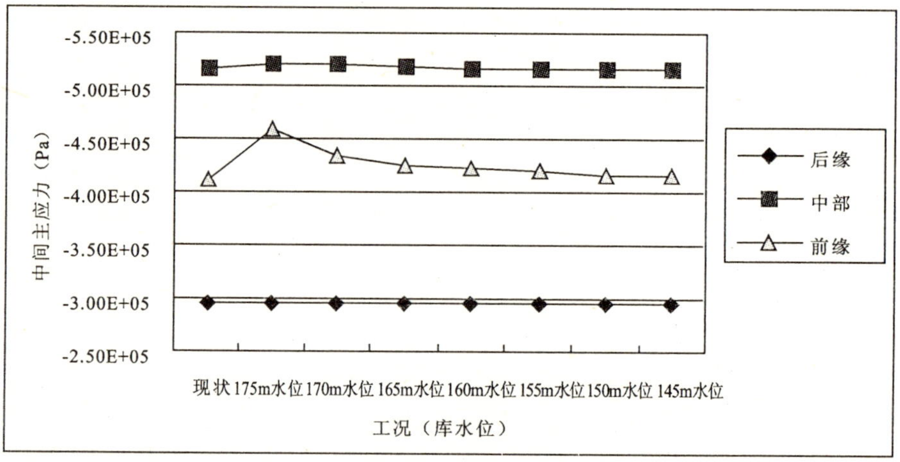

图 5－68　中间主应力历时曲线

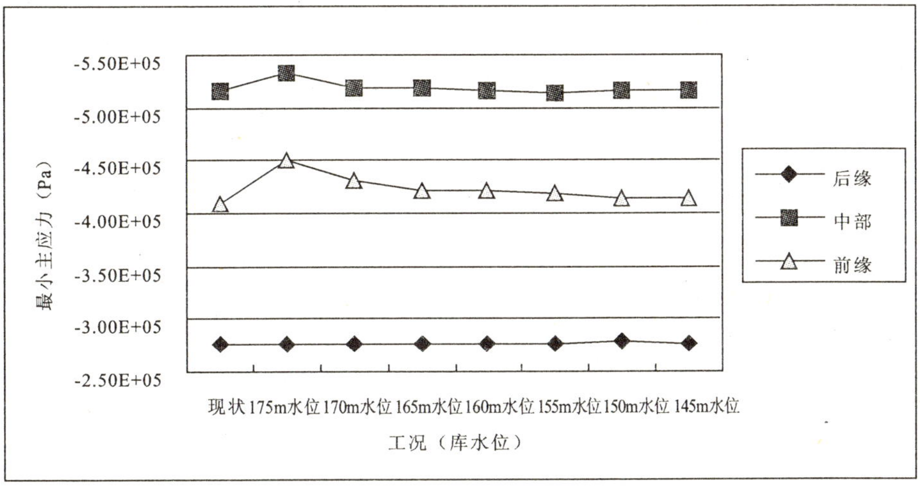

图 5-69　最小主应力历时曲线

二、和平广场滑坡二维有限单元模拟

(一)计算模型的建立

根据勘察资料，选取和平广场 10—10′纵剖面作为有限单元计算剖面，有限单元计算地质模型见图 5-54。水平方向为 x 轴，竖直方向为 y 轴。x 轴方向长 720m，前部起苎溪河边，后部至高程 230m；y 轴方向向下计算至高程 100m，向上最大高程 230m。有限元计算地质模型如图 5-70 所示。

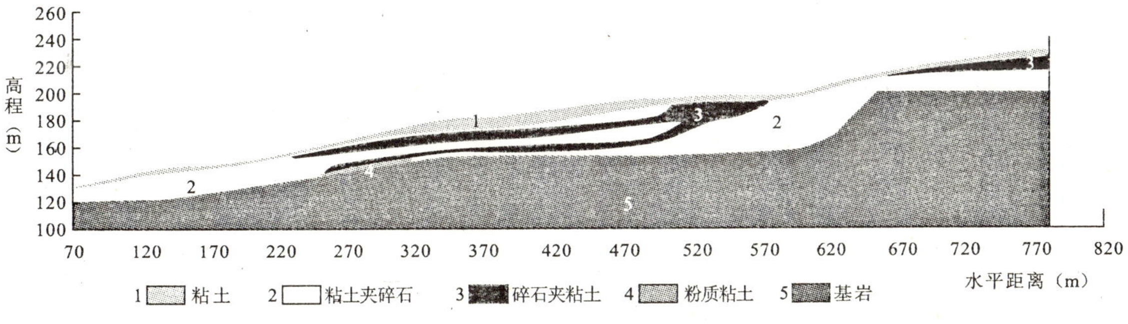

图 5-70　有限单元计算地质模型图

(二)计算参数

根据和平广场地质剖面资料，地质模型中包括 5 层地层，其中第 5 层为基岩，考虑到基岩岩层之间的力学参数差别不大，把它们概化为一层。松散堆积体共分为 4 层。计算参数的选取主要是通过岩土体物理力学试验、钻孔注水试验及工程地质类比等综合因素确定的，各层岩土体的计算参数见表 5-3。

表 5-3　各地层单元计算参数一览表

地层编号	岩　性	弹性模量(GPa)	重度(kN/m^3)	泊桑比	粘聚力(kPa)	摩擦角(°)	渗透系数(cm/s)
1	粘土	0.01	18	0.35	15	16	1.0E−7
2	粘土夹碎石	0.02	22	0.35	12	17.2	3.0E−7
3	碎石夹粘土	0.03	23	0.35	10	18	8.0E−7
4	粉质粘土	0.01	18	0.35	15	16	1.0E−7
5	基　岩	20	24.8	0.23	2 000	30	1.0E−8

(三)边界条件的确定

岩土体的本构方程计算模型采用服从 Mohr－Coulomb 屈服准则的理想弹塑性模型。

力学模型为平面应变问题，其边界条件确定为：计算剖面的左右边界均为 x 方向固定、y 方向自由的滚动边界；计算剖面的底部 x、y 方向均为固定约束的边界条件。

地下水流动模型概化为具有同一水力联系的孔隙介质潜水，为剖面上的二维流，其边界条件：计算剖面的左右边界为定水头，底部为零流量边界。

有限元模型以四边形单元为主，有少量三角过渡单元，单元边长约 3m，共剖分为 4467 个结点和 4 366 个单元。计算采用 SLOPE 软件。

(四)计算工况的确定

考虑到现状条件以及三峡水库蓄水后水库运营情况等因素，确定对现状条件和水库快速泄水四种工况进行计算分析。

工况一：现状条件(库水位为 135m，地下水位为稳定流场)；

工况二：蓄水至 145m 水位(地下水位为稳定流场)；

工况三：蓄水至 175m 水位(地下水位为稳定流场)；

工况四：库水位由 175m 水位泄水至 145m 水位(库水位每天下降 1m，30 天内从 175m 降到 145m)。

(五)计算结果及分析

图 5-71 至图 5-74 为不同工况下计算结果图，从各图件的对比中可以初步得出如下结论。

1. 渗流场特征

从图 5-71 分析可知，现状条件下，地下水的流动总体上受基岩面的控制，在基岩面较陡的部位，水力梯度大；相反，在基岩面缓的部位地下水的水力度较小。

对比不同工况地下渗流场的计算结果可知：随着库水位的上升，滑坡体前部的水力梯度逐渐变小，随着库水位的下降，水力梯度则增大。总的来说，对滑坡后部的地下水渗流场的影响较小。

2. 应力场特征

现状条件下的初始应力场分布基本上符合一般斜坡应力场的分布特征，最大及最小主应力等值线基本上平行于坡面方向。从 xy 方向的剪应力分布分析，堆积体中剪应力集中的部位主要位于基岩面较陡的部位，分布在滑坡的前部及中后部。

从各应力图中对比分析，水库的运营对滑坡体内应力场的影响主要集中在滑坡的前部，对

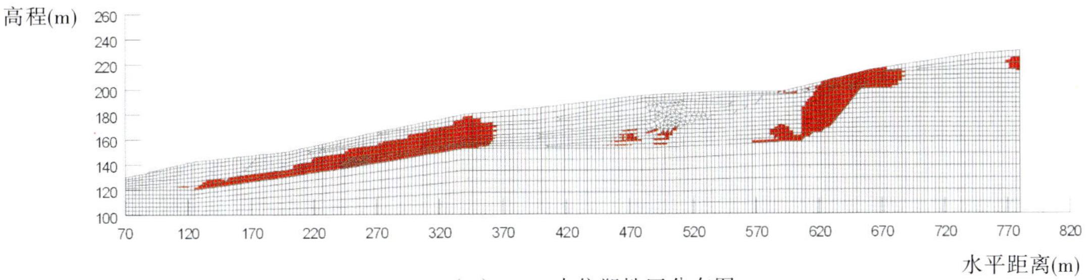

（a）135m水位塑性区分布图

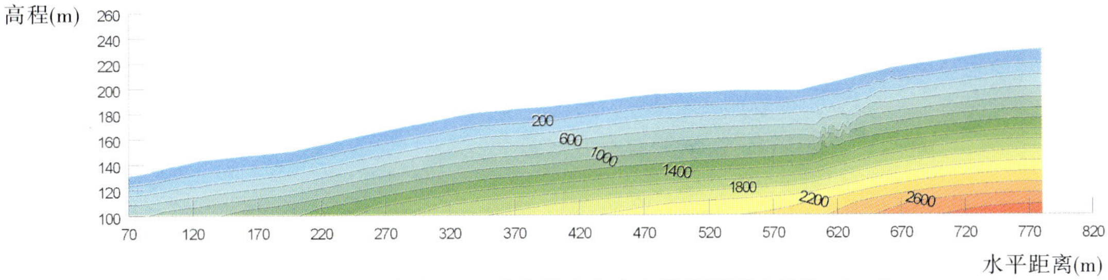

（b）135m水位最大主应力等值线图（单位：kPa）

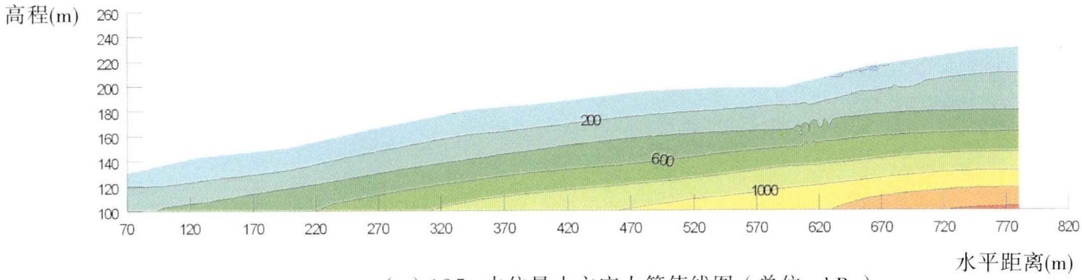

（c）135m水位最小主应力等值线图（单位：kPa）

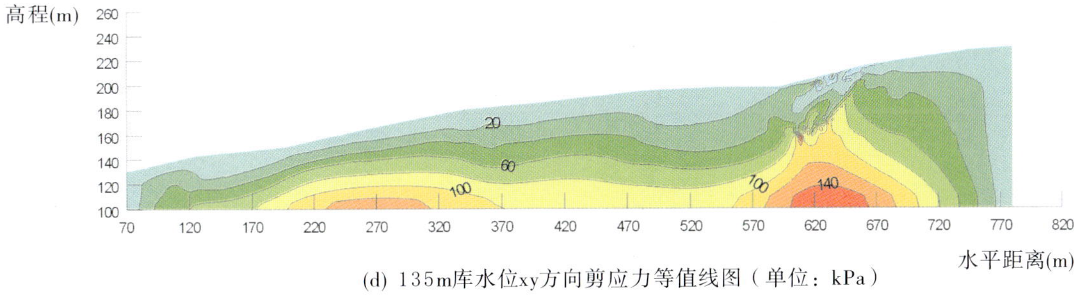

(d) 135m库水位xy方向剪应力等值线图（单位：kPa）

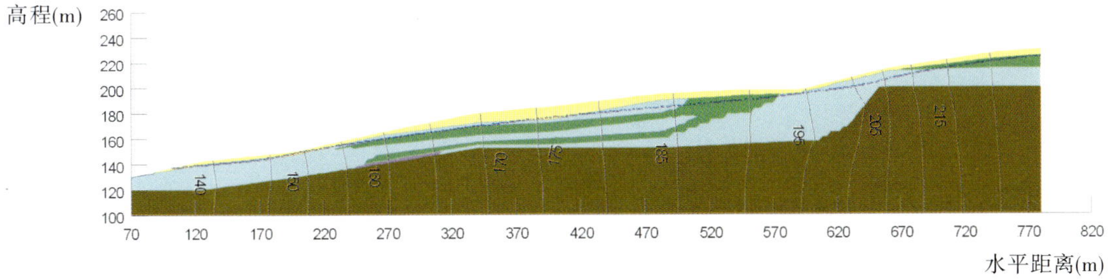

（e）135m库水位地下水水位等值线图(单位:m)

图5-71 工况一计算结果

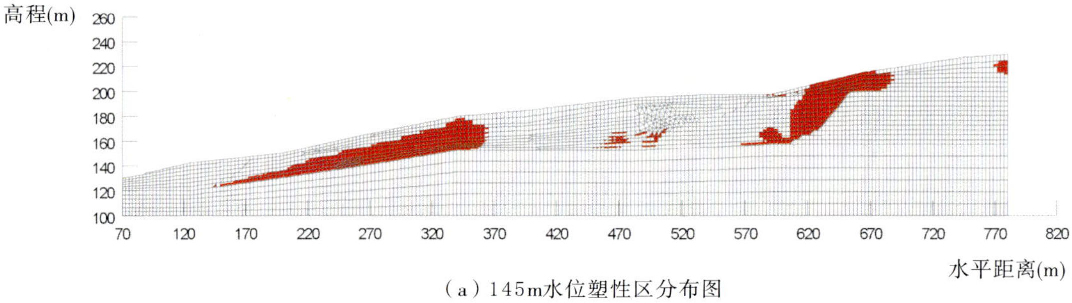

（a）145m水位塑性区分布图

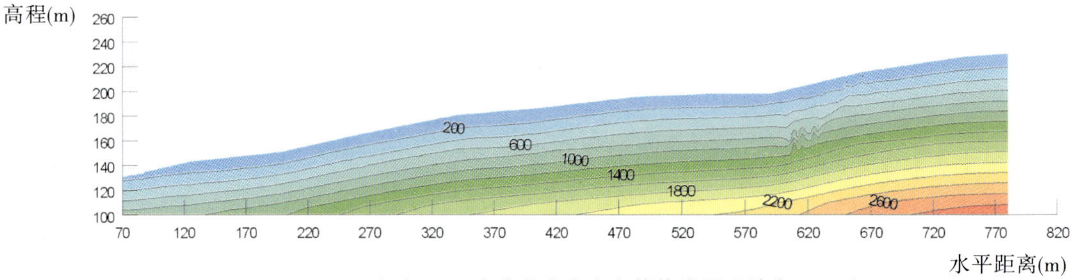

（b）145m水位最大主应力等值线图（单位：kPa）

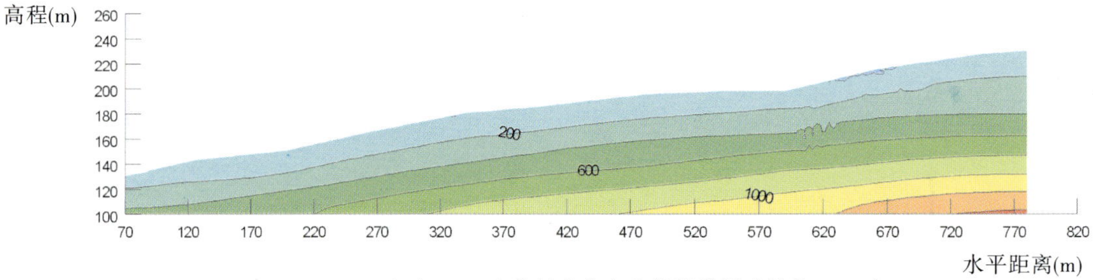

（c）145m水位最小主应力等值线图（单位：kPa）

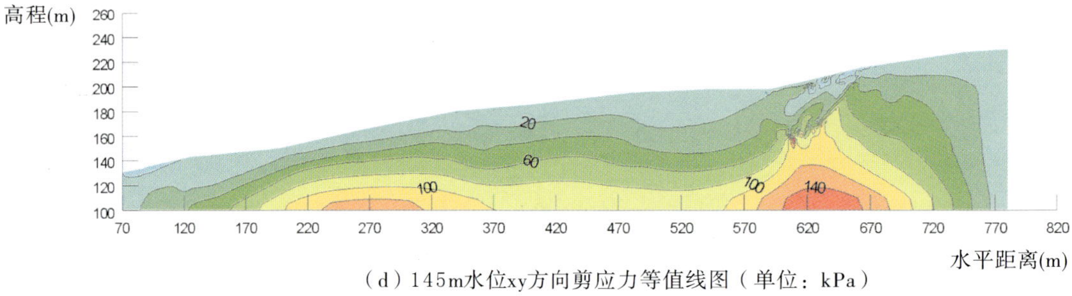

（d）145m水位xy方向剪应力等值线图（单位：kPa）

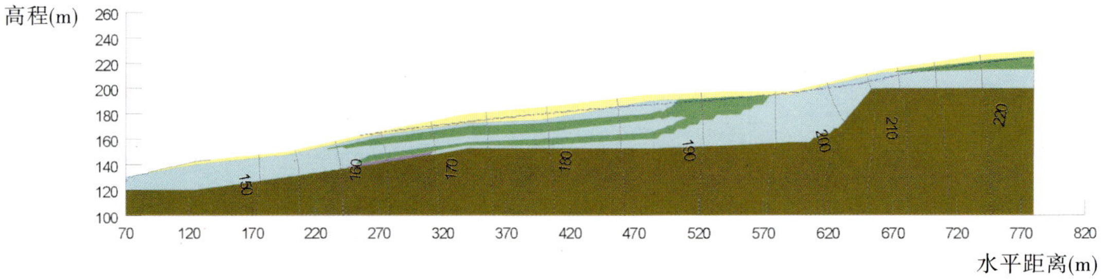

（e）145m水位地下水流场分布图(单位:m)

图5-72　工况二计算结果

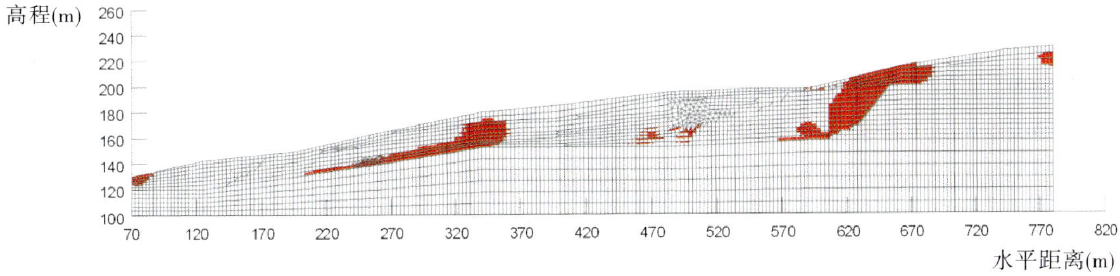

（a）175m水位塑性区分布图

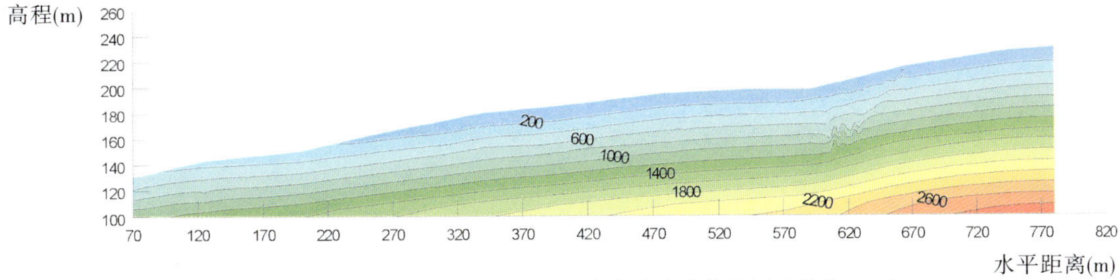

（b）175m库水位最大主应力等值线图（单位:kPa）

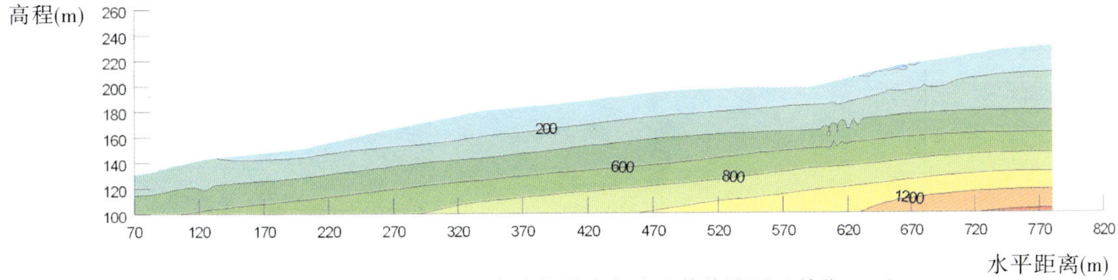

（c）175m库水位最小主应力等值线图（单位:kPa）

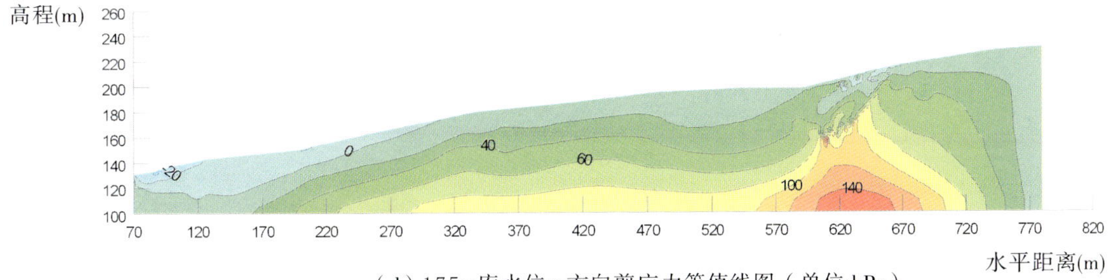

（d）175m库水位xy方向剪应力等值线图（单位:kPa）

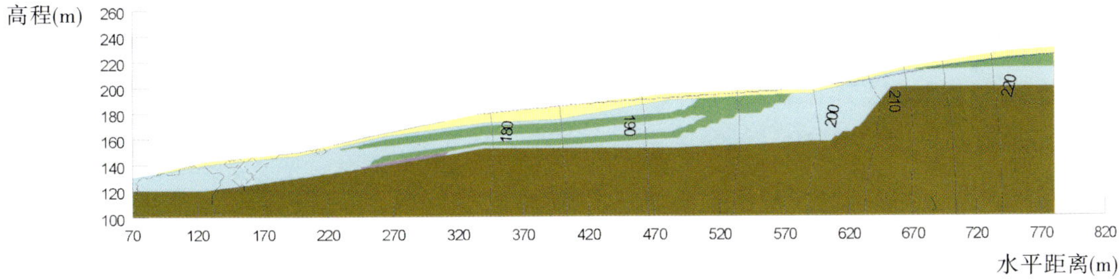

（e）175m库水位地下水水位等值线图(单位:m)

图5-73　工况三计算结果

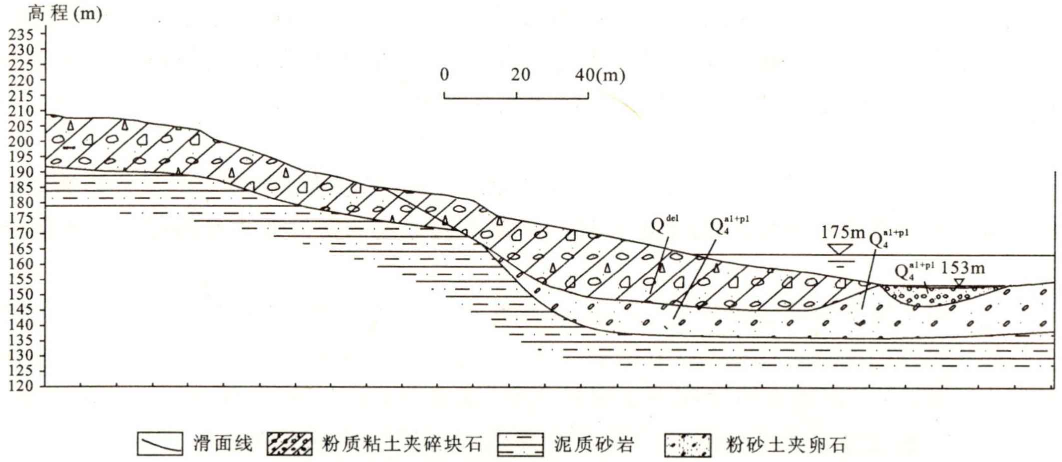

图 5－75　安乐寺古滑坡前缘万州中学堆积体工程地质剖面图

式中：ψ_i 为第 i 条块的推力传递系数；E_i 为第 i 条块的剩余推力；W_i 为第 i 条块的重量；α_i 为第 i 条块的滑面倾角；ϕ_i 为第 i 条块的滑面摩擦角；c_i 为第 i 条块的滑面内聚力；L_i 为第 i 条块的底面长度；k 为安全系数。

在计算过程中，若出现 $E_i<0$，对下一条块取 $E_i=0$，因为模型假定条块间不承受相互的拉力作用。

三、滑坡前缘堆积体的受力分析及计算

不考虑水的作用力时，条块的受力如图 5－76 所示，包括重力、滑面摩擦力、滑面法向压力、第 $i-1$ 条块的剩余推力、第 $i+1$ 条块的抗力。但滑块被水淹没后，其侧面和上下底面都要受到水的压力(图 5－77)，其大小与库水位的高度、计算作用点的位置及侧面或者底面的面

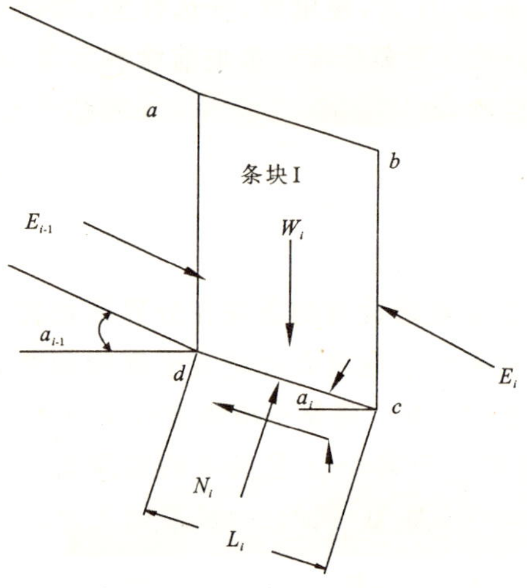

图 5－76　不考虑水作用的条块受力图

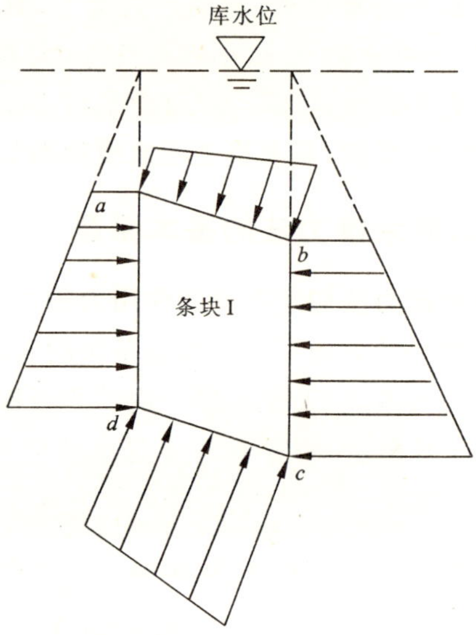

图 5－77　条块受到水压力时的受力图

积有关。实际情况下，当库水位达到175m时，上底面的水压力对滑坡的稳定是有利的。当库水位从175m降到145m时，滑坡块体的上底面的水压为零，另外，滑面下的粉砂土夹卵石的水位消散要比滑坡体的粉质粘土夹碎块石，即下底面的水压小，两侧面的水压大，导致滑坡体稳定性降低。

在计算滑坡前缘堆积体稳定性时，将滑坡体计算部分分为9个条块（图5-78），分别对库水位为145m、175m和从175m降到145m水位的稳定性系数进行计算，其计算结果见表5-4。

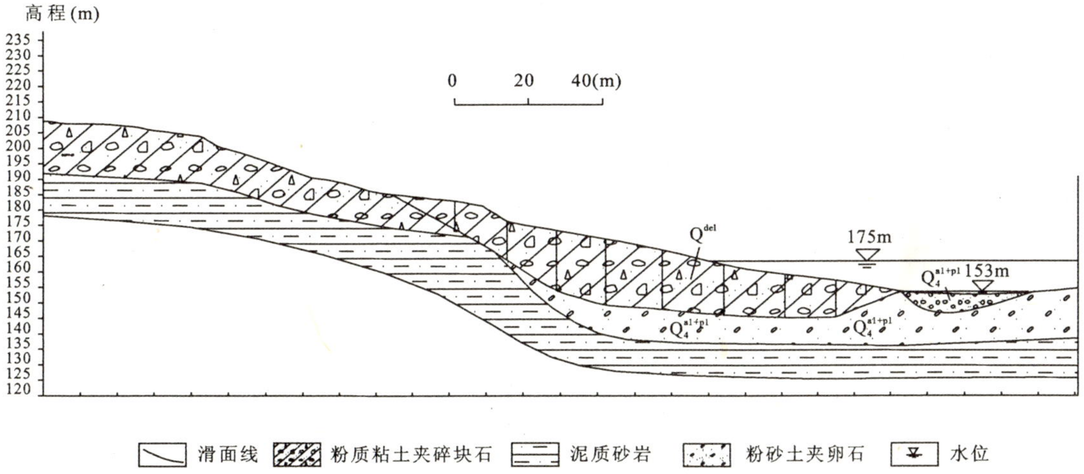

图5-78　安乐寺古滑坡前缘万州中学堆积体剖面图

表5-4　安乐寺古滑坡前缘万州中学堆积体稳定性计算结果

工　况	稳定性系数
库水位为145m	0.988
库水位为175m	1.877
库水位从175m降到145m	0.827

在万州区安乐寺古滑坡前缘万州中学堆积体（下伏有承压含水层）的稳定性分析中，库水位的变化对其稳定性的影响非常大。因其前缘地势较高，库水位为低水位时，其稳定性系数为0.988。在库水位达到175m时，堆积体前缘大部会淹没于水下，这样就会在前缘堆积体表面产生较大的水压力，其垂直于滑面的分量可以使滑面处的正压力大大增加，其平行于滑面的分量可以直接当作抗滑力，大大增加了滑坡前缘堆积体的稳定性，其稳定性系数为1.904。在库水位从175m降到低水位的过程中，一方面前缘堆积体表面产生水压力突然消失导致稳定性大大降低；另一方面下伏的粉砂土夹卵石透水性大，可以较快地随着库水位的变化而变化，而滑坡体的透水性小，其水压力要比粉砂土夹卵石层变化慢，这也使稳定性有一定程度的降低，其稳定性系数为0.827。所以在滑坡的防治设计中，特别是当库水位从175m降到145m的程中，一定要考虑到由库水位引起的前缘堆积体表面水压力的变化对滑坡堆积体稳定性的重大影响。

第六章 场地地质灾害空间预测

在三峡水库蓄水等因素影响下，万州区库岸将产生一系列环境地质问题，诸如水库淹没和浸没、库岸再造与塌岸和滑坡变形体失稳等问题，在人类工程活动的改造作用影响下，斜坡场地将出现滑坡、崩塌等工程地质问题。本章将对万州区场地稳定性进行综合分区，从而进行场地利用风险评估，作为库岸工程防治、土地利用规划的依据。

基于万州区斜坡发育的特点及已有滑坡、危岩体的形成和分布特征，着重从滑坡和崩塌的危险性角度对研究区的斜坡稳定性进行区划研究。

第一节 地质灾害空间预测原理

区域地质空间预测就是通过分析地质灾害在区域空间分布的丛集性及规律性，圈定出地质灾害相对危险性区域，从而为国土规划、减灾防灾、灾害管理与决策提供依据。区域空间预测是主要建立在区域地质灾害系统静态规律的基础上，以工程地质类比法为预测的理论基础。因此需要首先从自然地质结构、地貌演化、区域地质灾害分布规律等方面研究地质灾害发生的地质环境和发展演化趋势，实现地质灾害的历史、现状和预测研究的系统化。对于大面积的区域性地质灾害危险性，要进行如此全面深入的勘查和计算显然是不可能的。只能采用典型勘查和抽样调查方法，取得代表性参数，然后再进行区域地质灾害危险性评价。区域地质灾害危险性区划的基本内容和作用是根据区域历史灾害活动程度和灾害形成条件的充分程度，结合区域自然条件和社会经济条件，评价区域灾害危险程度及其分布规律，划分危险性等级。把条件复杂、危险性程度参差不齐的大面积评价区，划分成若干灾害活动条件和危险程度相对一致的单元，作为确定抽样样本，确定评价参数，拓展到全区，确定研究区地质灾害的危害范围以及危险性等级，最后得到研究区的地质灾害危险性区划图。

灾害危险性分区归纳起来有两种方法：一种方法是以灾害分布图和各因素图的叠加，定量、半定量化地确定地质灾害敏感性指标，然后对各敏感性指标进行叠加处理，高敏感性指标区代表地质灾害易发区，低敏感性指标区代表地质灾害不易发生的区域。另一种方法是以地质灾害影响因素与地质灾害关系的理论分析为基础，建立相关数学模型(检验模型、数理统计模型、信息模型、模糊判别模型、灰色模型、模式识别模型、非线性模型等)，对研究区的相对危险性程度作出评价，作为灾害危险性评价的定量依据。各种数学模型尽管原理与运算方法相去甚远，但都是通过对影响滑坡因素的分析，赋予权重系数，再对各权重系数进行相关数学推理运算，建立预测模型，从而实现定量评价。其中各预测变量权重系数的确定与判别标准的确定是分区结果的决定因素。综合上述两种方法，最后编制出的灾害危险性区划图都属于一种综合图件，具有一定时段内的静态特点，属于半定量的评价方法。目前 GIS 技术的空间分析、制图功能和可视化功能的飞速发展，为灾害危险性区划提供了数据更新、自动成图的有效工具，从某种程度上弥补了灾害危险性区划相对静态的不足。这里采用的是第二种预测思路，如图 6-1 所示。

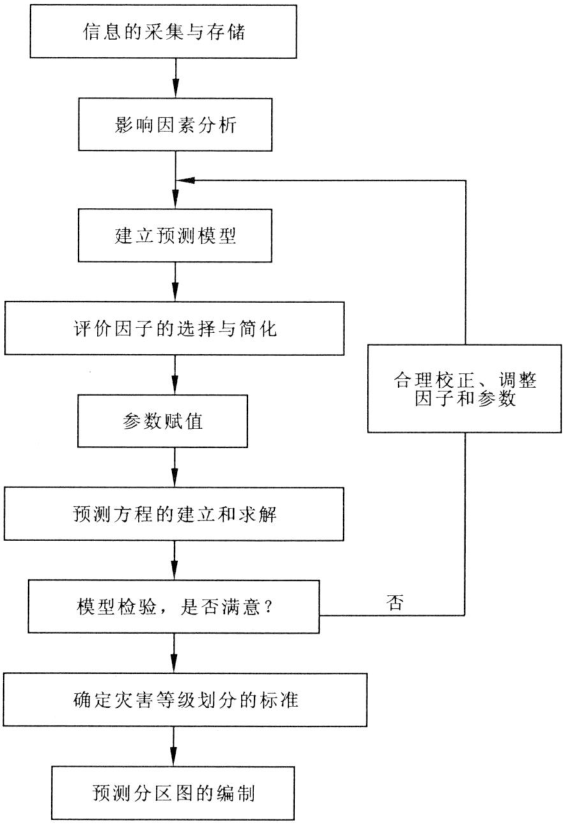

图 6-1　地质灾害空间预测流程图

一、评价指标的确定

预测指标的选取在某种程度上说是预测成功的关键，地质灾害的发生与地质条件相关联，多集中发生在一定的工程地质环境条件下。静态因素是相对平稳少变的，它为地质灾害形成提供了必要的前提条件，而动态因素则对地质灾害起到加速或减速以及激发或抑制的作用。空间预测指标侧重于反映地质体本身的特征属性。影响研究区的斜坡库岸稳定状态的因素很多，依据野外调查及勘探、试验结果，研究区稳定性主要受岩性组合、库岸形态、水库运行特征及人类工程活动等因素的控制。这里主要结合各指标选取的难易程度及研究区相关资料的掌握程度，选取了 7 种因素（17 种状态）作为研究区滑坡危险性评价的指标（表 6-1）。其中治理加固工程只在预测规划后滑坡灾害危险性时才选用。

二、预测评价单元的划分及预测变量赋值

库岸稳定性分区在 GIS 系统中进行，在对各种与预测有关的空间信息进行输入、存贮的基础上生成预测需要的基础相关图层，运用 GIS 的空间分析和 DTM 模型等功能，进行预测信息的提取，分别得到地表岩土分布图、地形坡度分区图（图 6-2）、库岸再造分布图、土地利用类型图、不良地质现象分布图、松散堆积物厚度分区图、治理加固工程分布图等相关预测基础图件。

表 6－1　滑坡危险性预测评价指标表

一级指标	二级指标	基础指标	变量
地质环境指标	地形坡度	<10°	X_1
		10°～25°	X_2
		25°～35°	X_3
		>35°	X_4
	地表岩组	第四系松散堆积物	X_5
		崩滑堆积体	X_6
		基岩	X_7
	松散堆积物厚度(m)	<5	X_8
		5～20	X_9
		>20	X_{10}
	不良地质现象	发育	X_{11}
	库岸再造	有影响	X_{12}
人类工程活动	土地利用类型	仓储、港口用地	X_{13}
		建筑用地	X_{14}
		道桥	X_{15}
		绿地	X_{16}
	治理加固工程	有	X_{17}

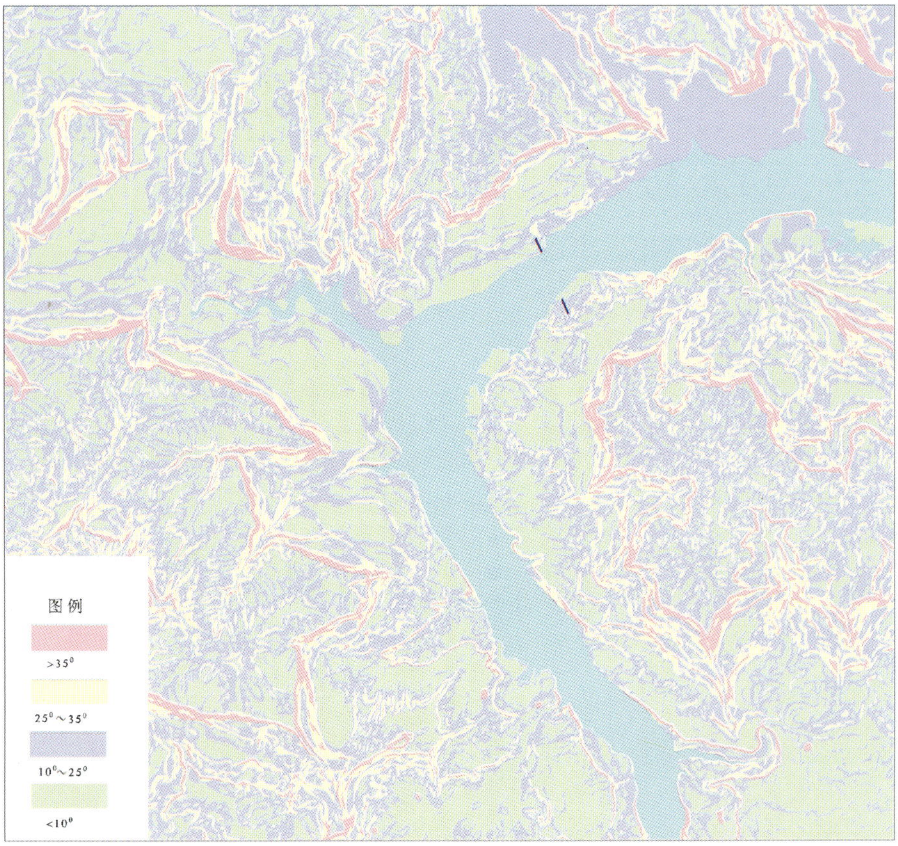

图 6－2　研究区地形坡度分区图

单元的划分是否恰当影响着预测结果的合理性，也影响到预测过程中各参数获取的难易程度。通常单元的划分有规则单元划分和不规则单元划分两种方案。这里采用不规则单元划分进行稳定性预测，由于自然界中各种研究对象在空间分布上的不规则性，不规则单元划分更接近实际，生成的图形边界更合理。不规则单元的划分是建立在GIS的矢量迭加分析的基础上的，其迭加实现过程如图6-3所示，充分体现了GIS在灾害预测中的应用优势。这里采用地形坡度分级图、地表岩性分布图、库岸再造分布图、松散堆积物厚度分区图、土地利用类型图作为矢量迭加的基础图件，共将研究区划分为29 240个单元。

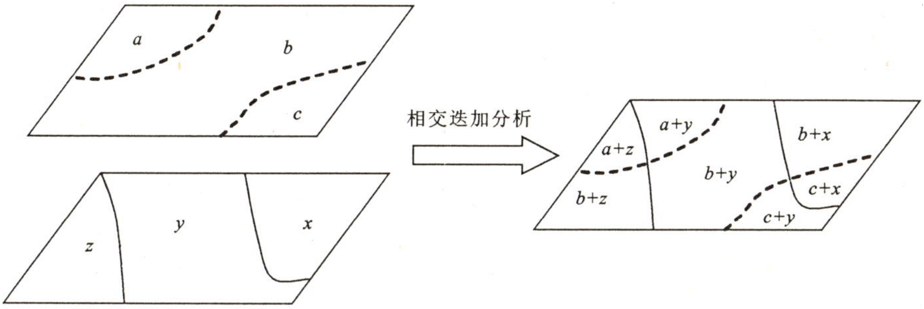

图6-3　矢量图层的迭加过程示意图

三、预测模型的建立

滑坡空间预测的数学模型研究发展很快，随着概率论、数理统计及信息理论、模糊数学理论用于滑坡预测，目前已形成了多种预测模型。本项目主要采用了已被广泛应用于滑坡空间预测中，且其适用性被多次证明的信息量模型对研究区斜坡滑坡灾害危险性进行了区划研究。

四、预测模型

信息预测的观点认为：事件的产生与预测过程中所获取的信息的数量和质量有关，是用信息量的大小来衡量的。库岸稳定性程度(Y)受多种因素($X_i, i=1,2,\cdots,n$)的影响，各种因素所起作用的大小、性质是不同的。可以这样认为，在不同的地质环境中，对于库岸稳定性而言，总会存在一种"最佳因素组合"决定库岸变形破坏的产生。对于具体库岸，是通过各因素对库岸失稳所提供的互信息量来确定各地段产生的总信息量，以此作为预测的定量依据。研究区通常被划分为各种单元，计算每个单元中由各影响因素所提供的信息量总值，信息量值越大，表明该单元变形破坏的可能性越大。计算公式描述如下：

$$I_i = \log \frac{N_i/S_i}{N/S} \tag{6-1}$$

$$I = \sum_{i=1}^{m} I_i \tag{6-2}$$

式中：I_i为因素i对库岸失稳所提供的信息量值；N_i为因素i标志条件下的相对库岸失稳单元总面积；N为研究区内相对库岸失稳单元总面积；S_i为存在某因素i标志的单元总面积；S为研究区的总面积；I为对库岸失稳提供的总信息量值(bit)。

五、预测数学模型的建立

这里选取了具有代表性且研究程度较高的苎溪河两岸作为建模区，进行建模区单元现状赋值，计算出各评价因素的信息量值 I_i，并以 I_i 作为各评价因素的权重，建立预测方程式(6－3)。由表 6－1 可以看出，信息量较大的变量分别是岩性类型、地形坡度、库岸再造、不良地质现象发育程度，其中岩性组合为崩滑堆积物、松散堆积物(厚度较大)，地形坡度较为平缓，人类工程改造活动强烈的单元最有利于滑坡灾害的产生，与野外测绘定性分析是一致的。

$$
\begin{aligned}
I =& 0.67X_1 - 0.309X_2 - 0.982X_3 - 1.814X_4 - 1.211X_5 + 2.545X_6 - 1.823X_7 \\
& - 0.669X_8 + 1.376X_9 + 2.304X_{10} + 2.688X_{11} + 1.691X_{12} + 0.365X_{13} \\
& + 1.108X_{14} + 0.121X_{15} - 1.393X_{16}
\end{aligned} \quad (6-3)
$$

六、模型检验

将建模区的各单元赋值情况代入预测方程式(6－3)，计算出建模区各单元的信息量值，作出信息量分布曲线(图 6－4)，找出信息量分布图上的突变点，结合野外测绘定性分析的情况，把预测结果划分为三个等级：Ⅰ．基本稳定区；Ⅱ．潜在不稳定区；Ⅲ．不稳定区。划分标准见表 6－2。在建模区内选取有代表性的剖面进行稳定性验算，结果吻合较好，失稳区均落在Ⅲ区范围之内。因此所建立的预测模型可用来对整个研究区进行预测。

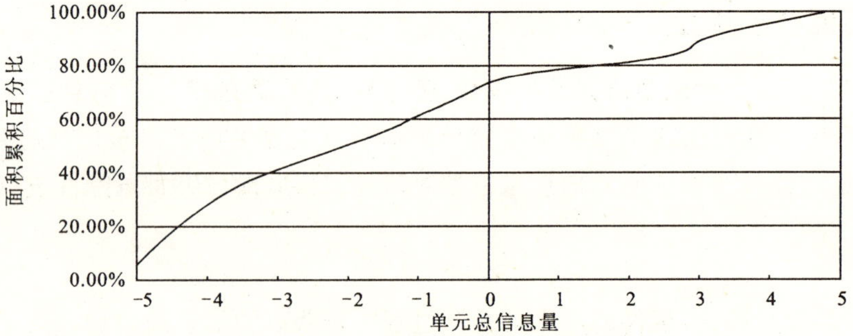

图 6－4　滑坡灾害危险性信息量累积曲线

表 6－2　斜坡稳定性程度分区等级

稳定性程度	稳定	潜在不稳定	不稳定
信息量值 I	$I\leqslant 0$	$0<I<2.8$	$I\geqslant 2.8$

第二节　滑坡灾害空间预测分区

一、现状条件下滑坡灾害空间预测分区

在可靠性检验的基础上，利用式(6－3)对全区进行信息量计算，根据各单元的信息量值可编制出现状条件下研究区斜坡滑坡灾害危险性分区图(图 6－5)。从预测分区图可以看出：不

稳定区约占总评价面积的6%，主要分布在长江和苎溪河两岸古滑体的前缘地带，是今后滑坡灾害重点防治区域，物质组成以古崩滑坡堆积物及新滑坡堆积物为主，基岩埋深较大，受库岸再造影响较大。该区的分布情况与水库蓄水后库岸再造、现已发现的滑坡潜在危险区基本吻合，说明了预测结果的合理性。潜在不稳定区约占13%，主要分布在古滑体的后缘及第四系松散堆积物分布地带，是今后的限制规划区；稳定区约占81%，主要位于高程300m的基岩出露地带。

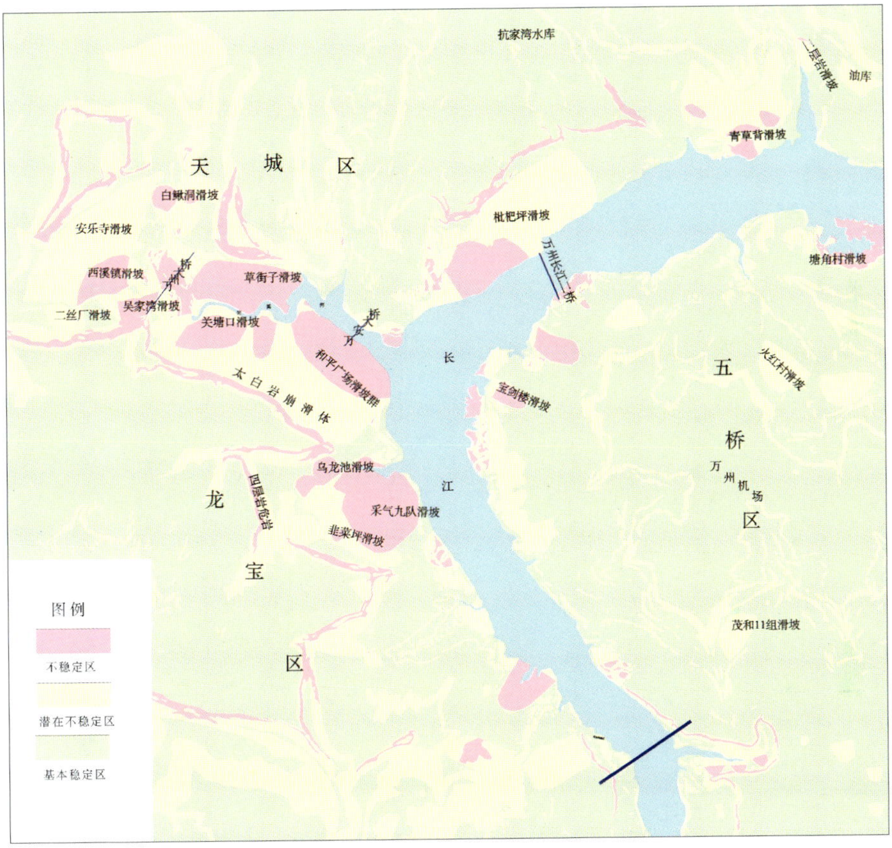

图6-5　研究区崩滑灾害危险性分区图(现状)

二、规划后滑坡灾害危险性预测分区

考虑三峡水库蓄水后二期滑坡实施完毕及2002—2010年万州规划实施情况，对式(6-3)进行修正，对研究区各评价单元进行重新赋值，根据各单元的信息量值可编制出规划实施条件下研究区斜坡滑坡灾害危险性分区图(图6-6)。从预测分区图可以看出：不稳定区约占总评价面积的4%，原有的部分不稳定区在滑坡治理及库岸防护工程的实施后稳定性状况有所改善，剩下的不稳定区域是今后防治的重点；潜在不稳定区约占12%，是今后规划用地的限制规划区，主要分布在古滑体的后缘及第四系松散堆积物分布地带；稳定区约占81%，是今后的主要规划用地。

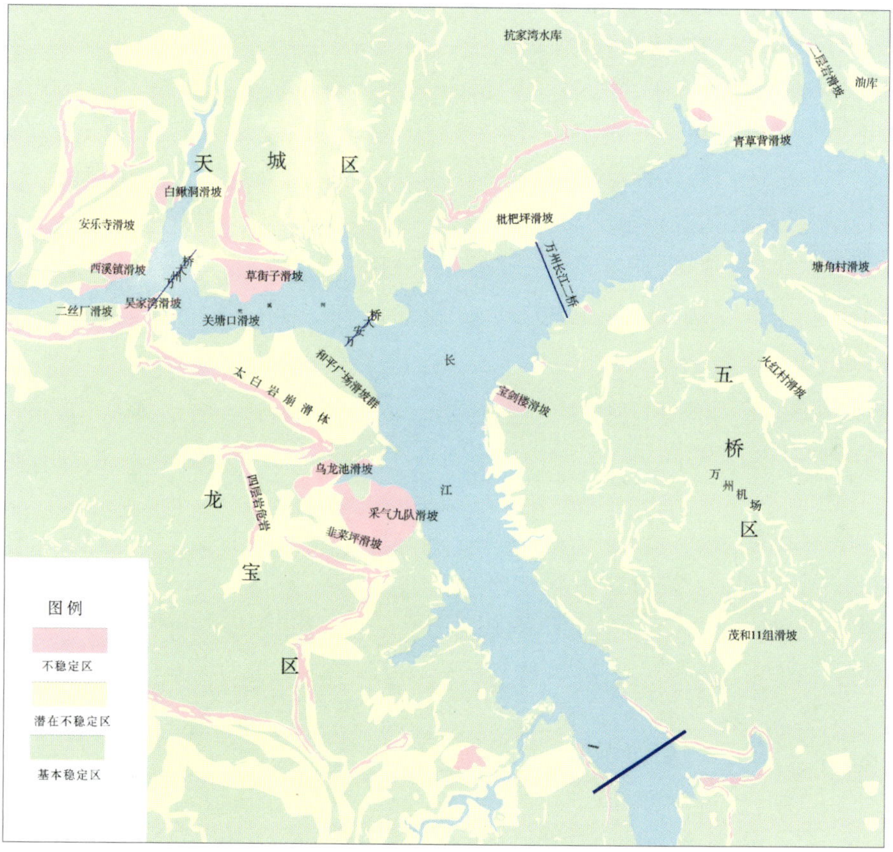

图 6－6　研究区崩滑灾害危险性分区图(截至二期治理工程后)

三、预测结果分析

对比治理前后的评价结果，可以得到研究区的滑坡灾害危险性区划结果。下面对研究区斜坡稳定性进行分类评述。

稳定性区：约占研究区面积的 80％，主要分布在中、后部的基岩分布区，基岩产状较稳定，局部产状变化。该区地形较陡，地形坡度为 20°以上，场地较稳定，是研究区内的主要建筑场地。后缘局部地段有危岩体分布，且受高程及地形的限制，不宜作为研究区的建筑场地。

潜在不稳定区：约占研究区总面积的 12％，主要分布在研究区中部及中前部松散堆积物及古滑体分布区。该区地形较平缓，地形坡度为 10°～30°，场地潜在不稳定，有可能受周缘不良地质现象的威胁。松散层的厚度较大，总体场地的地基条件较差，如修建建筑物，需采取工程措施予以处理，严禁强烈的改造工程。本区为研究区内限制性利用场地区，在充分地质论证、遵循一定的限制条件或岸坡防护工程后，可利用作为建筑场地区。

不稳定区：约占研究区面积的 5％，主要分布在靠长江和苎溪河前缘及局部的滑坡区。该区场地总体稳定性较差，如临近冲沟陡坡上的覆盖层分布区、岩体卸荷松动区、可能产生库岸再造强烈区、滑坡区等，其中一些部位在滑坡治理及库岸防护工程的实施后稳定性状况将大大提高，剩下的区域由于存在潜在地质问题较多且场地稳定性较差，是今后滑坡防治和库岸防护工程研究的重点地段。

第三节　崩塌灾害空间预测分区

万州区危岩体主要分布在砂岩、泥质粉砂岩、粉砂质泥岩中，由于其分布高程均较高，对本项目进行崩塌灾害空间预测选取了所有基岩分布区进行，仍然采用信息量模型进行预测。根据区域地质条件及危岩体发育情况，并结合野外地质调查成果，选取地形坡度、卸荷作用、节理组合 3 种因素 8 种状态进行预测(表 6－3)。同理，选取苎溪河两岸作为建模区，建立如下的数学方程：

$$I=-2.453X_1-1.672X_2+1.924X_3+2.663X_4+2.857X_5+0.433X_6-1.831X_7+2.104X_8 \quad (6-4)$$

表 6－3　崩塌危险性预测评价指标表

评价指标	基础指标	变量
地形坡度	<10°	X_1
	10°～35°	X_2
	35°～55°	X_3
	>55°	X_4
卸荷作用	强烈	X_5
	一般	X_6
	无	X_7
不利节理组合	发育	X_8

将建模区的各单元赋值情况代入预测方程计算出建模区各单元的信息量值，作出信息量分布曲线(图 6－7)，找出信息量分布图上的突变点，结合野外测绘定性分析的情况，把预测结果划分为 3 个等级：Ⅰ. 基本稳定区；Ⅱ. 潜在崩塌区；Ⅲ. 崩塌区，划分标准见表 6－4。运用该模型对整个研究区的基岩分布区进行预测，得出现状条件下崩塌灾害危险性分区图，与前面的滑坡灾害危险性分区图叠加，即得出现状条件下崩滑灾害危险性分区图(图 6－5)和治理后

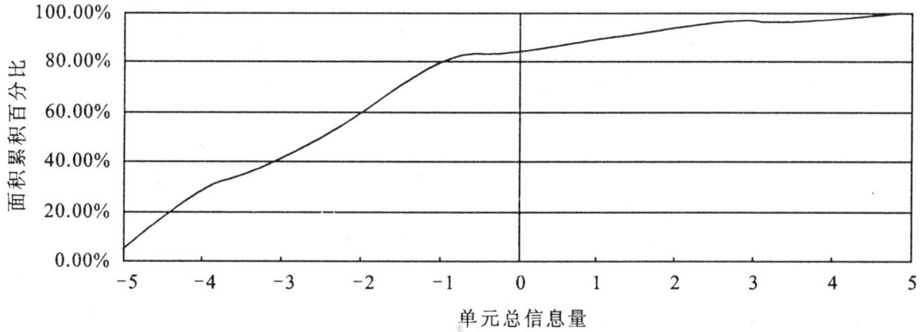

图 6－7　崩塌灾害危险性信息量累积曲线

崩滑灾害危险性分区图(图 6 - 6)。

表 6 - 4　崩塌程度分区等级

发育程度	稳定区	潜在崩塌区	崩塌区
信息量值 I	$I \leqslant -0.8$	$-0.8 < I < 2.6$	$I \geqslant 2.6$

从预测分区图可以看出,崩塌区约占基岩分布总面积的 3%,主要分布在地形坡度较陡,由砂岩、粉砂质泥岩、泥质粉砂岩、泥岩所组成的较为直立的危岩体地带,这些地段一般岩体中优势节理组合有利于崩塌的产生,并且卸荷作用强烈,是急需危岩治理的地段。潜在崩塌区约占总面积的 16%,主要分布在中后部地区,地形坡度较陡,是今后城市建设工程中限制使用地段。稳定区约占总面积的 81%,主要分布在地形坡度相对较缓、节理发育规模较小且卸荷作用较弱的地段,是可充分利用的地带。

第七章　地质灾害防治技术与方法研究

第一节　万州区地质灾害防治工程现状

三峡库区二期地质灾害治理，万州区共有41个灾害治理项目，其中库岸防护工程7项，崩滑体防治工程34项。主要治理工程措施统计如表7-1、表7-2和表7-3所示。

表7-1　治理工程分类统计表

工程措施 / 工程类别	抗滑桩	挡墙	锚索或锚杆	护坡	清方减载	反压	排水沟	其他
库岸防护	4处	2处	1处	5处	1处	1处	1处	1处
崩滑体治理	28处	11处	12处	15处	8处	2处	22处	2处

从上表中不难看出，抗滑桩无论在库岸防护或崩滑体治理中均得到了大量的应用。另据统计，锚拉桩在上述41个治理工程中有8处得以采用(图版7-1至图版7-6)。

表7-2　三峡库区二期地质灾害治理万州区库岸防护工程汇总简表

项目名称	地理位置	灾害规模(长度，m)	工程措施
万州区长江左岸塌岸防治工程康家坡—黄泥包段	万州区天城康家坡—黄泥包长江左岸	262	护坡
长生河四段库岸防护工程	天城管委会上坪村十一组长生河右岸	210	挡墙、护坡、抗滑桩、排水沟
翠屏中学—新太河塌岸治理工程	陈家坝街道办事处长江右岸		挡土墙、喷砼、危岸清除及岩腔镶固
万县长江大桥—上沱口塌岸防护工程	万州区五桥长江右岸	420	护坡、抗滑桩
万州区长江左岸塌岸防治工程李子林—西山公园体育场段	万州区西山公园长江左岸	165	抗滑桩、锚索
黄牛孔至瓦窑背库岸治理	龙都办事处长江左岸	960	清方减载、反压、护坡
万州区长江左岸塌岸防治工程杜家院子—明镜滩牛奶场段	万州区明镜滩长江左岸	200	条石护坡

表 7-3 三峡库区二期地质灾害治理万州区崩滑体治理工程汇总简表

项目名称	地理位置	灾害规模(万方)	工程措施
万州区太白岩中段危岩治理工程	万州区长江左岸	危岩 47 700 滑坡 33.94	砼墙、砼支撑柱、危岩清除、拦石墙、拦石网、抗滑桩、锚杆、排水沟
万州区太白岩南坡危岩治理工程	万州区长江左岸	危岩 27 753,欠稳定斜坡 13(设计变更、未治理)	削危、抗滑、锚固、排水、护坡、拦石
万州区太白岩东段(含白虎头)危岩滑坡治理工程	万州区长江左岸	危岩 21 238 滑坡 3.9	削危、抗滑、锚固、排水、护坡、拦石
关塘口滑坡(堆积体与塌岸)防治工程	万州区关塘口苎溪河右岸	1 280	锚拉抗滑桩+排水+削方减载
天城实验小学滑坡治理工程	万州区吴家湾苎溪河右岸	210	锚拉桩+桩板墙+排水
安乐寺滑坡防治工程	万州区安平村、长坪村苎溪河左岸	250.5	抗滑桩 81 根、排水沟、桩间条石连接、挡墙
万州区游泳池变形体防治工程	万州区映水坪长生河左岸	151	抗滑桩、护坡、挡墙
重庆市万州区草街子滑坡治理工程	万州区天城映水办事处苎溪河与长生河左岸	双堰塘总体积 2 200 半边石坝总体积 225	抗滑桩+排水沟
黄泥包滑坡治理工程	万州区天城黄泥包长江左岸	600	锚索抗滑桩+护坡+排水
枇杷坪 Ⅱ(关口)危岩治理工程	万州区枇杷坪长江左岸	共 126 处危岩体	治理 82 处有挡石墙、支撑柱、锚杆、条石填腔、裂隙灌浆
巨鱼沱滑坡治理工程	万州区天城巨鱼沱长江左岸	238	锚拉抗滑桩+削方减载+桩板墙+排水
233(桑树坪)滑坡治理工程	万州区桑树坪长江左岸	457.94	削方减载、挡土墙、排水沟
驸马桥滑坡群青草背 1# 滑坡治理工程	天城枇杷坪百步、双溪居委会长江左岸	600	抗滑桩+排水沟
万州区枇杷坪滑坡治理工程	万州区枇杷坪长江左岸	1 890	抗滑桩+锚索
龙宝武陵镇外石梁—团包变形体	武陵镇长江左岸	53.3	抗滑桩
二丝厂变形体	万州区丝厂村苎溪河右岸	体积:627.5 万 m^3 面积:26.10 万 m^2	抗滑桩 110 根、护坡、桩间条石挡墙、抛石压脚
万州区梦娜化妆品厂(北山观)滑坡	万州区北山观纸房溪左岸	141	抗滑桩、锚索、护坡
万州区青草背 2 号滑坡	万州天城区驸马乡百步村长江左岸	120	抗滑桩、地表排水、原有挡墙加固
万州大石包滑坡治理工程	盘龙大石村长江右岸	381	抗滑工程、护坡工程、地表排水、生物防护工程等
万州南山(宝剑楼)滑坡治理工程	陈家坝街道办事处长江右岸		地表排水工程、抗滑桩、库岸防护
万州区天城移民局变形体		167.44	抗滑桩、排水沟、弃碴挡墙
天城农机技校变形体	万州区天城开发区沙河子长生河右岸	150	抗滑桩+锚索+护坡+地表排水
和平广场滑坡防治工程	万州区和平广场苎溪河右岸	1 950	抗滑桩+护坡
红溪沟港区滑坡治理工程	万州区红溪沟长江左岸	105	削坡减载
万州区明镜滩滑坡	万州区龙宝明镜滩长江左岸	36	抗滑桩、库岸护坡、削方减载
清泉路(袁家蹬)滑坡治理工程	万州区袁家蹬长江左岸	827	悬臂抗滑桩、护岸、排水

续表 7-3

项目名称	地理位置	灾害规模(万方)	工程措施
长堰塘滑坡治理	万州区王牌路长江左岸、李子林沟右岸	655	抛石填土压脚、排水
康家坡滑坡治理工程	万州区天城康家坡长江左岸	360	锚拉、抗滑桩＋护坡＋排水
太白岩南段(戴家岩)危岩治理工程	位于万州主城区西侧长江左岸	15	危岩清除、支撑、衬砌、锚固
红花地港区危岩治理工程	万州区牌楼中区清泉乡红花村4社长江左岸	2.25	锚钉、锚点、护岸条石浆砌 24.9 万 m^2
黄柏集镇滑坡治理工程	万州区黄柏乡长江右岸	87.4	抗滑桩、喷锚护坡、肋柱连梁、排水
大周镇常家坪滑坡治理工程	万州区天城大周镇长江左岸	6.35	锚拉抗滑桩、排水
万州区新田狐滩子滑坡治理工程	万州区五桥新田镇长江右岸	371.7	抗滑桩 13 根、排水沟 532m
大周镇Ⅱ号滑坡治理工程	万州区大周镇长江左岸	634	抗滑桩、排水沟、挡土墙

第二节　滑带土抗剪强度参数概率分布拟合及其优化

三峡库区二期重大地质灾害防治工程已基本结束，从二期地质灾害防治的经验可知，在边坡防治中，选取合理的参数不但对边坡治理的稳定性有直接影响，而且对边坡治理的经济费用有直接的控制作用。所以，参数的合理选取问题必定是三期地质灾害防治工作面临的重要课题。

滑动面参数的选取是滑坡勘察、设计以及治理工程中非常重要也是非常难的课题(郑颖人、时卫民、唐伯明，2003)。其中抗剪强度参数 c 和 φ 来源于滑坡勘察实验，频繁应用于滑坡的稳定性评价、滑坡预测预报、模拟仿真以及防治工程设计中。在实际工程中，由于获取某一个滑坡滑带土抗剪强度参数的值往往是少量的，且受土样在取样、运输、保管和试验中误差的影响，导致试验结果往往具有相当的离散性和不确定性(徐军、雷用、郑颖人，2000)。由于滑坡滑带土抗剪强度参数具有明显的地区性特征(范明桥，2000)，因此，根据某一地区以往有代表性的大样本实验数据，可以对矿物与化学成分、土体特性和层位相类似的滑带土进行统计分析，确定其概率分布形式，从而可以对该地区某一个滑坡的小样本数据进行优化。

一、万州区滑带土抗剪强度参数概率分布的拟合

(一)滑带土基本特征

重庆市万州区位于三峡库区中段，大型滑坡群 7 个，其中关塘口滑坡群、和平广场滑坡群被列为三峡库区四大滑坡之中。出露的基岩主要为侏罗系中统沙溪庙组 J_2s 砂岩、泥岩互层，岩层产状平缓，倾角一般小于 5°，近乎水平。滑带土为灰白色粘土，厚 0.1～0.3m，产状稳定、连续，露头已泥化，呈土状。

灰白色软弱夹层的矿物成分由蒙脱石、伊利石、石英、长石等组成，微裂隙和微孔隙发育，以片状结构为主，有少量网格结构。化学成分为 SiO_2、Al_2O_3、Fe_2O_3、K_2O、MgO、CaO、Na_2O

以及结构水，有少量 TiO_2、MnO 等。土体的自由膨胀率为 56%～85%，为中等膨胀性土。滑带土遇水膨胀、软化，且剪切强度较低（四川省地矿局南江队，1997），在暴雨作用下，滑坡沿此层面滑动。

（二）滑带土抗剪强度参数概率分布的拟合

一个地区参数的总体分布通常是未知的，为了确定其总体分布特征，通常根据已有的资料，对数据的总体分布提出一种假设 H_0，然后在某一显著性水平 α 下用概率统计的方法对假设 H_0 进行检验。当样本容量 n 充分大（$n \geqslant 50$），根据 χ^2 检验法，将随机试验可能结果的全体分为 k 个互不相容的事件，在假设 H_0 下，计算每一个事件的概率，若假设 H_0 为真，则当试验次数很大时，事件发生的频率可以近似等于其概率（张博庭，1991）。统计量总是近似地服从自由度为 $k-r-1$ 的分布（r 是被估计的参数的个数），即：

$$\chi^2 = \sum_{i=1}^{k} \frac{(f_i - np_i)^2}{np_i} \tag{7-1}$$

式中：f_i 为试验频率；p_i 为估计概率。

若在假设 H_0 下，式（7-1）计算后有：

$$\chi^2 \geqslant \chi_{\alpha}^2(k-r-1) \tag{7-2}$$

则在显著性水平 α 下拒绝 H_0，反之就接受 H_0（徐超、杨林德，1998；盛骤、谢式千、潘承毅，1989）。作者统计了万州区 1 074 个滑带土抗剪强度参数 c 和 φ，其各种抗剪工况下的统计数据如表 7-4 所示。

表 7-4 万州区滑带土各种工况下的统计数据表

抗剪工况	参数指标	统计数分布范围（kPa）	统计总个数（个）	分布区间个数（个）
饱和残余值	c	(5.0～42.0)	137	9
	φ	(3.7～16.5)	116	6
饱和峰值	c	(9.2～55.4)	129	11
	φ	(5.8～30.0)	136	8
天然残余值	c	(9.0～52.0)	117	10
	φ	(5.4～26.0)	135	9
天然峰值	c	(10.8～70.0)	161	12
	φ	(7.3～37.0)	143	9

根据 $f = \frac{\sum n_i}{N}$（f 为某种抗剪工况下的试验频率，n_i 为某种抗剪工况下第 i 个分布区间的数据个数，N 为某种抗剪工况下总的统计个数），这样以区间值为横坐标，以区间值对应的频率为纵坐标作出各种抗剪工况下的频率直方图，如图 7-1 至图 7-8 所示。根据频率直方图的分布形式，先假设 H_0，然后根据式（7-1）和式（7-2）进行检验，确定是否接受 H_0。现以万州区饱和峰值 c 的概率分布拟合为例说明。

根据图 7-2，可假设 H_0 对数正态分布。万州区滑带土饱和峰值 c 的概率分布 χ^2 检验数据见表 7-5。由 $r=2$，$k=6$，取 $\alpha=0.01$，可以求得 $\chi^2 < \chi_{0.01}^2(3)$，故接受 H_0。同理，可检验并

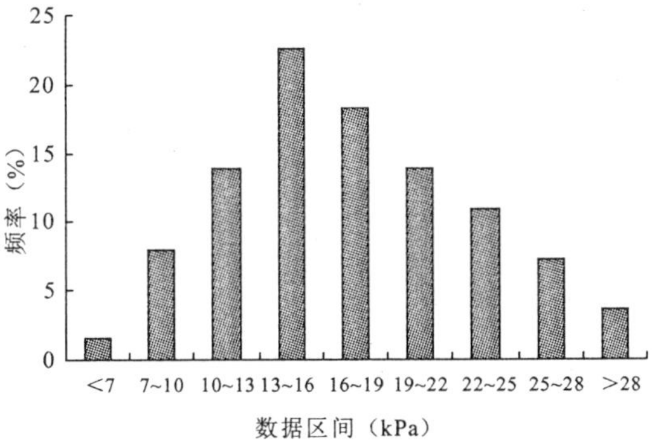

图 7－1　饱和残余值 c 的统计频率直方图

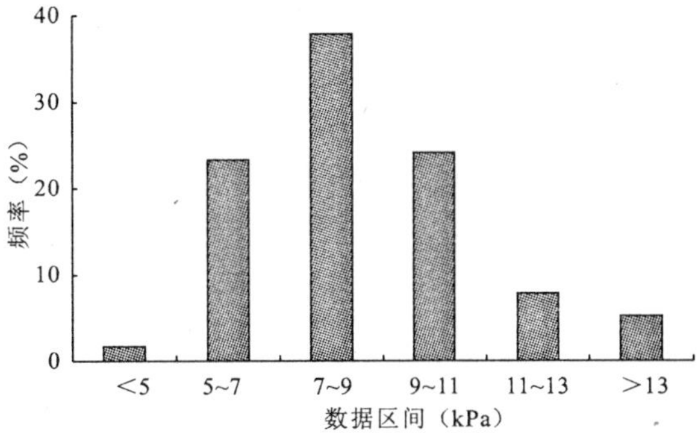

图 7－2　饱和残余值 φ 的统计频率直方图

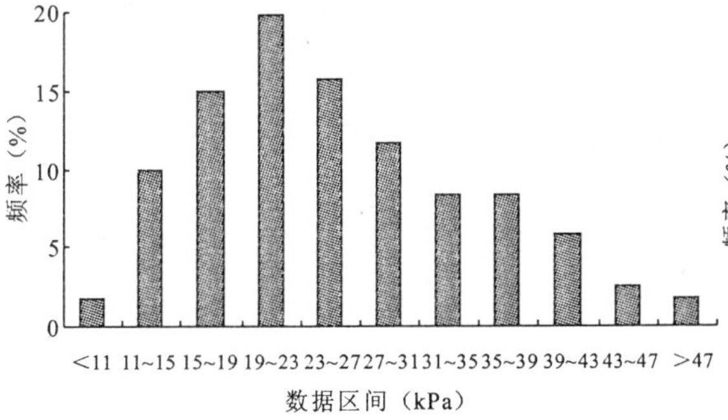

图 7－3　饱和峰值 c 的统计频率直方图

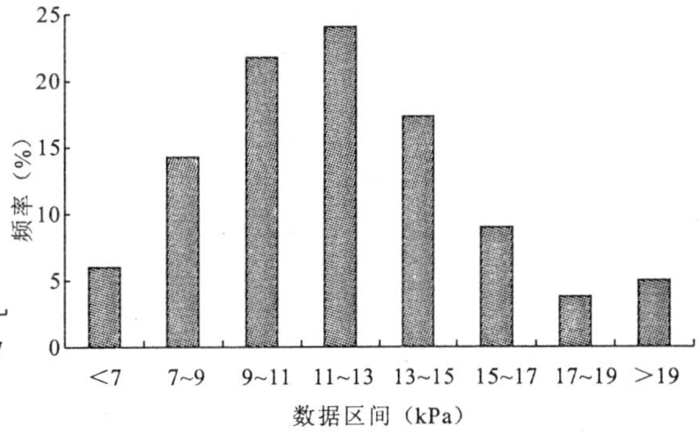

图 7－4　饱和峰值 φ 的统计频率直方图

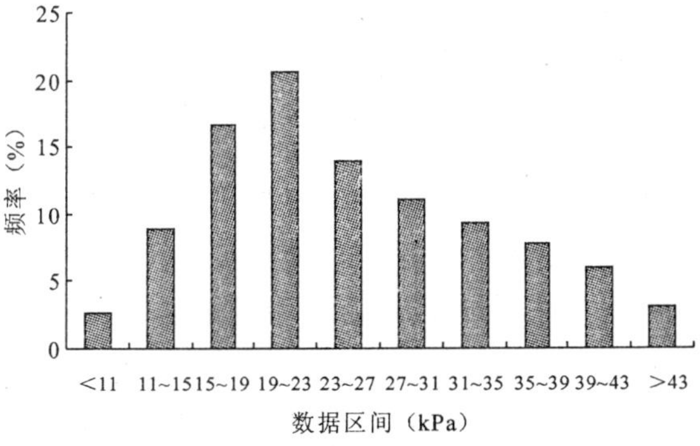

图 7－5　天然残余值 c 的统计频率直方图

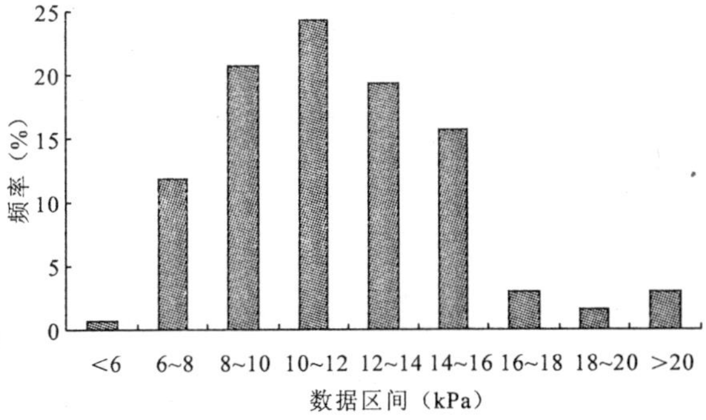

图 7－6　天然残余值 φ 的统计频率直方图

拟合出其他工况下的概率分布形式，结果如表 7－6 所示。

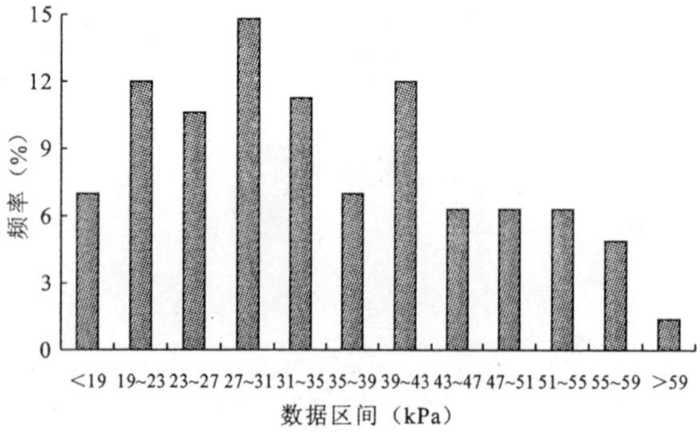

图 7-7　天然峰值 c 的统计频率直方图

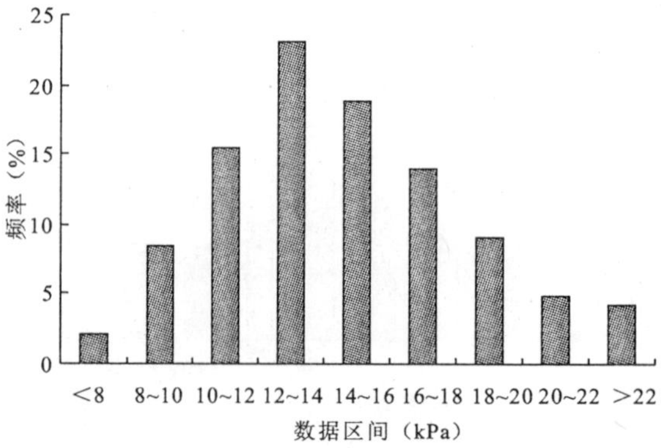

图 7-8　天然峰值 φ 的统计频率直方图

表 7-5　万州区滑带土饱和峰值 c 的概率分布 χ^2 检验数据表(H_0 为对数正态分布)

区间号(i)	数据区间(kPa)	试验频数(n/次)	试验频率(f)	概率估计(p_i)
1	7～11	2	0.017 3	0.014 8
2	11～15	12	0.099 4	0.097 6
3	15～19	18	0.149 2	0.151 4
4	19～23	24	0.197 9	0.197 1
5	23～27	19	0.157 3	0.158 8
6	27～31	14	0.115 7	0.114 6
7	31～35	10	0.083 3	0.086 1
8	35～39	9	0.079 5	0.081 2
9	39～43	7	0.058 1	0.056 3
10	43～47	3	0.025 4	0.028 2
11	47～51	2	0.016 9	0.015 2

可以看出，万州区滑带土抗剪强度参数 c 和 φ 的概率分布形式为：粘聚力 c 的概率分布形式为对数正态分布，而内摩擦角 φ 的概率分布形式为正态分布，反映了万州区滑带土参数概率分布的总体特征和整体规律的一致性，从而为万州区某一个滑坡的小样本数据的检验和优化奠定了基础。

二、滑带土抗剪强度参数的优化

由于万州的水平地层滑坡滑带土普遍为灰白色粘土，所以，表 7-6 统计出的概率密度函数作为先验函数来验算和优化万州区某一个滑坡滑带土的抗剪强度参数是可行的。Bayes 公式(Zhang H S、Tang W H，1984；张广文、刘令瑶，1995)为：

表 7-6　万州区滑带土抗剪强度参数概率分布形式结果表

抗剪强度工况	参数指标	分布形式	概率密度函数
天然峰值	c	对数正态分布	$f(x)=\frac{1}{0.443x\sqrt{2\pi}}\exp\left[-\frac{1}{2}\frac{(\ln x-3.557)^2}{0.196}\right]$
	φ	正态分布	$f(x)=\frac{1}{3.844\sqrt{2\pi}}\exp\left[-\frac{1}{2}\frac{(x-14.586)^2}{14.773}\right]$
饱和峰值	c	对数正态分布	$f(x)=\frac{1}{0.415x\sqrt{2\pi}}\exp\left[-\frac{1}{2}\frac{(\ln x-3.188)^2}{0.172}\right]$
	φ	正态分布	$f(x)=\frac{1}{4.518\sqrt{2\pi}}\exp\left[-\frac{1}{2}\frac{(x-12.373)^2}{20.415}\right]$
天然残余值	c	对数正态分布	$f(x)=\frac{1}{0.453x\sqrt{2\pi}}\exp\left[-\frac{1}{2}\frac{(\ln x-3.167)^2}{0.205}\right]$
	φ	正态分布	$f(x)=\frac{1}{3.403\sqrt{2\pi}}\exp\left[-\frac{1}{2}\frac{(x-11.626)^2}{11.580}\right]$
饱和残余值	c	对数正态分布	$f(x)=\frac{1}{0.449x\sqrt{2\pi}}\exp\left[-\frac{1}{2}\frac{(\ln x-2.782)^2}{0.201}\right]$
	φ	正态分布	$f(x)=\frac{1}{2.282\sqrt{2\pi}}\exp\left[-\frac{1}{2}\frac{(x-8.428)^2}{5.208}\right]$

$$f''(\theta)=kL(\theta)f'(\theta) \tag{7-3}$$

式中：$f''(\theta)$为后验概率密度函数；$f'(\theta)$为先验概率密度函数；$L(\theta)$为似然函数；k 为归一化常数。

由于某一个滑坡滑带土的试验数据可作为似然函数，我们就可以求得优化后的概率密度函数，即后验概率密度函数 $f''(\theta)$，其均值和方差分别为

$$\mu''=\frac{\mu(\sigma')^2+\mu'\sigma^2}{\sigma^2+(\sigma')^2} \tag{7-4}$$

$$(\sigma'')^2=\frac{(\sigma\sigma')^2}{\sigma^2+(\sigma')^2} \tag{7-5}$$

式中：μ、μ'、μ''分别为似然函数、先验函数和后验函数的均值；σ^2、$(\sigma')^2$、$(\sigma'')^2$ 分别为似然函数、先验函数和后验函数的方差。

下面以万州区关塘口滑坡的一组饱和残余值 φ 的数据为例来说明。

关塘口滑坡位于三峡库区重庆市万州区，被列为三峡库区四大滑坡之一。滑坡体横宽约800m，纵长约 500m，高差约 95m，厚度为 17.0～49.1m，体积约 1 280×$10^4$$m^3$。地形呈台阶状，表面坡度上陡下缓。上部坡度为 20°～30°；下部地面坡度很平缓，为 5°～10°。关塘口滑坡的滑带土也为灰白色粘土，分布稳定，地质剖面图如图 4-41 所示。饱和残余值 φ 的试验数据及计算结果见表 7-7。

从表 7-7 可以看出，优化后关塘口滑坡饱和残余值 φ 的方差由 5.66 下降到 3.53，下降了约 38%；变异系数由 0.25 下降到 0.17，下降了 32%，而均值由以前的 9.59 变成了 10.52，增加了约 9.7%。表明优化前数据波动大，离散性大；优化后数据更稳定和趋于真实值。因此，

优化后的均值 10.52 也就更可靠。

表 7-7　关塘口滑坡饱和残余值 φ 实验数据及计算结果表

工　况	样　本	个数	似然均值/优化后均值	似然方差/优化后方差	变异系数/优化后变异系数
饱和残余值 φ	5.7,7.4,13.0,9.8,10.7,10.6,9.9	7	9.59/10.52	5.66/3.53	0.25/0.17

通过统计万州区以往大量的试验数据，利用 χ^2 检验法对样本概率分布形式进行拟合，是一种可靠、准确的方法，从而统计出了万州滑坡滑带土抗剪强度参数 c 和 φ 的概率密度函数以及它们的概率分布特征。以此为先验函数，可对万州区某一个具体滑坡的小样本数据进行参数的优化，从而提高滑坡防治工程的可靠性和达到滑坡防治优化设计的目的。在此必须强调的是，所统计的滑带土其矿物成分与化学成分、土体特性和层位必须相近或相似，否则将失去统计拟合的意义。

第三节　抗滑桩设计中关于确定桩间距问题的分析

在抗滑桩支护的滑坡治理工程中，合理桩间距的确定是整个工程设计的关键性问题之一(国家防汛抗旱总指挥部办公室、中国科学院、水利部成都山地灾害与环境研究所，1994)。桩间距过小会造成工程投资浪费和施工困难；桩间距过大会使桩间土拱破坏或根本无法形成土拱，发生桩间土体向前滑动，使抗滑桩的抗滑功能失效。因此合理桩间距的确定对工程的安全、经济具有重要的意义。

在抗滑桩支护的滑坡治理工程中，首先由于抗滑桩的作用，使得滑坡岩土体内部存在着不均匀的变形；其次其具备了产生土拱结构的条件，即有承受水平方向推力的固定拱脚(抗滑桩)，有一定强度材料制成的拱圈(岩土体)，在拱平面内有压力(滑坡推力)作用在拱圈上。因此，在抗滑桩加固的滑坡岩土体中，只要抗滑桩设置合理，就能形成土拱(刘小丽，2002)。同时，在滑坡防治工程的大量实践和相应的模型试验中也发现，抗滑桩间土拱效应确实存在(张建勋、陈福全、简洪钰，2004)，两桩之间岩土体的滑坡推力主要是通过土拱作用传递到两侧的抗滑桩上，而此滑坡推力的有效传递在很大程度上取决于抗滑桩间距的设定。

一、桩间土拱形式特征及其受力分析

(一)基本假定

(1)桩及桩间土体共同承受其后滑坡推力的作用，把桩间形成土拱的土体作为研究对象，土拱沿桩长方向均匀分布；

(2)土体为各向同性体，即在单位厚度的水平土层内，宏观上土质是均匀的；

(3)桩后作用的滑坡推力沿桩身方向一般有矩形分布、三角形分布和梯形分布三种，这里我们只讨论滑坡推力为矩形分布的情形，且假定桩后作用的滑坡推力为水平方向。

设土拱跨度为 l(即桩间净距)，桩间距“中—中”为 L，其后作用的均布水平荷载为 q(图 7-

9)。土拱能够适应一定位移而不发生破坏，说明该土拱为静定结构拱，即三铰拱。由结构力学的知识可知，在均布荷载下，三铰拱的合理拱轴线是一条抛物线，在其各个截面上的弯矩和剪力为零。

(二)土拱受力分析

当桩间土拱形成时，其受力如图 7－10 所示。土拱前方首先受到来自上部传来的滑坡推力 P 的作用；由于滑坡推力的作用，使得土拱后侧受到土拱下方土体抗力 P' 的作用，方向与滑坡推力方向相反；土拱接受滑坡推力后，要克服土拱下方土体抗力 P' 和土拱本身沿滑动面的抗滑力，它们作用后的合力才是沿土拱传递的有效推力 F，也就是在设桩处抗滑桩所受到的滑坡推力，抗滑桩侧受到有效推力作用后，同时产生桩侧摩阻力 T。

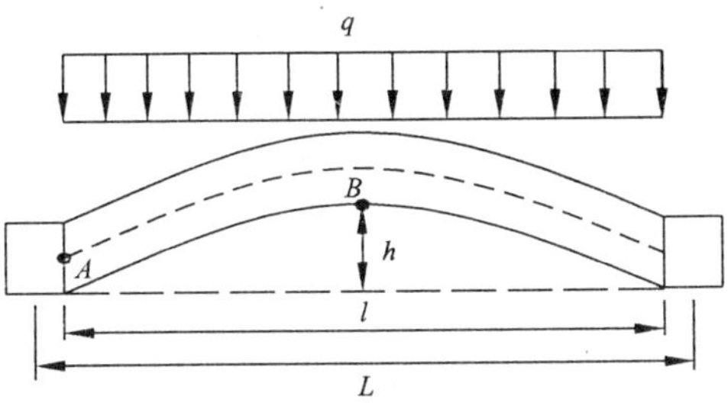

图 7－9　桩间土拱的形式特征

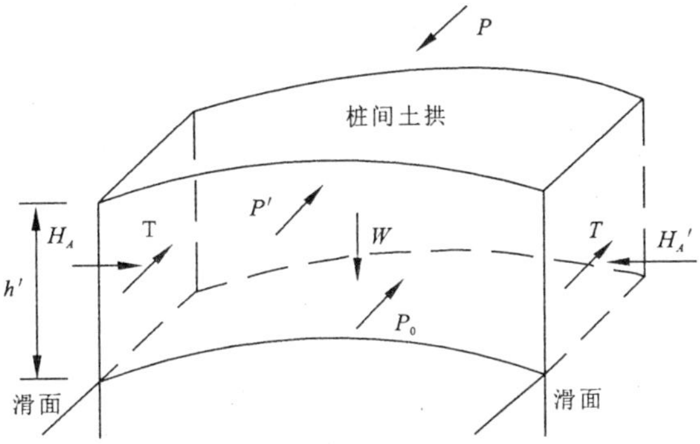

图 7－10　桩间土拱受力示意图

(1)土拱下方土体抗力。当设置抗滑桩后，桩间存在土拱效应，并形成桩间土拱。由于土拱本身允许的压缩滑动变形较小，则利用土拱下方土体抗力作为支撑就更小。滑坡推力作用在土拱后，通过土拱把推力传递到两侧的抗滑桩上，并通过抗滑桩的抗滑能力对边坡起到支挡、稳定的作用。只有当土拱破坏时，土拱下方土体反力才会被充分利用(王成华、陈永波、林立相，2001)。现在假设抗滑桩间距恰好小到土拱作用可以充分发挥，滑坡推力通过土拱传递到两侧的抗滑桩上，这时桩间土体传递给桩前下块岩土体的滑坡推力就为零，也就是说，这时土拱下方土体抗力对桩间土体的作用可以忽略不计。

(2)土拱自身的抗力。土拱受到滑坡推力后，土拱本身要产生沿滑动方向的变形，因此土拱自身存在一个抗力，桩间土拱中的抗力为 P_0。

(3)土拱传递到抗滑桩的有效滑坡推力。土拱受到上部滑体传来的推力 P 作用后，首先要克服沿滑动方向的变形所产生的抗滑力，同时还要克服土拱下方土体的反力(根据前面的假定，这里可以将其忽略不计)，然后通过土拱将有效推力传递到两侧抗滑桩上。因此，由土拱传递到两侧抗滑桩的滑坡推力为：

$$F = P - P_0 = ql \tag{7-6}$$

式中：q 为设桩处的单宽滑坡推力，即为土拱所受到的有效推力。

二、抗滑桩桩间距的解

在滑坡防治工程中，抗滑桩间的土体会形成类似隧洞顶和桥梁拱圈的作用机理的桩间土拱，要保证相邻两桩间土拱正常发挥作用，就需要满足桩间的静力平衡条件，即抗滑桩侧摩阻力之和大于或等于滑坡有效推力。由图 7－10 可知，抗滑桩一侧的桩侧摩阻力 T 为：

$$T = H_A \cdot \mathrm{tg}\delta + cbh' \tag{7-7}$$

式中：b 为抗滑桩桩侧宽度；h' 为抗滑桩滑动面以上的高度；δ 为桩侧与土体之间的摩擦角；c 为土体的粘聚力。如果 δ 大于土体的内摩擦角 φ，鉴于安全的原因，取 δ 等于土体的内摩擦角 φ（贾海莉、王成华、李江洪，2004）。

建立土拱平衡力系：$2T = P - P_0 = ql$ 即：

$$ql = 2(H_A \cdot \mathrm{tg}\phi + cbh') \tag{7-8}$$

当土拱没有发生破坏时，最有可能发生破坏的是拱顶处截面和拱脚处截面，则此两截面处土体在其临界状态下最大、最小主应力应该满足 Mohr-Coulomb 破坏准则：

$$\sigma_1 = \sigma_3 \mathrm{tg}^2(45° + \frac{\varphi}{2}) + 2c\mathrm{tg}\left(45° + \frac{\varphi}{2}\right) \tag{7-9}$$

式中：σ_1、σ_3 分别为大小主应力；φ、c 分别为桩间土体的内摩擦角与粘聚力。

1）拱顶处

跨中即拱顶截面处的前缘点 B 为跨中截面中最不利受力点，因此取跨中截面处前缘点 B 作为其最不利受力点，B 点的应力状态为：

$$\begin{cases} \sigma_1 = \dfrac{H_A}{bh'} \\ \sigma_3 = \dfrac{q}{h'} \end{cases} \tag{7-10}$$

将式（7－10）代入式（7－9）得：

$$H_A = qb\mathrm{tg}^2\left(45° + \frac{\varphi}{2}\right) + 2cbh'\mathrm{tg}\left(45° + \frac{\varphi}{2}\right) \tag{7-11}$$

则根据式（7－8）中建立的土拱平衡力系可得：

$$l = 2b\mathrm{tg}\varphi\mathrm{tg}^2\left(45° + \frac{\varphi}{2}\right) + \frac{2cbh'}{q}\left[1 + 2\mathrm{tg}\varphi\mathrm{tg}\left(45° + \frac{\varphi}{2}\right)\right] \tag{7-12}$$

于是相邻两桩中心间距为 $L = l + a$。

2）拱脚处

在拱脚截面考虑沿着拱轴中心线上 A 点处的应力状态（图 7－9），当 A 点达到极限应力状态时，则拱轴中心线在 A 点的切线方向上的应力即为最大主应力 σ_1，在 A 点处垂直于该点切线方向上的应力为最小主应力 σ_3，当 σ_1 达到了土的抗压强度，土体就发生破坏。设 A 点处岩土体沿着水平方向即 x 轴方向发生剪切破坏，则破坏面与最大主应力作用方向即拱轴中心线在 A 点处的切线成 $\theta = 45° - \frac{\varphi}{2}$ 的夹角。A 点的应力状态为：

$$\begin{cases} \sigma_1 = \dfrac{H_A}{bh'\cos\theta} \\ \sigma_3 = \dfrac{q}{h'\cos\theta} \end{cases} \tag{7-13}$$

将式(7－13)代入式(7－9)得：

$$H_A = q\,b\,\mathrm{tg}^2\left(45°+\frac{\varphi}{2}\right)+2cbh'\ \cos\theta\,\mathrm{tg}\left(45°+\frac{\varphi}{2}\right) \tag{7－14}$$

则根据式(7－8)中建立的土拱平衡力系可得：

$$l^* = 2b\,\mathrm{tg}\varphi\,\mathrm{tg}^2\left(45°+\frac{\varphi}{2}\right)+\frac{2cbh'}{q}\left[1+2\mathrm{tg}\varphi\cos\theta\,\mathrm{tg}\left(45°+\frac{\varphi}{2}\right)\right] \tag{7－15}$$

于是相邻两桩中心间距为 $L^* = l^* + a$。

根据计算结果可得 $l > l^*$，亦即 $L > L^*$，故取两者中的较小值即 L^* 作为实际参考采用的最大桩间距。

从式(7－12)及式(7－15)可以看出，桩间静距 l 直接受桩后土体的抗剪强度参数 c、φ 及桩后滑坡推力 q 的影响，在其他因素不变的情况下，桩间静距 l 随桩后土体粘聚力 c 或内摩擦角 φ 的增大而增大，随着桩后坡体推力 q 的增大而减小，而且随着桩的截面尺寸 b 的增大而增大。但实际上，由于不能通过增大截面尺寸 b 而无限增大桩间距，必须要保证桩间土拱的形成，否则桩间土体不能把滑坡推力传递到土拱两侧的抗滑桩上，桩间土体会产生滑移变形或流动，造成抗滑桩的失效。

三、对抗滑桩间距问题的几点探讨

(1)通过综合考虑桩间土拱静力平衡条件和土拱中最可能发生破坏的拱顶和拱脚截面处最不利受力点达到临界应力状态对抗滑桩最大桩间距的大小进行分析，分别得到考虑拱顶和拱脚截面两种情况下关于桩间距的两个不同的解，并取较小的一个解作为实际参考采用的桩间距，使得经过计算最终确定下来的桩间距更具有参考价值，更符合工程实际。同时也说明桩间土拱受桩间距的影响，临界桩间距受桩间土拱应力强度条件、土拱体整体稳定性的综合控制，在其他因素不变的情况下，临界桩间距随桩后土体的粘聚力 c 和内摩擦角 φ 的增大而增大，随桩后滑坡推力 q 的增大而减小；同时，桩间距也受抗滑桩截面的影响，截面尺寸增大，在其他因素不变的情况下，桩间距也可适当增大，但不可以无限增大，还要保证桩间土拱的形成，否则桩间土拱不能把滑坡推力传递到土拱两侧的抗滑桩上，桩间土体会产生变形或流动，造成抗滑桩的失效。

(2)桩间距的确定受多种因素的影响，为了研究方便，这里只考虑了最简单的情况，对实际情况作了简化的假定，尚未考虑雨水、振动等不利因素的影响，且土质均匀分布、土拱效应沿桩长方向均匀分布及滑坡推力沿桩长方向均匀分布的假定也与实际情况有较大的差别。在工程实际中，除了要按上面的计算模型进行估算外，还要考虑到工程实际(比如说周边建筑物对抗滑桩的变形的敏感程度等)，根据工程现场实际情况对计算模型中各项参数加以修正，并结合实践经验来综合考虑桩间距的大小，如果有条件的话，还可以通过模拟试验来综合确定，通过这些因素综合考虑后的桩间距应该最为经济、合理。

(3)根据经验(刘光代，2002)，已建工程的桩距最小为4m，最大为15m，在有实测的土石自然成拱作用资料时，参照能形成自然拱的跨距选取间距，否则可根据滑体的密实程度、含水情况、推力大小、桩截面尺寸等综合考虑，一般采用2～5倍桩径，或采用6～10m间距。一般情况下，当滑体完整、密实或滑坡下滑力较小，桩间距可取大些。反之，应取小些。通常滑坡主轴附近桩间距小，两侧边部桩间距大。

第四节　锚拉桩应用于水库库岸滑坡治理的关键问题探讨

锚拉桩是通过在桩的顶部施加强大的预应力的锚索，锚索底端锚固在滑床内，使桩身的受力特点类似于此处有一个铰性支点，桩身下端近似于弹性嵌固，其受力状态类似简支梁，从而从根本上改变了一般悬臂式抗滑桩的受力状态，大幅度地减小了桩身内力、桩的横截面积和埋置深度，达到了节省原材料、降低造价的目的，如今在三峡库区滑坡治理中大量地采用了这种锚拉桩。但由于水库区的水位是周期性上涨与下落，很多锚拉桩在水位变动带影响范围内，因而存在一些特殊的问题值得探讨：①锚拉桩的锚索预应力的确定，按照作用在抗滑桩上的最不利荷载即自重＋暴雨＋库水位骤降（175m 降至 145m）来确定的锚索拉力，这种确定方法使作用在抗滑桩上的锚索预应力非常大，桩在目前状态（水位未涨到设计的库水位）下受到过大的反拉力，而使桩承受过大的负弯矩，在构造配筋的一侧有可能发生拉裂破坏。②由于未来库水的浸润、动水压力作用，或在锚拉桩内侧因修建沿江公路而造成预应力锚索上受到竖向的附加荷载，预应力锚索的钢绞丝一直处于拉紧状态，附加竖向荷载后会恶化钢绞线的受力状态，进而引起钢绞线的拉断破坏。③锚索预应力损失，主要是由于滑带土的抗剪强度在饱水和非饱水状态下的不同，滑坡推力的变化造成锚索拉力的变化。

一、锚拉桩锚索预应力的确定方法

（一）计算的基本假定

土体对桩身的作用力是线弹性的，滑坡推力按矩形分布在抗滑桩上，桩在滑动面以上按悬臂梁考虑，滑动面以下按 winker 弹性地基梁模型。锚索与桩的变形相协调（田景贵、范草原，1998；刘小丽、周德培、杨涛，2002；湖北省三峡库区地质灾害防治工作领导小组办公室，2003）。

（二）锚索预应力确定的控制条件

锚索预应力值的计算可以通过以下三个条件决定（刘小丽，2002）：①抗滑桩传递至桩前滑体的力应小于桩前滑体的抗力；②抗滑桩在地面处的桩顶位移应小于限定位移值；③抗滑桩在滑面处桩身弯矩接近于零。

以上三个条件是计算锚索预应力的控制条件，可用迭代法确定锚索预应力，在确定锚索预应力的同时即可计算出锚索抗滑桩在滑坡推力作用下的最终内力、变形和桩侧岩土体的抗力以及锚索的最终拉力。

（三）锚索预应力确定

如图 7－11，设锚索受到的总拉力为 T，T 由预应力 T_P 和锚索与桩的协调变形产生位移而在锚索中产生的拉力增量 ΔT 两部分组成。设锚索与水平地面的夹角为 α，则锚索作用在抗滑桩上的水平拉力为（图 7－12）。

$$T_1 = T\cos\alpha \tag{7-16}$$

按锚索与桩的变形协调计算，即锚索的伸长量 $\delta=\dfrac{\Delta TL_1}{E_1A_1}$（$L_1$ 为锚索自由段的长度；E_1 为锚索的弹性模量；A_1 为锚索的截面面积）与桩在此锚索作用点的水平位移量 F 相等（刘小丽、周德培、杨涛，2002），F 由四部分组成，$F=x_0+\varphi_0 e+\Delta q-\Delta t$（$x_0$、$\varphi_0$ 为滑动面 O 点的水平位

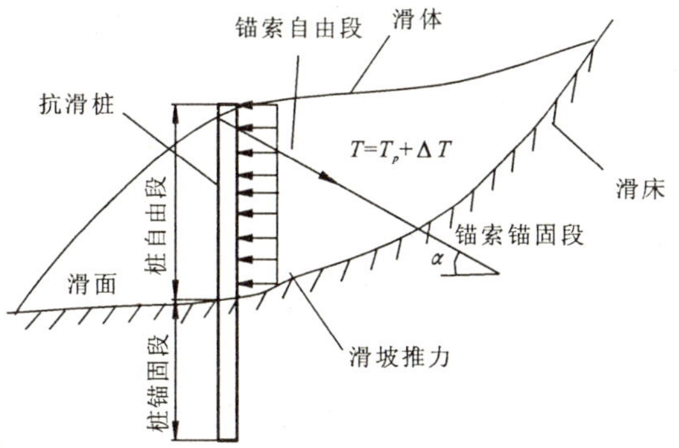

图 7-11　锚拉桩分析简图

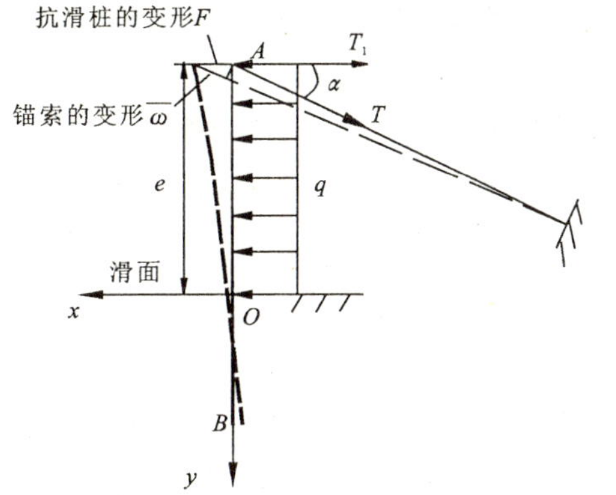

图 7-12　锚索水平拉力计算

移和转角，e 为锚索距滑动面的距离，Δq 为锚索作用点处桩在滑坡推力 q 作用下的水平位移，Δt 为锚索作用点处桩在锚索拉力 T 作用下的水平位移)。

Δq、Δt 利用结构力学中的方法可以求得，分别为：

$$\Delta q = \frac{qe^4}{8EI} \tag{7-17}$$

$$\Delta t = \frac{T_1 e^3}{3EI} \tag{7-18}$$

式中：EI 为抗滑桩的综合抗弯刚度。

关于 x_0、φ_0 的求解，可将桩的锚固段视为桩顶作用有水平剪力 Q_0、弯矩 M_0 的桩基础按弹性地基系数法(m 法、k 法等)进行计算(图 7-13)(铁道部第二勘测设计院，1983)：

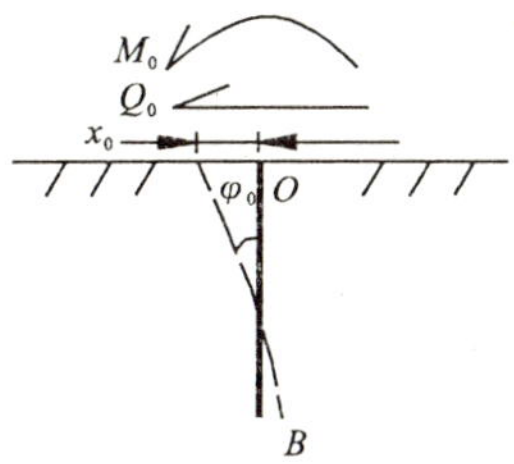

图 7-13　抗滑桩在滑面处的内力

$$x_0 = \frac{M_0}{\alpha^2 EI}\frac{B_3C_4 - C_3B_4}{A_3B_4 - B_3A_4} + \frac{Q_0}{\alpha^3 EI}\frac{B_3D_4 - B_4D_3}{A_3B_4 - B_3A_4} \tag{7-19}$$

$$\varphi_0 = \frac{M_0}{\alpha EI}\frac{C_3A_4 - A_3C_4}{A_3B_4 - B_3A_4} + \frac{Q_0}{\alpha^2 EI}\frac{D_3A_4 - A_3D_4}{A_3B_4 - B_3A_4} \tag{7-20}$$

式中：A_3、B_3、C_3、D_3、A_4、B_4、C_4、D_4 可由文献中查得。M_0、Q_0 为桩在滑面处的弯矩和剪力，$M_0 = \frac{1}{2}qe^2 - T_1e$；$Q_0 = qe - T_1$。则由变形协调条件可得：

$$\frac{\Delta TL_1}{E_1A_1} = \frac{qe^4}{8EI} - \frac{T_1e^3}{3EI} + (M_0\mu_3 + Q_0\mu_4)e + (M_0\mu_1 + Q_0\mu_2) \tag{7-21}$$

式中：

$$\mu_1 = \frac{1}{\alpha^2 EI}\frac{B_3C_4 - C_3B_4}{A_3B_4 - B_3A_4};\qquad \mu_2 = \frac{1}{\alpha^3 EI}\frac{B_3D_4 - B_4D_3}{A_3B_4 - B_3A_4};$$

$$\mu_3 = \frac{1}{\alpha EI}\frac{C_3A_4 - A_3C_4}{A_3B_4 - B_3A_4};\qquad \mu_4 = \frac{1}{\alpha^2 EI}\frac{D_3A_4 - A_3D_4}{A_3B_4 - B_3A_4}$$

根据预应力锚索抗滑桩的预应力控制条件之一或全部用迭代法求锚索总拉力的水平分量 T_1，再根据式(7-21)求锚索由于协调变形产生的拉力增量 ΔT，则锚索预应力 $T_P = T_1/\cos\alpha -$

ΔT，当桩上作用有新增加的滑坡推力，且这种滑坡推力是变化的时候，则按照其增加的滑坡推力计算锚索应增加的水平拉力 ΔT_1，锚索的总水平拉力为 $T'=T+\Delta T_1$，锚索上的预应力 T_P 保持不变，在这种情况下，锚索由于协调变形产生的拉力增量将增大，只要将其控制在锚索的屈服荷载范围内，就能满足要求。

(四)工程实例

以三峡库区万州区吴家湾滑坡为例。吴家湾滑坡位于长江三峡库区万州区，为原万州天城区实验小学所在地，东起磨刀梁西侧坡下，西至万州教学模具厂西侧，北以苎溪河南侧河边为界，南于达万铁路石柱坪隧道口外侧陡坡下。滑坡体的基本特征：宽约 513m，长约 348m，高差约 110m，厚度为 4.0～27.6m，平均厚度为 15m，体积为 $2.10\times10^6\text{m}^3$。滑体的物质组成：滑体主要由粉质粘土及碎块石组成，表层为人工填土，下伏基岩为侏罗系中统上沙溪庙组(J_2s)泥岩、泥质砂岩和砂岩。根据勘探工程揭示，滑坡底部滑动带(面)主要受基岩面控制，近岸坡地带受临空面控制，沿松散层与基岩接触的薄弱带滑动剪出。底部滑动带(面)埋深一般为 5.2～24.2m，最深可达 32.1m。据勘探揭露，滑动面倾向为 0°，倾角在 5°～20°之间，局部 70°左右，如图 7-14 所示。

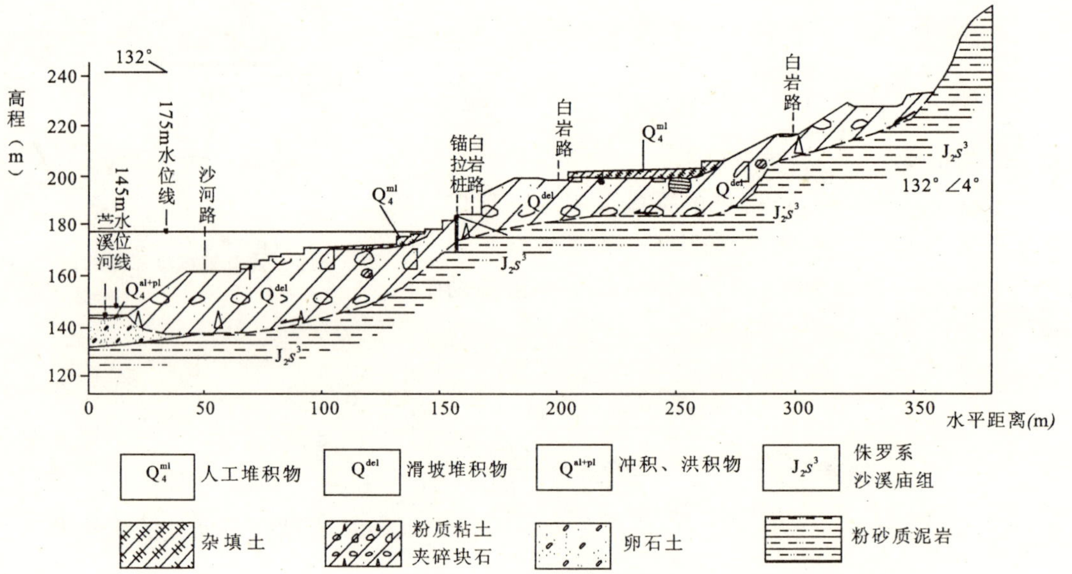

图 7-14　吴家湾滑坡剖面图

其治理措施采用了两种类型的预应力锚杆抗滑桩，以其中 B 型桩为例，桩截面为 $b\times a=1.5\text{m}\times2.0\text{m}$，桩长 20m，滑面以上桩长 11.3m，滑面以下桩长 7.7m，桩的中心间距 6m，滑坡推力按矩型分布在抗滑桩上，按四种工况计算作用在抗滑桩上的滑坡推力(见表 7-8)，滑动面以下的地基系数 K 按“m”法计算，地基系数随深度变化的比例系数 $m=80\ 000\text{kPa/m}^2$，桩身混凝土为 C25，弹性模量 E 为 $2.8\times10^7\text{kPa}$。桩的计算宽度 $B_P=b+1=2.5\text{m}$，惯性矩 $I=ba^3/12=1\text{m}^4$，抗弯刚度 $EI=2.8\times10^7\text{kN}\cdot\text{m}^2$，桩的变形系数 $\alpha=\sqrt[5]{\frac{mB_P}{EI}}=0.372\ 2$，$\alpha h=3.238>2.5$，按弹性桩进行计算，桩底按自由端考虑。抗滑桩自桩顶下 2m 位置处设 3 Φ

32mm 精轧螺纹钢，屈服强度≥800MPa，抗拉强度≥1 000MPa。由桩与锚索协调变形条件，直接按作用在抗滑桩上的不同工况下的荷载来设计锚杆预应力，计算结果如表 7－8 所示。

表 7－8　按直接作用在抗滑桩上的滑坡推力计算锚杆的拉力

工　况	滑坡推力 ($kN \cdot m^{-1}$)	预应力 (kN)	协调变形拉力 (kN)	锚索总拉力 (kN)	桩顶位移 (cm)
Ⅰ 现状＋雨季	449.78	504.35	666.25	1 170.6	2.1
Ⅱ 175m＋旱季＋后部建筑荷载	492.82	662.13	666.82	1 328.95	2.1
Ⅲ 175m＋暴雨＋后部建筑荷载	525.45	783.36	666.32	1 449.68	2.1
Ⅳ 175～145m＋后部建筑加载	565.13	930.25	666.02	1 596.27	2.1

如果按现状荷载来设计锚索预应力，增加的滑坡推力依靠锚索与抗滑桩的协调变形产生的拉力增量 ΔT 来抵消，则不同工况下的锚杆拉力计算结果如表 7－9 所示。

表 7－9　按照长期荷载作用在抗滑桩上的滑坡推力计算锚杆拉力

工　况	滑坡推力 ($kN \cdot m^{-1}$)	预应力 (kN)	协调变形拉力 (kN)	锚索总拉力 (kN)	桩顶位移 (cm)
Ⅰ 现状＋雨季	449.78	504.35	666.25	1 170.60	2.10
Ⅱ 175m＋旱季＋后部建筑荷载	492.82	504.35	752.25	1 256.60	2.39
Ⅲ 175m＋暴雨＋后部建筑荷载	525.45	504.35	817.55	1 321.90	2.61
Ⅳ 175～145m＋后部建筑加载	565.13	504.35	896.85	1 401.20	2.88

比较表 7－8、表 7－9 可见，在预应力不变的情况下，增加的滑坡推力由滑坡与锚索的协调变形承担，锚索的协调变形拉力增加，锚索的总拉力减小，桩顶位移会增加，但增加幅度不是很大，所以用这种方法能充分发挥锚索抗拉效果，而不会因为预应力太大使抗滑桩在不利的受力状况下工作。

抗滑桩上荷载分析：长期荷载即滑坡土体重量，水位线以上取天然重度，水位线以下取饱和重度。新增加建筑物，滑坡区 175m 淹没线以上将进行城市住宅开发建设，高层建筑荷载采取桩基础，穿过滑面嵌入基岩。新建普通建筑加载按 10kN/m 均布。

短期荷载：①暴雨：万州区地处长江暴雨中心带，雨季长，雨型多为大到暴雨，由于地表排水系统不完善，雨水渗入滑坡堆积土层中，使土体饱水、抗剪指标降低，促使变形加剧。②三峡库水侵润、动水压力作用：根据三峡水库调度原则，蓄水到 175m 水位后，库水对吴家湾滑坡堆积层的侵润软化作用及库岸冲刷再造是滑坡失稳下滑的主导性因素，计算中主要考虑 175m 库水淹没线以下滑坡体堆积层 c 值、φ 值的降低，滑体所受的浮托力、175～145m 库水降落产生的动水压力等对其稳定性的影响。③地震惯性力：依据《建筑抗震设计规范》(GBJ11－89) 要求，工程设计只考虑水平地震力的作用，地震动峰值加速度值 0.05g(相当于地震基本烈度为Ⅵ度)。

所以，在锚索预应力设计时，可以按照锚索在长期荷载进行锚索预应力设计，充分发挥锚索的抗拉效果，使抗滑桩处于有利的受力状态。

(五)抗滑桩在过大预应力下的不利工作状态

目前设计状况(表 7-8)最危险的是Ⅳ,按上述方案设计,则施加在锚索上的预应力为 930.25kN,而在现状Ⅰ情况下,除满足平衡之外,还有剩余的预应力 425.91 kN,则抗滑桩在天然状态下至少还要受到 425.91 kN 的反拉力。如图 7-15 所示,抗滑桩在目前状况下,受到 T 作用后,其桩后被动土压力按粘土和无粘性土来计算(陈仲颐、周景星、王洪瑾,1992)。

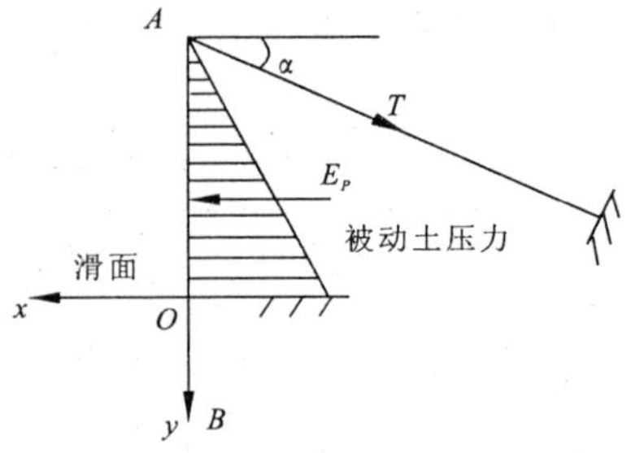

图 7-15　抗滑桩受到锚索拉力简图

粘性土　$$E_P = \frac{1}{2}\gamma H^2 K_P + 2ch\sqrt{K_P} \tag{7-22}$$

无粘性土　$$E_P = \frac{1}{2}\gamma H^2 K_P \tag{7-23}$$

$$K_P = \mathrm{tg}^2\left(45^\circ + \frac{\varphi}{2}\right) \tag{7-24}$$

吴家湾实验小学滑坡桩后的填土,在天然状态下,$\gamma = 21.94\text{kN/m}^3$,$c = 43.37\text{kPa}$,$\varphi = 13.67^\circ$,当按粘性土计算 $E_P = 3\ 514.86\text{kN}$,$T = 1\ 468\text{kN}$ 时,桩可能沿着与滑动方向相反的方向移动;当按无粘性土计算 $E_P = 2\ 267.73\ \text{kN}$,$T = 804.42\text{kN}$,桩可能沿着与滑动方向相反的方向移动。如果按照表 7-8 第Ⅳ种工况,天然状态下,抗滑桩受到 930.25kN 的预应力,当滑坡推力不发生时,抗滑桩可能沿着与滑动方向相反的方向移动。

在天然状态下,吴家湾实验小学滑坡 B 型抗滑桩上无锚杆和有预应力锚杆的锚杆拉力分别为 1 170kN 和 1 560kN,抗滑桩弯矩、剪力对比图分别如图 7-16、图 7-17 所示。由图可

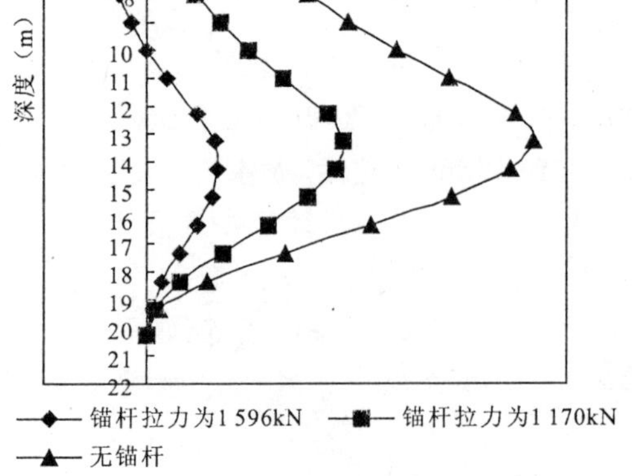

图 7-16　抗滑桩弯矩对比图

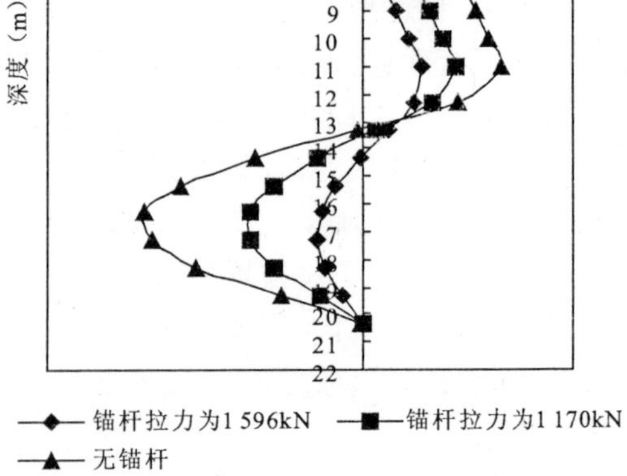

图 7-17　抗滑桩剪力对比图

知，有预应力锚杆较无锚杆时大大减小了桩上的弯矩和剪力，但是如果锚杆拉力过大，则抗滑桩滑面以上部分会突加很大的负弯矩和负剪力。经计算，抗滑桩自滑面以上 5.3m 处的 M_{max}^{-} =1 700kN·m，在滑面以上 7.3m 处的 Q_{max}^{-}=783kN，所以对天然状态下抗滑桩受力是不利的，因为抗滑桩配筋计算中，配筋只放在其受滑坡推力的一侧，另一侧按构造配筋，当抗滑桩受到 M_{max}^{-} 达到极限时，则抗滑桩另一侧有可能被拉裂而致损，当水位上来时，水会沿着裂缝而腐蚀钢筋，造成钢筋强度降低，对治理滑坡极为不利。

二、水位变动时锚索拉力的变化

万州城区内滑坡治理大部分都在苎溪河两岸和长江沿岸，随着三峡水库蓄水的影响，很多治理措施将在水位变动带范围内，由于水侵润、动水压力作用，将造成预应力锚索上受到竖向的附加荷载，又如，在预应力锚索上方新修的人工建筑物，如公路，房屋，预应力锚索的钢绞丝一直处于拉紧状态，附加竖向荷载后会恶化钢绞线的受力状态，进而引起钢绞线的拉断破坏（图 7－18），其简化模型可用图 7－19 表示。其中 h_i 为水位侵润线(m)，γ 为水的重度(kN/m^3)。锚索上受到水压力的作用，当水位从 175m 水位骤降至 145m 水位时，由于滑坡体内的水不能及时排出，锚索上受到梯形分布的动水压力，使锚索上的 σ_t 增大，所以必须校核锚索的 $\sigma_{tmax} \leqslant [\sigma]$。

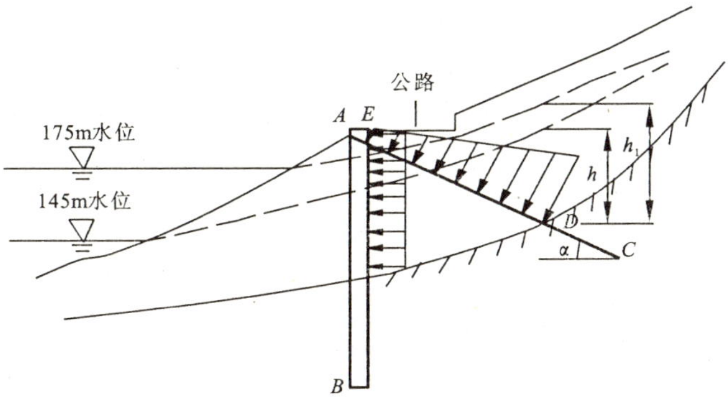

图 7－18　预应力锚索上受到竖向的附加荷载

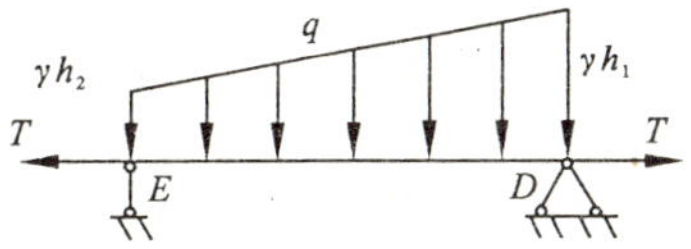

图 7－19　简化模型

三、水位变动带预应力损失

锚索抗滑桩锚索的预应力损失，主要受三个方面的影响：一是滑体并非刚体，施加锚索拉力之后，滑体受压，其上的张性裂缝逐渐闭合挤紧，在桩后与岩土接触面处，也会出现局部的塑性区，其结果必然造成锚索预应力的损失；二是滑带土的抗剪强度在天然状态和 175m 及 145m 水位是不同的，也将造成锚索预应力损失；三是各锚索张拉的时间不同，也会造成先张拉的锚索发生的预应力损失大些。总之，锚索抗滑桩的预应力损失，反映了滑坡推力随着抗滑工程的完工而变化的过程，这是必然的，必须引起关注。

第五节 三峡库区滑坡治理中抗滑桩锚固深度的确立

抗滑桩是治理滑坡有效的工程措施，现今在三峡库区万州区地质灾害治理中广泛应用。对布置于库(江)水位一带的抗滑桩，如何确定抗滑桩的锚固深度，是值得研究的问题。从三峡库区很多工程治理中总结出经验：对于岩质地层，桩的嵌固深度不宜小于桩总长的1/4；土质地层，不宜小于1/3。桩的锚固深度多从控制锚固段桩周地层的强度来考虑，即要求抗滑桩传递到滑动面以下地层，一般是滑动面以下桩埋深的 $1/3h$ 和 h 处的侧壁应力，不应大于地层的横向容许承载力。这种做法导致抗滑桩的锚固深度偏大或偏小，并且没有考虑当滑床面为倾斜面时抗滑桩桩前岩体的抗剪承载力，若岩体存在不利结构面时，还应对该结构面进行抗滑稳定性验算(地质灾害防治工程设计规范[S]，DB50/5029—2004)。

桩的锚固深度与稳定地层的强度、滑坡推力、桩的刚度、桩的截面和间距，以及是否和如何考虑桩前滑体的抗力等因素有关(铁道部第二勘测设计院，1983)。下文通过一工程实例，计算了桩侧应力，并通过改变桩的结构形式和桩的截面尺寸来改变桩的锚固深度。

一、抗滑桩作用于桩周岩土体应力计算

滑动面以上的桩身内力，主要根据滑坡推力和桩前滑体抗力计算。在三峡库区地质灾害治理设计中，由于库水位变动的影响，作用在抗滑桩上的滑坡推力也随着不同工况的变化而变化，一般按照最不利工况提供的滑坡推力计算，桩前滑体的抗力，取桩前岩土体的抗滑力与其被动土压力二者之小值。当桩前滑体可能滑动时，或无可靠的护岸措施时，不考虑桩前土体抗力。滑动面以下的桩身变位和内力，应根据滑动面处的弯矩和剪力，按地基的弹性抗力进行计算(苏爱军等，2003)。假定地层为弹性介质，桩为弹性构件，作用于桩侧任一点 y 处的弹性抗力 P_y，用公式表示为：

$$P_y = KB_P x_y \tag{7-25}$$

式中：x_y 为滑动面下 y 处桩水平位移值(m)；B_P 为桩的计算宽度(m)；K 为地基系数，或称弹性抗力系数。

随深度的变化规律有三种模式：三角形分布、矩形分布、梯形分布，如图7-20所示。设地基系数随深度呈梯形变化，抗滑桩作用于桩周岩体的侧应力为：

$$\sigma_y = (A + my)x_y \tag{7-26}$$

式中：A 为滑面处的弹性抗力系数(kN/m^3)；m 为侧向地基系数随深度变化的比例系数(kN/m^4)。

二、滑床面为倾斜面时抗滑桩的锚固深度计算

在三峡库区滑坡治理中，有一些设抗滑桩的位置滑床面为倾斜面，这与上述传统的抗滑桩设计中假设桩周围滑面为水平面有所不同，除了考虑滑面下桩周岩土的横向容许承载力外，还要验算桩前岩体的抗剪承载力。设桩嵌入基岩的允许最小深度为 y，$\bar{\sigma}$ 为桩前地基反力(或称抗力)在 y 段的平均值，当抗滑桩作用在桩周岩体上的法向应力 σ 达到岩体的极限平衡状态时，岩体中形成一系列滑裂面(图7-21)，岩体滑裂面与水平最大主应力 σ_1 的夹角为 $\beta=45°-\varphi/2$，此时桩前岩体的应力状态为被动Rankine状态(林彤、方云，1999)。图7-22为滑裂面上

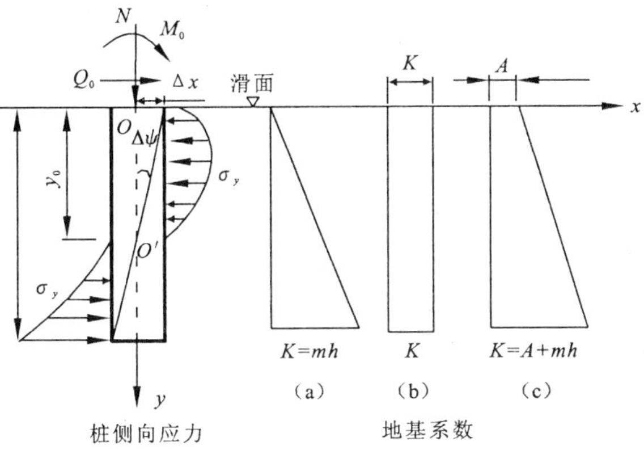

图 7-20 抗滑桩桩侧应力与系数

任一点的应力状态，θ 为滑床面的倾角。设桩前岩体不沿着滑裂面滑动，在滑裂面 $OPHD$ 上(图 7-22)应满足平衡条件：

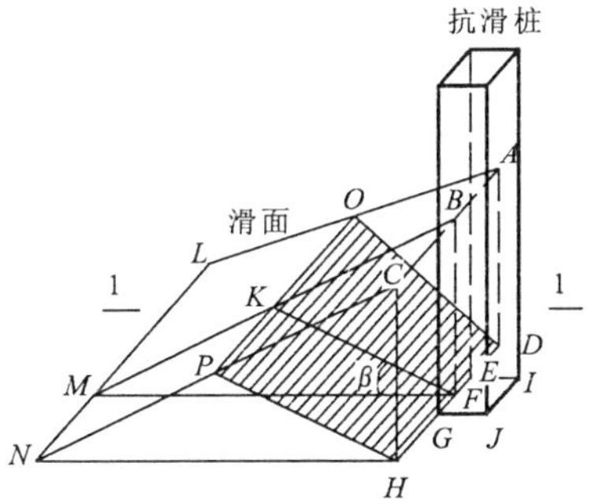

图 7-21 桩前岩体破裂面立体图

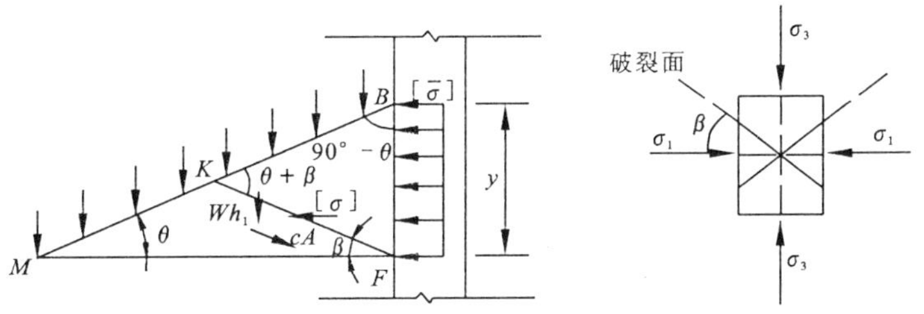

图 7-22 岩体破裂面上任一点的应力状态

$$\bar{\sigma}B_P y\cos\beta \leqslant \bar{\sigma}B_P y\sin\beta\mathrm{tg}\varphi + cA + Wh_1A\sin\beta + Wh_1A\cos\beta\mathrm{tg}\varphi \tag{7-27}$$

因此当滑床面为倾斜面时，抗滑桩的最小锚固深度

$$y \geqslant \frac{\bar{\sigma}(\cos\beta - \sin\beta\mathrm{tg}\varphi)B_P - [c + Wh_1(\sin\beta + \cos\beta\mathrm{tg}\varphi)]mB_P}{mn[c + Wh_1(\sin\beta + \cos\beta\mathrm{tg}\varphi)]} \tag{7-28}$$

式中：c 为滑面下岩土体的粘聚力(kPa)；φ 为滑面下岩土体的内摩擦角(°)；W 为滑裂面上岩土体的容重(kN/m^3)；h_1 为滑裂面上岩土体的平均厚度(m)；B_P 为桩的计算宽度(m)；A 为滑裂面 $OPHD$ 的面积，$A=\frac{B_P+(B_P+2b_t)}{2}\overline{KF}$。

三、抗滑桩桩侧岩土体横向容许承载力的确定

对于安全等级为一、二级的滑坡，桩侧岩体的横向容许承载力应由现场荷载试验确定，安全等级为三级的滑坡，可以按参照规范计算(铁路路基支挡结构设计规范[S]，TB 10025－2001)。桩周围岩的横向容许抗压强度，必要时可直接在现场试验取得，一般按岩石的完整程度、层理或片理产状、层间的胶结物与胶结程度、节理裂隙的密度和充填物、各种构造裂面的性

质和产状及贯通情况，分别采用垂直容许抗压强度的 0.5～1.0 倍。当围岩为密实土或砂层时其值为 0.5 倍，较完整的半岩质岩层为 0.60～0.75 倍，块状或厚层少裂隙的岩层为 0.75～1.0 倍。围岩在不同部位的极限抗压强度，一般都尽可能取代表样品做试验，其垂直容许值常用极限值的 1/4～1/10，对软弱或破碎岩层一般采用较大的系数，对坚硬岩层则取小些（池淑兰、孔书祥、梁明学，2001）。

四、工程实例

以三峡库区万州区吴家湾滑坡为例（图 7 - 23）。按最危险情况下（175m 水位下降到 145m 水位＋后部建筑加载）作用在抗滑桩上的滑坡推力为 565.13kN/m。据文献（赵松江等，2002），抗滑桩锚固段滑床为中风化的紫红色泥岩，岩层倾斜角度为 40°，桩周岩体的横向容许承载力[σ]＝1 039kPa。根据式（7 - 28）计算，为满足桩前岩体的抗剪承载力，抗滑桩的最小嵌固深度为 2.4m。由图 7 - 24 可知，不用预应力锚索时，桩侧应力将超过桩侧容许承载力。用预应力锚杆时，桩侧应力不会超过桩侧容许应力，这是因为预应力锚杆给抗滑桩施加了与滑动方向相反的集中力，改变了抗滑桩的被动受力状态，使抗滑桩相当于在锚杆处铰支的简支梁结构。由图 7 - 25 可知，当锚固长度从 7.7m 减小至 6.7m 时，桩侧应力在桩侧容许应力范围内，当锚固深度继续降低至 5.7m 时，桩侧应力超过了桩侧容许应力。所以当有预应力锚杆时，抗滑桩的最小锚固深度为 6.7m。不用预应力锚索时，增大桩截面尺寸，采用 2.5m×3m 的抗滑桩时，不同锚固深度的桩侧应力如图 7 - 26 所示。当桩锚固深度为 8.7m，桩底 8m 以下桩侧应力超过桩侧岩体的横向容许承载力，加大桩的锚固深度至 10m，正好满足桩侧岩体承载力的要求。当采用 3m×3.5m、3.5m×4m 更大截面的抗滑桩时，由于 $\alpha h<2.5$ 已经不属于弹性桩范围，这里不再讨论。

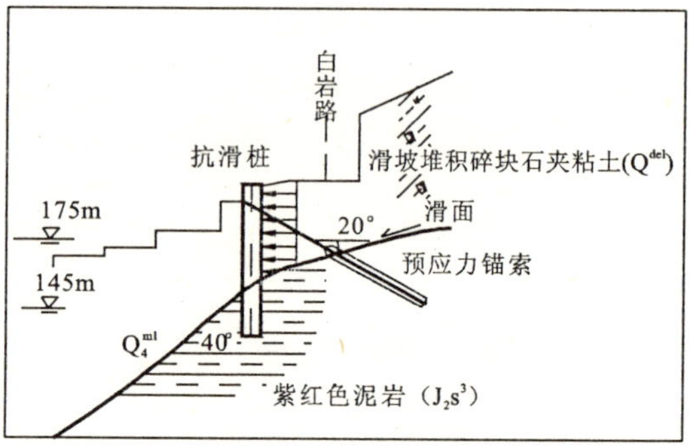

图 7 - 23　吴家湾滑坡 B2 型预应力锚杆抗滑桩简图

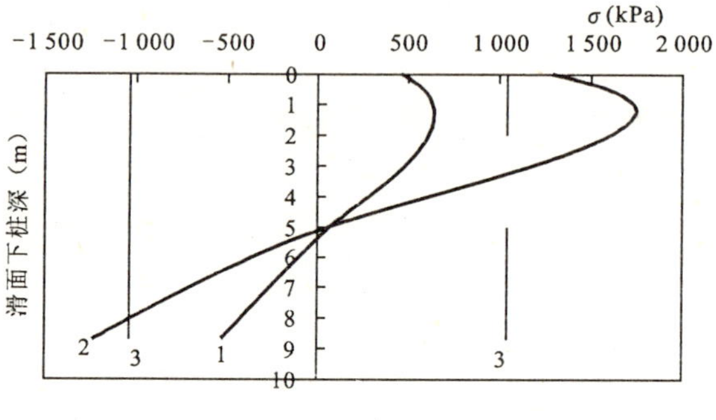

图 7 - 24　有、无预应力锚索时桩侧应力比较

1. 有预应力锚索；2. 无预应力锚索；3. 桩侧容许应力

当使用预应力锚杆抗滑桩时，抗滑桩的桩截面为 1.5m×2.5m，桩的最小锚固深度为 6.7m，当不使用预应力锚杆时，桩的截面为 2.5m×3.5m，桩的最小锚固深度为 10m，可见在滑坡推力比较大时用预应力锚索抗滑桩是比较经济的，又减小了施工的难度。当然调整桩间距，减少作用在抗滑桩上的滑坡推力，也可以减少桩的锚固深度。

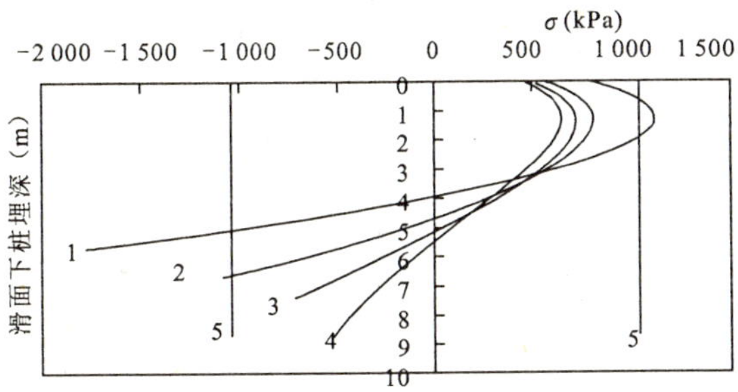

图 7-25 有预应力锚索时不同锚固深度下的桩侧应力图

1. 锚固深度 h=8.7m;2. 锚固深度 h=7.7m;
3. 锚固深度 h=6.7m;4. 锚固深度 h=5.7m;
5. 桩侧容许应力

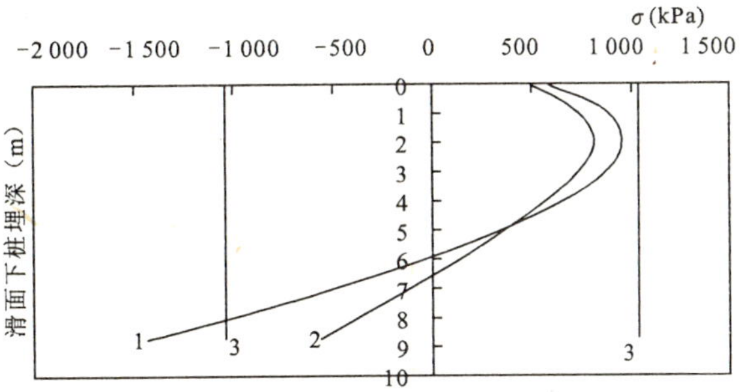

图 7-26 无预应力锚索时抗滑桩在不同锚固深度下的桩侧应力

1. 锚固深度 h=8.7m;
2. 锚固深度 h=10m;
3. 桩侧容许应力

第六节 前缘松散堆积体防治措施研究

一、土工合成材料在万州区堆积体与塌岸治理中的应用可行性分析

三峡水库建成后,库水位的消涨变化非常频繁且变化幅度比水库建造前有了明显提高,这势必会对库岸的稳定性产生影响,引起库岸堆积体沿深层基岩面滑动或发生塌岸,必须采取工程措施进行防治。土工合成材料以其良好的整体性、抗变形能力、保土透水性能及施工简便、造价低等独特优势和兼具反滤、排水、防渗、隔离、防护、加筋等强大功能不失为一种上好的库岸防护材料(何光春,2000)。以下是一些有关土工合成材料在护岸工程中的应用实例图(图 7-27)。

(a)以角钢做成骨架,外包土工格栅形成石笼,内填卵砾石或碎石,上压干砌片石护岸;

(b)预制混凝土块预留排水孔,在排水孔的相应位置下铺设无纺土工布形成反滤层护岸;

(c)铺设土工布作为反滤层,上压干砌片石护岸;

(d)以土工合成材料做成石笼,内填卵砾石、碎石或块石护脚。

二、鞍子坝库岸段工程地质条件

鞍子坝库岸段位于苎溪河与长江交汇处,处于苎溪河右岸、长江左岸,为万州主城区的一部分,地面上基本为建筑物覆盖。北起和平广场,南抵体育场,东至长江,西至新城路,全长 1 200m。该库岸段属于侵蚀剥蚀斜坡地貌,区内最高地形高程 222m,最低地形高程 130m,最大相对高差 92m。

(1)地形地貌。主要微地貌包括平台、斜坡、陡坎和陡崖:自西向东,堆积体上比较开阔的平台主要有两处:新城路沿线,平台高程 220~226m;鞍子坝一带,平台高程 175~180m。平台之间以陡坎相接,陡坎高度一般 5m 左右。新城路—鞍子坝—长江一线:平均地形坡度 9°,新城路高程 218m,向上坡度平缓,临新城路向鞍子坝为陡坎,高差 20~30m,鞍子坝一带高程

(a) 土工格栅+角钢　(b) 预制混凝土块+土工布

(c) 土工布反滤层　(d) 土工石笼

图 7-27　土工合成材料在护岸工程中的应用图版

182m,至沿江路坡度 4°,沿江路高程 170m;沿江路—长江谷岸坡度 14°。

(2)地质构造。区内地层缓倾单斜构造,产状近水平,基本稳定,倾向在 320°左右,倾角一般小于 7°,断层不发育。

(3)地层岩性。该库岸段内分布的地层有侏罗系中统上沙溪庙组(J_2s)砂岩、泥岩、粉砂质泥岩及第四系堆积物。

(4)水文地质条件。该库岸段水文地质单元结构可概括地表述为堆积区水文地质结构、地下水的补给、径流和排泄条件。堆积区大气降水的一部分呈坡面径流汇入长江和苎溪河,另一部分则渗入地下补给地下水;地下水以泉点和径流的形式向长江和苎溪河排泄。

堆积体补给区水文地质单元,从地下水的赋存条件上分析,上部为松散介质孔隙水,下部为多层基岩裂隙水。由于堆积体物质成因的多样性,其松散介质孔隙水可以划分为两个基本单元,即上层滞水和潜水。

堆积体下部多层基岩裂隙水,是指分别赋存于 J_2s 砂岩和粉砂岩裂隙中的地下水。它来源于两部分:其一来源于堆积体中深层潜水通过下部局部相对隔水层“窗口”的补给;其二来源于后部基岩裂隙水的直接补给。

(5)物理地质现象。区内发育两类物理地质现象,即古滑坡和岩石风化。该区主要为鞍子坝古滑坡堆积体,分布在高程 150～200m 之间,滑坡地形整体上向北东 80°方向呈弧形凸出,前缘稍陡，平均坡角 8°左右；中后部稍缓，坡角在 5°～8°。滑坡南侧有两条坳沟，其中何家沟自滑坡后缘约 190m 高程沿近东西走向延伸至二马路，智和巷自滑坡前缘约 160m 高程沿近东西走向延伸至胜利路。滑坡的前缘有两条街道公路：一是前缘内侧大致沿 160m 等高线、南北方向展布的二马路；二是外侧沿 140～145m 等高线、南北方向展布的胜利路，其间在中部有杨家街口路顺斜坡地势呈“S”形将上述两条道路相连。

三、稳定性计算

（一）计算参数的选取

鞍子坝库岸段属万州区和平广场滑坡群的一部分，其滑体土的物性参数、可能滑动面的强度参数等均与和平广场滑坡接近。因此计算参数参照长江水利委员会的《长江三峡工程库区重庆市万州区和平广场滑坡群勘察及防治工程可行性研究工程地质勘察报告》中的参数选取，如表 7－10 所示。

表 7－10　滑坡堆积体稳定性计算参数表

滑体堆积土体				可能滑动面	
天然重度(kN/m³)	饱和重度(kN/m³)	凝聚力(kPa)	内摩擦角(°)	凝聚力(kPa)	内摩擦角(°)
22.0	23.5	17.0	16.5	15.0	15.4

（二）整体稳定性计算

对鞍子坝库岸段沿基岩面产生深层滑动的稳定性系数采用剩余推力法程序进行计算，其计算简图如图 7－28 所示。

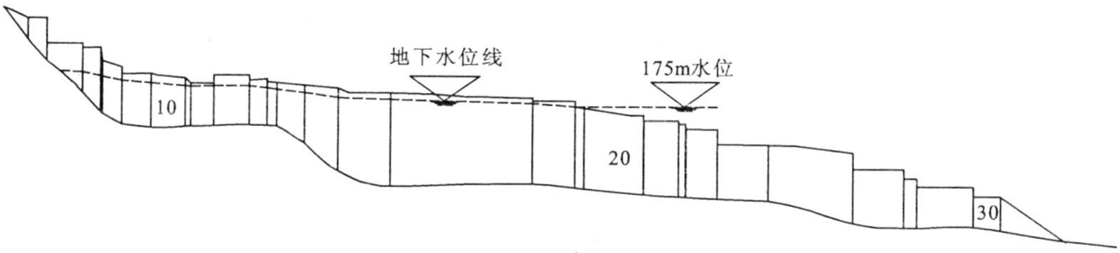

图 7－28　剩余推力法条分简图

三峡水库蓄水运行后的特征水位（即 145m 死水位、175m 正常蓄水位和 145～175m 波动水位）的调度过程大致是：6 月 10 日至 9 月 30 日为最低库水位 145m；自 9 月 30 日至 10 月 30 日，库水位由 145m 回升至 175m，库水位回涨 30m，历时 30 天，水位回升率约 1m/d；10 月 30 日至次年的 5 月 30 日，水库以正常蓄水位 175m 运行。因此，该库岸段的稳定性分如下三种工况进行计算。

工况一：145m 水位时岸坡的稳定性。水库在 145m 水位运行时，其稳定性系数为 2.96。

工况二：175m 水位时岸坡的稳定性。水库在 175m 正常蓄水位运行时，其稳定性系数为

5.26。

工况三:水位由 175m 迅速下降至 145m 时岸坡的稳定性。水库水位由 175m 正常蓄水位迅速下降至 145m 死水位时,其稳定性系数为 1.61。

根据《岩土工程设计手册》,参照《水工设计手册》(第四卷)及《城市防洪工程设计规范》(JJ50-92)确定的抗滑稳定安全系数在基本荷载组合时为 1.20,特殊荷载组合时为 1.10。

由上述计算可知,鞍子坝库岸段在假定的三种工况下沿深层基岩面滑动的稳定性系数均大于安全系数 1.2,故其不会产生沿基岩面的深层滑动,其整体是稳定的。

(三)破坏形式分析

由本章第二节的计算结果可知,鞍子坝库岸段整体是稳定的,不会产生沿基岩面的深层滑动。但由于三峡工程的兴建,使得万州一带的长江水位消涨频率增加了近 30 倍,库水位消涨会使岸坡产生塌岸(库岸再造)。

(四)库水位消涨对岸坡的影响

库水位消涨对岸坡的影响表现在以下几个方面:库水波浪的冲刷作用,使得岸坡产生侵蚀型再造;库水的长期侵泡,使得岸坡岩土体的强度降低,当岩土体强度降低到一定程度时,岸坡产生坍塌或者局部的滑移变形;库水位在短时间内的回落,使得岸坡岩土体中的地下水不能及时的消散,将在岸坡形成动水压力,导致岸坡产生滑移式失稳破坏。在前面的堆积体稳定性分析中,水位由 175m 迅速下降至 145m 工况时,岸坡稳定系数明显下降,就是有力的证据。

经过对重庆市万州区和平广场滑坡群鞍子坝库岸段的工程地质条件的分析,以及对库岸在 145m 水位、175m 水位以及水位由 175m 迅速下降至 145m 时三种工况下库岸堆积体沿深层基岩面滑动的稳定性计算,可以得到以下的结论:鞍子坝库岸段整体是稳定的,不会产生沿基岩面的深层滑动;鞍子坝库岸段的主要破坏形式为塌岸。

四、库岸防护设计

本研究拟采用土工格栅加筋土护坡和土工石笼护脚相结合的方法进行库岸防护设计。该方法的主要优点在于不仅达到了库岸防护的目的,而且更为重要的是增加了建筑用地的面积,可用于修建江边公园等公共场所。这在“寸土寸金”的城区不仅具有经济价值,而且具有极高的社会价值。

1. 设计参数的选取

填土:$\gamma=20\text{kN/m}$,$c=0$,$\varphi=30°$;地基土:承载力特征值 $f_{ak}=245\text{kPa}$,$c=17.0\text{kPa}$,$\varphi=16.5°$;土工格栅:设计采用高密度聚乙烯(HDPE)单向土工格栅,其极限抗拉强度为 $T=80\text{kN/m}$;荷载:永久性荷载 $q_{perm}=0$,临时荷载 $q_{temp}=20\text{kPa}$。

2. 加筋设计

本工程拟采用四级台阶式加筋土挡墙,在 175m 水位以下的部分采用有面板式,而在 175m 水位以上采用无面板式植草加筋土挡墙。这样既解决了稳定性问题,又解决了环境保护问题。典型挡墙结构体的几何参数如图 7-29 所示。

本研究分别按“公路加筋土工程设计规范”(JTJ 015-91)和德国 DIBt 规范进行了设计计算。初步设计结果如表 7-11 及图 7-30 所示。

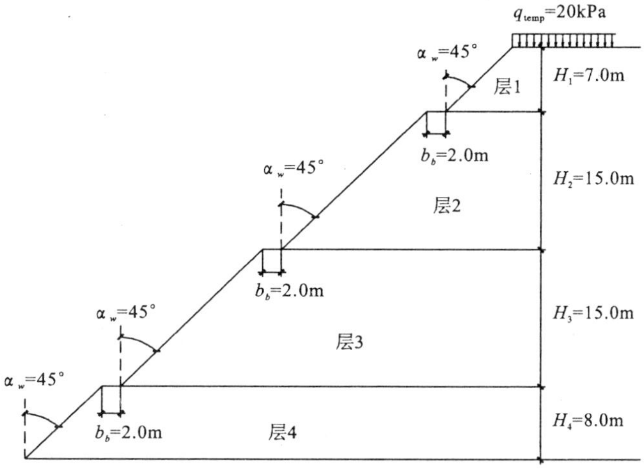

图 7-29　加筋体结构设计几何参数示意图

表 7-11　加筋设计结果

层序号	层厚	加筋长度	加筋层数及间距（自上而下）	筋材型号
层 1	7.0m	9.0m	11@60cm	HDPE RS80
层 2	15.0m	16.0m	4@40cm 5@60cm 17@30cm 25@20cm	
层 3	15.0m	16.0m	4@40cm 5@60cm 17@30cm 25@20cm	
层 4	8.0m	15.0m	7@60cm 10@40cm	

采用库仑土压力理论对地基承载力、抗滑稳定性、抗倾覆稳定性及土工格栅强度和抗拔稳定性进行验算，并得到以下结论：抗滑稳定安全系数 FS_s 为 2.24>1.50，满足设计规范中关于抗滑稳定性的要求；加筋土挡墙抗倾覆稳定性系数 FS_o 为 4.53>2.0，满足设计规范要求；地基承载力安全系数 F_b 为 2.70>2.0，满足 DIBt 规范要求；土工格栅强度均已满足规范要求；土工格栅抗拔稳定性满足设计规范要求。

五、辅助设计

为配合加筋土挡墙护岸，本设计拟采用以下辅助措施：①137m 水位以下采用土工石笼护脚，以增加挡墙的稳定性；②在加筋体挡墙内设置排水盲板以利于水的排泄通畅，防止产生过高的水压力；③175m 水位以下加筋体表面设置预制混凝土面板，以防冲刷之用；④175m 水位以上部分采用土工格栅反包技术进行植草绿化。

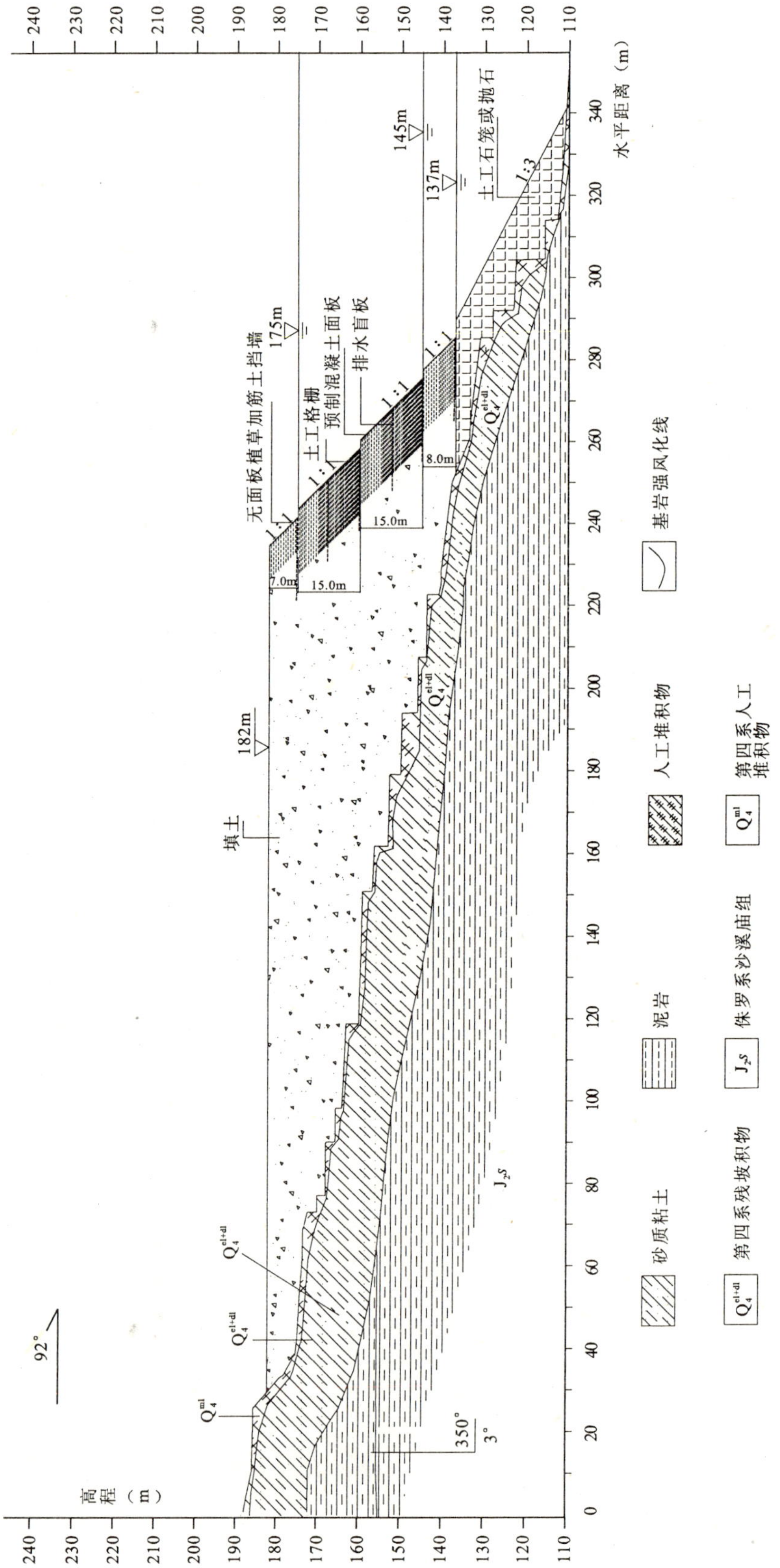

图 7-30　鞍子坝库岸段防治工程结构图

第七节　近水平地层滑坡治理措施可行性分析

一、抗滑键用于治理近水平地层滑坡的技术可行性

抗滑键常见于水利水电工程中处理坝肩岩体的断层或大的裂隙与裂缝，滑坡中使用抗滑键的工程实例较少。相比而言，抗滑桩或预应力锚索抗滑桩得到较广泛的应用。分析其原因，主要是因为滑动面的空间分布不如断层或裂缝易于确定，一旦位置确定不准将带来工程失效的后果。同时，如若滑动面的倾角较大，从结构力学角度看抗滑键受力处于不利状态。万州市近水平地层滑坡滑动推力具有平推性质，一方面滑动面易于准确把握，另一方面采用抗滑键可达到较好的受力状态，因而设置抗滑键可能带来较好的整治效果。

再者，一般意义上的抗滑键是用类似于开凿隧道的施工方法沿滑动面并垂直于滑动方向开挖出一条平硐，然后在平硐中灌注混凝土，形成一抵抗滑坡力的"键"状结构。这种施工方法工艺复杂、施工困难、造价高。在万州区水平地层滑坡中拟采用钻孔桩或人工挖孔桩的施工方法布设一排或多排短桩在滑坡体中，以代替抗滑键。

抗滑键治理近水平岩层滑坡如图 7－31 所示，抗滑键的应用可使治理工程更加有的放矢，且可大大降低工程造价。

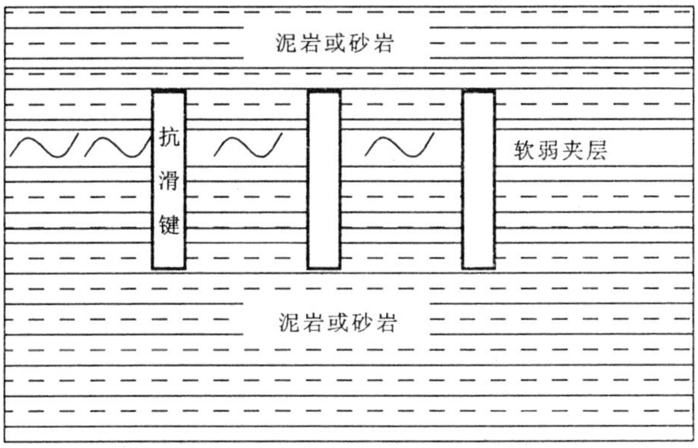

图 7－31　抗滑键治理近水平岩层滑坡示意图

二、化学方法改良近水平地层滑坡滑带土的技术可行性

综合目前所掌握的各种资料分析，万州市滑体群可能复活的主要诱发因素是降雨和河流的侧蚀，以及三峡库区回水的影响。一次暴雨过程中，雨水沿着各种裂隙、裂缝进入滑体中，一方面软化了滑动面岩土体，使其抗剪强度降低；另一方面，滑体中由地下水引起的孔隙水压力在短时间内骤然上升，且不能很快消散，进而引起滑坡体浮力急剧加大。前者引起滑坡体抗滑力的降低，而后者则引起下滑力增大以及抗滑力的进一步下降。总体而言，极大地降低了滑坡

的稳定性。

针对滑带土可能被软化的情况，滑带土的固结或加固对任何滑坡的治理都是十分有效的。而对于万州区的滑坡群而言，从基岩的近水平产出可以推断滑动带分布的近水平性，这给滑带土的加固施工带来便利和方案实施的可能性。因为从三维空间来看，如若滑动带的空间起伏较大，施工过程中很难保证实施的加固体就是滑动带，从而会降低治理工程有效性的可靠度。滑动带的近水平分布就使得施工过程中确定其空间分布变得十分容易，治理工程有效性的可靠度大大提高。改善滑带土力学特性的方法很多，例如：①物理方法（压水泥砂浆胶结岩土法、钻孔爆破破坏滑带后再压浆加固岩土法、旋喷加固岩土法、电渗方法等）；②化学方法（压注水玻璃或水玻璃加 CO_2 浆液加固岩土法，以及灌注化学浆液使钙离子置换低价的钾、钠离子以增加岩土强度的方法）；③物理、化学共同作用方法（焙烧方法、石灰桩加固法）。

三、减压井与排水沟联合作用研究

如何解决滑坡体中孔隙压力的消散问题，可以借鉴一些软土地基处理的技术与方法。插塑板或砂井方法均是人为在软土地基中形成许多排水廊道，使孔隙水压力在较短的时间内消散，从而引起地基土体的固结。排水工程也是解决孔隙水压力消散问题的方法之一，但从已有的治理工程资料看效果不理想。位于万州市太白崖古滑坡体前缘的豆芽棚滑坡治理工程措施中通过设置滤水井和水平排水孔洞试图降低滑坡体中的地下水位，工程实施后在滑体中埋设了五个长期观测孔，监测结果表明地下水水位波动不大，与降水关系不明显。这一结果说明在粘性土含量较多的滑坡体中降低地下水位常常不能奏效。如将本着疏导和消散地下水孔隙水压力的原则，充分借鉴软土地基处理技术，研究减压井和排水盲沟联合作用的方式对解决孔隙压力消散问题的有效性，进而研究其对稳定近水平地层滑坡的作用。

针对万州区水平地层滑坡特点和含膨胀性软弱夹层的特殊地质环境，万州区滑坡在未来水库水位作用下，滑坡治理工程应注意以下问题：

(1)万州区滑坡目前的主要治理工程措施为抗滑桩和锚拉桩。对于像万州区滑坡这样的水库型滑坡，要考虑到桩间区体有被冲蚀的可能性，故建议采用深埋式或在桩间加设挡土板。在确定桩间距时，基于土拱效应，通过土拱能够保持整体稳定性、拱顶和拱脚处截面最不利受力点达到临界应力状态来共同控制，得到临界桩间距。由于水库库岸滑坡作用在锚拉桩上的滑坡推力受库水位升降的影响而变化，在确定锚索预应力时，考虑锚索与桩的协调变形，根据长期荷载来设计锚索的预应力值，增大锚索与桩的共同变形产生的水平拉力，从而可以减少作用在锚索上的总拉力。过大的预应力作用在锚拉桩上使锚拉桩处于不利的工作状态。对锚索上受到的竖向荷载将恶化锚索的受力及锚索的三种预应力损失应该引起重视。

(2)万州区水平地层古滑坡前缘堆积体存在下伏卵砾石层的地质结构，在未来水库蓄水影响下，沿卵砾石层将会产生向上的浮托力，对堆积体稳定性非常不利，这种特定的古滑坡体水文地质结构必须在防治工程设计中加以科学考虑。

(3)万州区侏罗系地层存在一定的膨胀性，而且现有抗滑桩的设计部位处于水位变动带，抗滑桩在滑动面以下部分的基岩地层往往不是水平状的，而是斜坡。因此，地基反力会受到斜坡面和水位变动的影响，在万州区地质灾害的抗滑桩设计中应该加以特别重视。

(4)万州区滑坡治理应着眼于近水平地层滑坡和前缘局部变形破坏及库岸防护。对于前者，研究认为较经济有效的方法是安装抗滑键或进行滑带土化学改良；而对于后者，则建议采用加筋土挡墙、减压井及排水沟等综合防治措施。

(5)万州区近水平地层滑坡防治工程研究将进一步开展以下几个方面的工作:抗滑键的内力计算问题研究;抗滑键的施工工艺研究;减压井井流计算及成井工艺研究;化学方法改良滑带土试验研究;加筋土挡墙试验研究。

参 考 文 献

柴建波等. 用拉格朗日元法分析矿山边坡的稳定性. 矿业研究与开发，2000，20(5)

陈洪凯. 边坡岩体中地下水优化排水机理研究[J]. 地质灾害与环境保护，2000，11(2)：113～114

陈喜昌，黄金宝，袁永旭. 落石堆积的结构特征与斜坡破坏型式之转换，中国地质灾害与防治学报，2004，第15卷，第1期

陈仲颐，周景星，王洪瑾. 土力学，北京：清华大学出版社，1994.4，47～48

陈仲颐，周景星，王洪瑾. 土力学. 北京：清华大学出版社，1992

池淑兰，孔书祥，梁明学. 路基及支挡结构[M]. 北京：中国铁道出版社，2001

崔政权. 三峡工程库岸稳态评价预测概论. 长江水利委员会勘测局，1993.10

地质矿产部编写组，长江三峡工程库岸稳定性研究，1988

范明桥. 粘性填筑土强度指标 φ，c 的概率特性[J]. 南京水利科学研究院报. 2000，(1)：14～15

冯宝华，董茹丽. 火一沉粘土岩微量元素地球化学和物源岩浆类型及化学分异机制探讨. 中国区域地质，1993，4：348～355

冯宝华. 火一沉泥岩的成因标志及研究方法. 煤田地质与勘探，1994，22(2)：6～10

冯宝华. 我国北方石炭一二叠纪火山灰沉积水解改造而成的高岭石. 沉积学报，1989，7(1)：101～108

冯连君. 化学蚀变指数(CIA)及其在新元古代碎屑岩中的应用. 地学前缘，2003，10(4)：539～544

国家防汛抗旱总指挥部办公室，中国科学院，水利部成都山地灾害与环境研究所. 山洪泥石流滑坡灾害及防治[M]. 北京：科学出版社，1994

何光春. 加筋土工程设计与施工. 北京：人民交通出版社，2000

何良彪，辛春英. 西赤道太平洋沉积物中的粘土矿物. 科学通报，1986，31(6)：449～452

贺跃龙. 软岩水膜型泥化夹层滑坡机理及对策[J]. 岩石力学与工程学报，2000，19(1)：40～41

湖北省三峡库区滑坡防治地质勘察与治理工程技术规定[S]，湖北省三峡库区地质灾害防治工作领导小组办公室编. 武汉：中国地质大学出版社，2003

贾海莉，王成华，李江洪. 基于土拱效应的抗滑桩与护壁桩的桩间距分析[J]. 工程地质学报，2004，12(1)：98～103

康毅力，罗平亚，焦棣，徐兴华. 川西致密含气砂岩的粘土矿物与潜在地层损害[J]. 西南石油学院学报，1998，20(4)：1～6

李同林. 弹塑性力学[M]. 北京：地质出版社，1994，156～160

李亚东. 白龙江地区的逆冲推覆构造. 甘肃地质学报，1993(1)：41～49

林彤，方云，谭松林. 土力学[M]. 武汉：中国地质大学出版社，1999

刘光代. 浅谈抗滑桩设计——滑坡文集[C](第十五集). 北京：中国铁道出版社，2002

刘红星，王小波，王永平. 三峡库区水平层状岩体滑坡特征及稳定性分析. 人民长江，2002，Vol. 33，No. 5

刘小丽，周德培，杨涛. 预应力锚索抗滑桩设计中确定锚索预应力值的一种方法[J]. 工程地质学报，2002，10(3)：317～320

刘兆莹，王祖福. 荣县新观音蒙脱石特征及其成因初讨. 成都地质学院学报，1989，16(3)：36～43

孟元林，肖丽华，王建国，周书欣，姜贵周．粘土矿物转化的化学动力学模型与应用．沉积学报，1996，14(2)：110～116

彭先孚，李玉生．万县市豆芽棚滑坡的特征及治理．中国地质灾害与防治学报，1995，第6卷，第1期

乔建平．四川省万县市豆芽棚滑坡．山地研究，1994，12(4)

任磊夫．试论粘土矿物转化过渡结构．沉积学报，1988，6(1)：80～87

芮勇勤，唐春安．岩石破裂过程及其声发射数值模拟[J]．工程地质学报，2001，9(4)：358～359

盛骤，谢式千，潘承毅．概率论与数理统计[M]．北京：高等教育出版社，1989

施亚风，于革．40～30Ka B．P 中国暖湿气候和海侵的特征与成因探讨．第四纪研究，23(1)，1～11

水利部长江勘测技术研究所．长江三峡库区万州关塘口滑坡、和平广场滑坡群工程地质勘查报告，1999

水利部长江水利委员会．长江三峡工程库区二期移民工程勘查设计任务及实施计划，1997

水利部长江水利委员会综合勘测局．长江三峡工程库区库岸稳态及崩、滑体专论，1996

四川省地矿局南江队．长江三峡工程库区万州滑坡群工程地质勘查研究报告，1997

四川省地矿局南江队．长江三峡工程库区万州滑坡群简要工程地质勘查研究报告，1987

苏爱军等．湖北省三峡库区滑坡防治地质勘察与治理工程技术规定[S]．武汉：中国地质大学出版社，2003

孙云志，苏爱军，王军怀，刘红星．万州和平广场滑坡堆积体剪裂面特征分析．人民长江，2002，33(6)

孙云志，张秋霞，王永平．三峡库区万州和平广场滑坡区堆积体物质组成特征及其地质意义．湖北地矿，2002，16(4)

汤艳杰，贾建业，谢先德，粘土矿物的环境意义[J]．地学前缘，2002，9(2)：337～344

唐辉明，晏鄂川，胡新丽．工程地质数值模拟的理论与方法．武汉：中国地质大学出版社，2001，217～245

田景贵，范草原．预应力锚索抗滑桩的机理初步分析及设计[J]．重庆交通学院学报，1998，17(4)：59～64

铁道部第二勘测设计院，抗滑桩设计与计算[M]．北京：中国铁道出版社，1983：39～52

万大学．贵州盘县羊槛地区安尼锡克中期凝灰岩的发现及其意义．贵州地质，2002，19(2)：77～81

王成华，陈永波，林立相．抗滑桩间土拱力学特性与最大桩间距分析[J]．山地学报，2001，19(6)556～559

王尚彦，殷鸿福．滇东黔西地区陆相二叠—三叠系界线泥岩特征[J]．中国地质，2002，29(2)：155～160

王行信．盆地形成演化对粘土矿物组成和分布的影响．中国海上油气(地质)，1998，12(3)：154～158

翁世劼，孙庆涛等．中生代晚期火山地质．北京：地质出版社，1987

伍四明，李日国．万县滑坡群形成机制的数值模拟研究．水文地质工程地质，1994，6

徐超，杨林德．随机变量拟合优度检验和分布参数估计[J]．同济大学学报，1998，(3)：341～342

徐军，雷用，郑颖人．岩土参数概率分布推断的模糊 Bayes 方法探讨[J]．岩土力学，2000，(4)：394～396

徐芝纶．弹性力学[M]．北京：高等教育出版社，1982，118～122

杨达源．长江三峡的起源与演变．南京大学学报(自然科学版)，1988，24(3)，466～473

杨新安等．FLAC 程序及其在隧道工程中的应用．上海铁道大学学报(自然科学版)，1996，No．17(4)

杨作升．黄河、长江、珠江沉积物中粘土的矿物组合、化学特征及其与物源区气候环境的关系．海洋与湖沼，1988，19(4)：336～346

姚檀栋等．古里雅冰芯中末次间冰期以来气候变化记录研究．中国科学(D辑)1997年10月，27(5)，447～452

殷坤龙，汪洋，唐仲华．降雨对滑坡的作用机理及动态模拟研究[J]．地质科技情报，2002，21(1)：75～76

张博庭．用改进的 JC 方法分析三维 Hoek - Brown 准则的可靠度[J]．岩土力学，1991，13(6)：84～91

张广文，刘令瑶．确定随机变量概率分布参数的推广 Bayes 法[J]．岩土工程学报，1995，17(3)：91～94

张建勋，陈福全，简洪钰．被动桩中土拱效应问题的数值分析[J]．岩土力学，2004，25(2)174～178

张俊明，李国祥，周传明．滇东早寒武世梅树村期浅色粘土岩层的地球化学特征和地质意义．岩石学报，1997，13(1)：101～111

张年学等. 长江三峡工程库区顺层岸坡研究. 地震出版社，1993

张叶春. 长江三峡贯通的时代及意义. 西北师范大学学报（自然科学版），1995，2(31)

赵松江等. 长江三峡工程库区重庆市万州区实验小学滑坡勘察报告[R]. 四川：华地建设工程有限责任公司，2002

郑颖人，时卫民，唐伯明. 重庆三峡库区滑坡勘察工作中的一些问题. 重庆建筑[J]. 2003，(1)：6～7

中国科学院贵阳地球化学研究所. 矿物 X 射线粉晶鉴定手册. 北京：科学出版社，1978

周瑶琪，柴之芳，毛雪瑛，马淑兰，马建国，孔屏，何锦文. 混合成因模式—中国南方二叠—三叠纪界线地层元素地球化学及其启示. 地质评论，1991，37(1)：51～63

周义平，任友谅. 滇东黔西晚二叠世煤系中火山灰蚀变泥岩的元素地球化学特征. 沉积学报，1994，12(2)

周张健. 蒙脱石伊利石化的控制因素、转化机制及其转化模型的研究综述[J]. 地质科技情报，1994，13(4)：41～46

朱立军. 贵州绿豆岩中粘土矿物特征及其成因探讨[J]. 矿物学报，1995，15(1)：75～61

A. L. Senkayi，J. B. Dixon，L. R. Hosner. Mineralogy and genetic relationships of tonstein, bentonite, and lignitic strata in the Eocene Yegua formation of East - Central Texas. Clay and clay minerals，1984，32(4)：259～271

DB50/5029—2004，重庆市地方标准，地质灾害防治工程设计规范[S]

GARY M. MeMutry，HSUEH - WEN YEH. Hydrothermal Clay Mineral Formation of East Pacific Rise and Bauer Basin Sediments. Chemical Geology, 32(1981), 189～205

GB/T5012 - 1999，土工试验方法标准[S]

Gromet, L. P., Dymek, R. F., Haskin, L. A. and Korotev, R. L. The 'North American shale composite': Its compilation, major and trace element characteristics. Geochim. Cosmochim. Acta. 1984，48：2 469～2 482

Haruo Shuzui. Process of slip - surface development and formation of slip - surface clay in landslides in Tertiary volcanic rocks, Japan. Engineering Geology，2001(61)：199～219

Kenichiro Sugitani, Yoshikuni Horiuchi, Mamoru Adachi, Ryuichi sugisaki. Anomalously low Al_2O_3/TiO_2 values for Archean cherts from the Pilbara Block, Western Australia - possible evidence for extensive chemical weathering on the early earth. Precambrian Research，1996，80：49～76

Liu D - s. A Probabilistic Yield Criterion of Geometrical. In: Proceeding of International Symposium on Rock Mechanics and Environmental Geotechnology, Chong qing，China，1997，377～382

Rebecca K. R. Ambers. Relationships between clay mineralogy, hydrothermal metamorphism, and topography in a Western Cascades watershed, Oregon, USA. Geomorphology, 2001(38)：47～61

Stephen P. Altaner, John Hower, Gene Whitnery, James L. Aronson. Model for K - bentonite formation: Evidence from zoned K - bentonite in the disturbed belt, Montana. Geology，1984(12)：412～415

Taylor S R, Mclennan S M. The Continental Crust: Its composition and Evolution. Blackwell, Oxford, 1985

TB 10025—2001，铁路路基支挡结构设计规范[S]

Wintsch R P, Kvale C M. 1994. Differential mobility of elements in burial diagenesis of siliciclastic rocks. J. Sediment. Res. A64：349～361

Yiping zhou, Bruce F. Bohor, Youliang ren. Trace element geochemistry of altered volcanic ash layers (tonsterins) in Late Permian coal - bearing formation of eastern Yunnan and western Guizhou Provinces, China. International Journal of Coal Geology. 2000，44：305～324

Zhang H S，Tang W H. Probability Concepts in Engineering Planning and Design. John Wiley and Sons，Inc.

1984,1:329～330

Zhou Y P, Bohor B F, Ren Y L. Trace element geochemistry of altered volcanic ash layers(tonsterins)in Late Permian coal - bearing formation of eastern Yunnan and western Guizhou Provinces, China. International Journal of Coal Geology. 2000,44:305～324

图版1（第一章）

图版1-1　检察院附近节理（发育在粉砂质泥岩中的节理）

图版1-2　白岩角砂岩中的节理（走向为60°，倾角近直立）

图版1-3　太白公园砂岩中的节理（走向为40°，倾角近直立）

图版1-4　太白公园砂岩中的节理（走向315°，倾角为75°－90°）

图版 2（第二章）

图版2-1　江南新区台阶地貌景观

图版2-2　江南新区陈家坝二级阶地与三级阶地

图版2-3　五级阶地与后缘夷平面

图版2-4　二层岩滑坡探井S1-9中的枯木

图版3（第三章）

图版3-1　LS3剖面全景

图版3-2　LS3剖面粘土层

图版3-3　北山路LS5剖面全景

图版3-4　北山路LS5剖面泥岩近景

图版3-5　石柱坪隧洞铁道旁软弱夹层

图版3-6　检察院附近软弱夹层中的剪切面

图版3-7 粘土矿物的片状结构

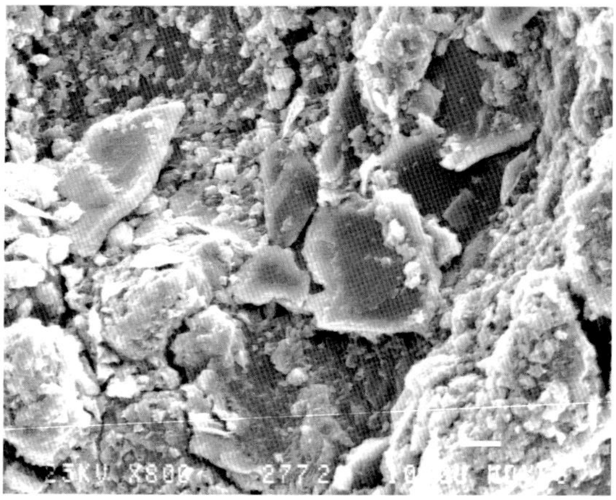

图版3-8 粘土矿物中的微裂隙

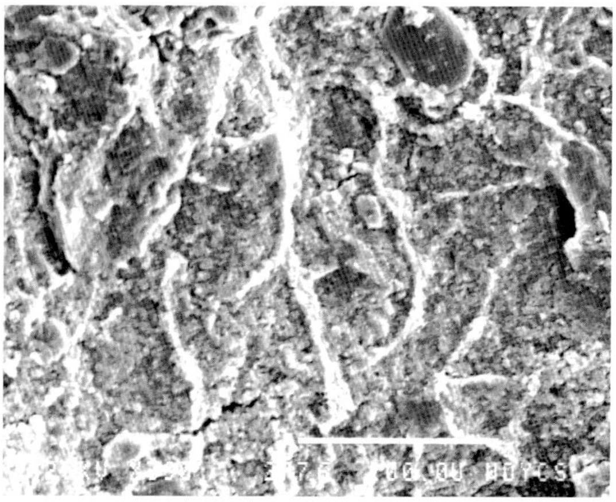

图版3-9 粘土矿物中的网状结构

图版3-10 粘土矿物的定向排列

图版3-11 沙河路火山角砾岩

图版4（第四章）

图版4-1　安乐寺古滑坡全景

图版4-2　安乐寺滑坡后缘拉裂槽与陡壁

图版4-3　安乐寺滑坡后缘拉裂槽与陡壁

图版4-4　试验中学附近的小冲沟

图版4-5　沿冲沟挖的探槽

图版4-6　安乐寺滑坡底层滑带地表露头

图版4-7　安乐寺滑坡底层滑带中的滑面

图版4-8　安乐寺滑坡底层滑带下伏基岩面上的滑动擦痕(滑动方向为100°）

图版4-9　安乐寺滑坡第二层滑带（粘土夹角砾及下伏基岩上的滑动擦痕）

图版4-10　安乐寺滑坡第二层滑带擦痕（滑动方向为102°）

图版4-11　安乐寺滑坡第二层滑带擦痕（滑动方向为102°）

图版4-12　滑带土试样在三种不同约束状态下膨胀性试验的装样图
① 周围与上下都有约束；② 周围与下面有约束；③ 周围有约束，上下无约束
1．透水石；2．环刀；3．固定夹子；4．土样

图版4-13　约束状态②吸水膨胀后的照片

图版4-14　约束状态③吸水膨胀后的照片

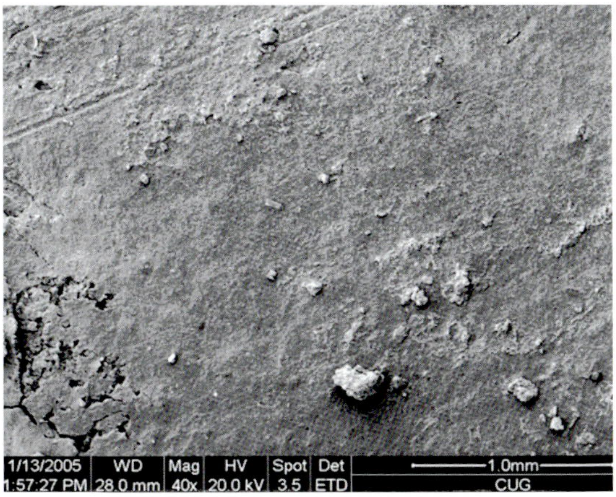

图版4-15　57#样品表面上的擦痕

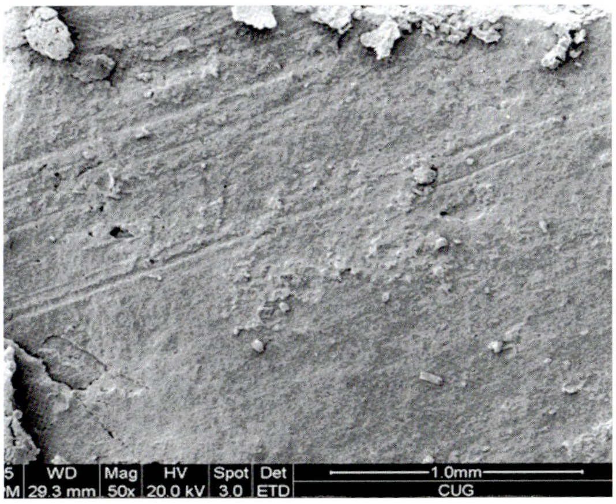

图版4-16　57#样品表面上的擦痕

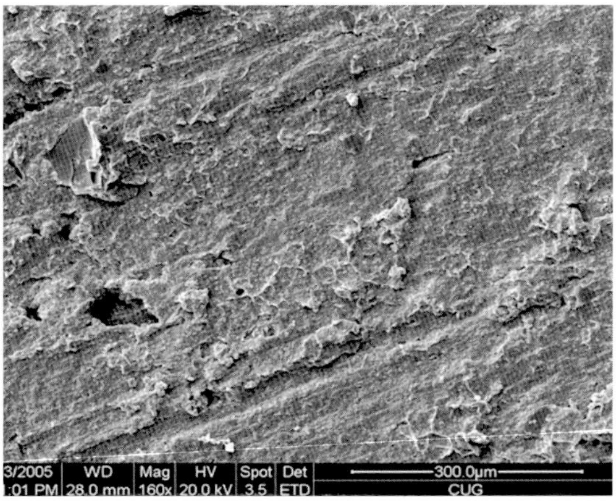

图版4-17　57[#]样品表面上的擦痕

图版4-18　57[#]样品表面上的擦痕

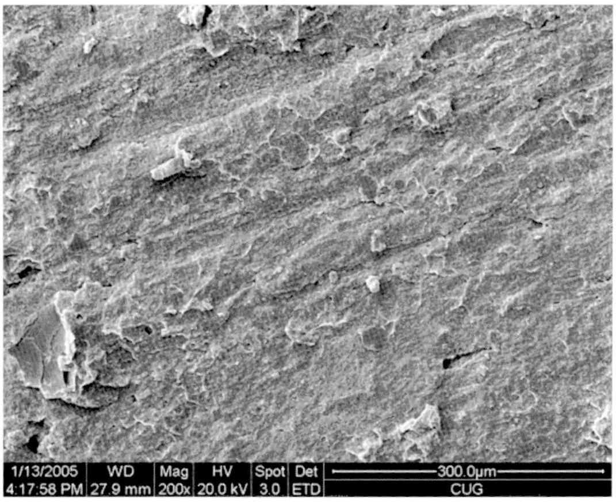

图版4-19　57[#]样品表面上的擦痕

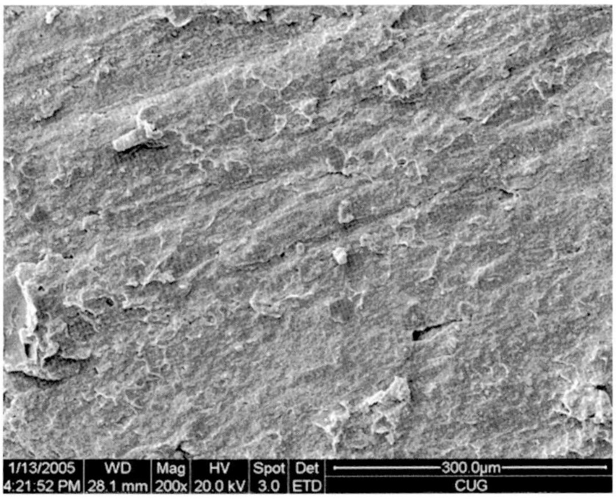

图版4-20　57[#]样品表面上的擦痕

图版4-21　62[#]样品粘土矿物定向排列

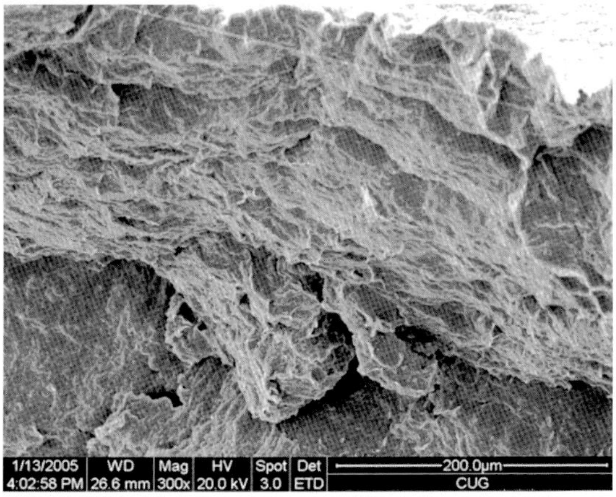

图版4-22　62[#]样品粘土矿物定向排列

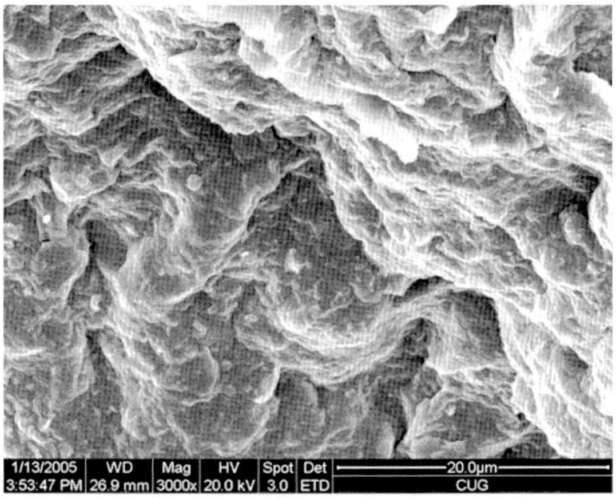

图版4-23　62$^{\#}$样品粘土矿物定向排列

图版4-24　62$^{\#}$样品粘土矿物定向排列

图版4-25　62$^{\#}$样品粘土矿物定向排列

图版4-26　62$^{\#}$样品粘土矿物定向排列

图版4-27　98$^{\#}$样品粘土矿物定向排列

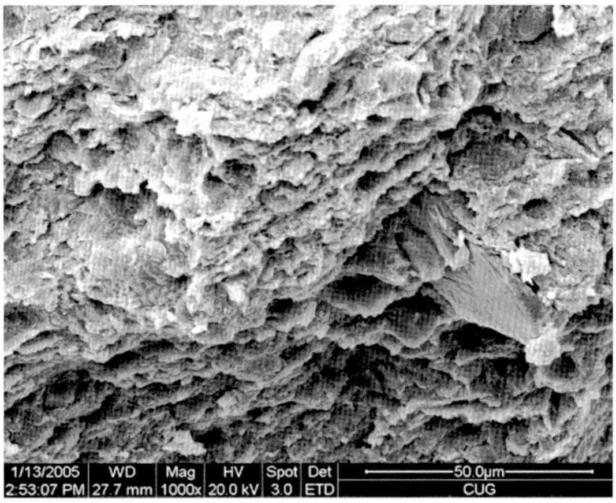

图版4-28　98$^{\#}$样品粘土矿物定向排列

图版4-29　98#样品粘土矿物定向排列

图版4-30　98#样品粘土矿物定向排列

图版4-31　98#样品粘土矿物形态

图版4-32　62#样品粘土矿物形态

图版4-33　98#样品粘土矿物形态

图版4-34　62#样品粘土矿物形态

图版4-35　62#样品粘土矿物形态

图版4-36　62#样品粘土矿物形态

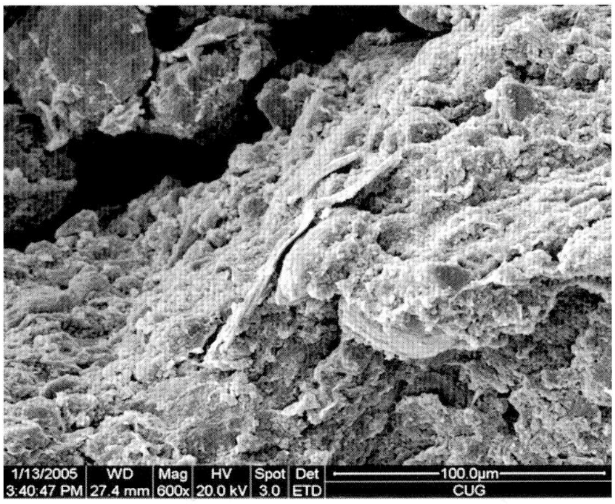

图版4-37　75#样品长条状粘土矿物

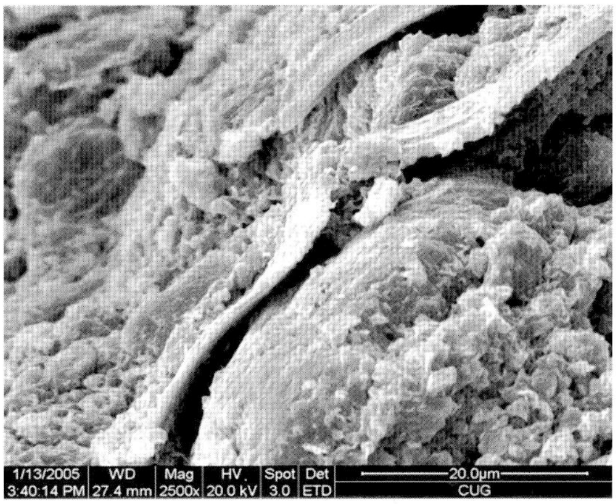

图版4-38　75#样品长条状粘土矿物

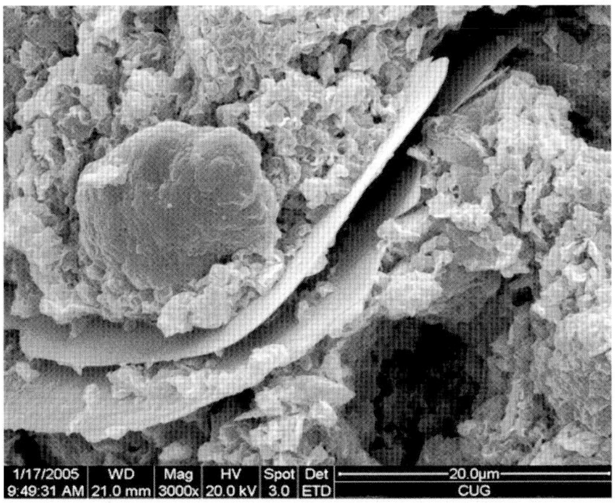

图版4-39　75#样品长条状粘土矿物

图版4-40　75#样品长条状粘土矿物

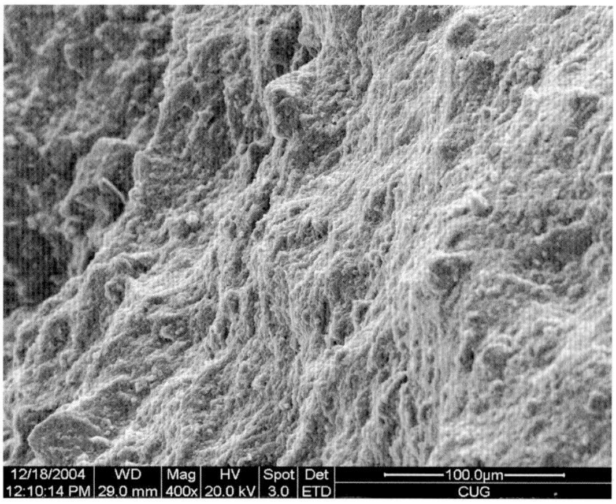

图版4-41　22#样品矿物定向排列

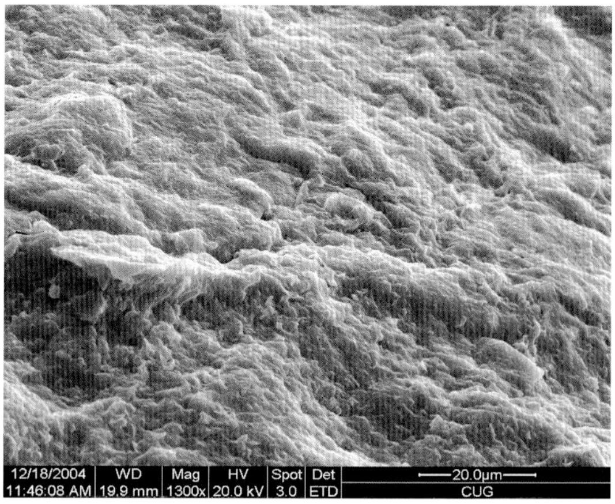

图版4-42　51#样品矿物定向排列

图版4-43　82#样品矿物定向排列

图版4-44　55#样品矿物定向排列

图版4-45　51#样品粘土矿物的片状结构

图版4-46　82#样品粘土矿物的片状结构

图版4-47　Y2滑带表面擦痕（大与细小）

图版4-48　Y2滑带表面擦痕（细小）

图版4-49　太白岩古滑坡全景

图版4-50　太白岩古滑坡后缘陡壁

图版4-51　太白岩古滑坡西部后缘拉裂槽

图版5（第五章）

图版5-1　关塘口松散堆积体ZK2钻孔揭示的滑动面（19.6~19.65m）

图版5-2　关塘口松散堆积体ZK16钻孔揭示的滑动面（20.45~20.60m）

图版5-3　关塘口松散堆积体竖井SJ2揭示的滑动面（14.5m）

图版5-4　和平广场QHJ1竖井的河流冲积物（竖井深度：12m）（alQ_4^3）

图版5-5　和平广场ZL37孔的河流冲积物（孔深14.90~23.50m）

图版5-6　和平广场松散堆积体AZ24钻孔中揭示的擦痕（倾角39°）

图版5-7　AZJ2竖井揭露的陡倾角剪裂面及擦痕（和平广场鞍子坝）（井深：4m；产状35°∠78°）

图版5-8　HPJ1竖井揭露的剪裂面（井深：26.1m；产状40°∠5°）（和平广场）

图版5-9　万州中学松散堆积体中的滑面（Tj3探井，井深：16.1m）

图版5-10　农机技校松散堆积体TJ1竖井中揭露的滑面（井深7.95m）

图版7（第七章）

图版7-1　和平广场库岸干砌条石护坡

图版7-2　太白岩南坡危岩治理工程

图版7-3　万州区草街子滑坡治理工程（锚索抗滑桩）

图版7-4　黄泥包滑坡治理工程（锚索抗滑桩+护坡+排水）

图版7-5　万州南山(宝剑楼)滑坡治理工程（抗滑桩＋挡土墙）

图版7-6　大周镇Ⅱ号滑坡治理工程（抗滑桩）